海洋数值模型

入门实践指南

HAIYANG SHUZHI MOXING
RUMEN SHIJIAN ZHINAN

张　瑜　胡　松　宋德海　白　鹏　李思齐　丁　扬　来志刚　纪棋严◎著

U0202225

海洋出版社

2024年·北京

图书在版编目（CIP）数据

海洋数值模型入门实践指南 / 张瑜等著. -- 北京 : 海洋出版社, 2024. 11. -- ISBN 978-7-5210-1299-6

Ⅰ. P7

中国国家版本馆CIP数据核字第2024TP4584号

审图号：GS京（2024）1756号

责任编辑：项　翔
责任印制：安　淼

海洋出版社 出版发行
http://www.oceanpress.com.cn
北京市海淀区大慧寺路 8 号　邮编：100081
涿州市般润文化传播有限公司印刷　新华书店经销
2024年11月第1版　2024年11月第1次印刷
开本：787mm × 1092mm　1/16　印张：14.25
字数：261千字　定价：68.00元
发行部：010-62100090　总编室：010-62100034

前　言

在现代海洋科学研究中，理论分析、观测实验和数值模型并肩作战，共同揭开了海洋的奥秘。理论分析奠定了海洋学的理论基础，而观测实验为这些理论提供了数据支持。然而，人类对海洋的观测在空间和时间尺度上仍然存在诸多局限。为了全面地从时空角度研究海洋，数值模型成为必不可少的工具，促进了海洋数值模型的发展。

随着海洋科学的进步，人们利用包括物理、化学、生物和地质等跨学科的知识不断观察、分析和解释海洋，开始理解海洋变化的规律和机制。在这一过程中，海洋数值模型成为预测气候变化、评估海洋灾害、管理海洋资源、保护海洋环境等方面的关键工具，体现了其在海洋科学研究中的重要性。

目前市场上已有多本海洋数值模型的相关书籍，详细介绍了海洋数值模型的基本理论、方法以及当前常用的一些海洋数值模型，有的书籍还会拓展到波浪模型和大气模型，内容相对系统和全面，虽然包含理论与实践结合部分，但侧重点往往在于理论基础和方法。对初学者而言，理论知识的海量信息和复杂计算很难转化为实际应用能力，对深刻理解海洋数值模型的关键概念与含义是不小的挑战。这正是我们编写本书的初衷——提供一本清晰易懂的海洋数值模型入门指南，通过实践帮助读者进入海洋数值模型的世界。虽然本书也提供了部分理论知识并对一些代表性模型进行了介绍，但我们更鼓励读者通过实践来巩固对模型的认识，理论的介绍是为实践作铺垫、打基础。

本书的作者由来自上海海洋大学、中国海洋大学、浙江海洋大学、中山大学、广东海洋大学等涉海类院校海洋数值模型相关本科生和研究生课程的任课教师和国际知名海洋模型原始开发组团队成员组成，具备丰富的海洋数值模型教学、开发和应用经验，凭借多年教学反馈总结和模型应用心得共同编纂了这本实践性较强的指南，凝聚了集体的智慧。本书力求深入浅出，简化复杂的概念，以浅显的语言逐步提升内容难度。本书不仅适合作为高等教育的相关教材和指导用书，也适合作为海洋数值模型自学者和初学者的培训和参考资料。

本书是海洋数值模型理论书籍的补充与支撑，从海洋数值模型的基本概念和原理出发，不仅通过一系列实验例题，逐步引领读者深入探索数值模型的构建、参数设定、数据处理、结果分析等方面的内容，指导读者如何自己设计程序来解决海洋学的具体问题，还引入模型的实际案例和应用实践，详细介绍了模型的设置过程和运行步骤，以最简洁明了的方式呈现，确保读者能够轻松跟进并实践操作。本书图文并茂，不仅可以帮助读者更好地理解数值模型的理论和认识数值模型的特点，还能通过实践来加深对这些内容的掌握，学会模型的构建和应用，我们坚信，通过实际动手操作，可以体验学习的效果和乐趣，提升解决实际问题的能力。

在学习海洋数值模型的过程中，深入理解其内涵并广泛实践是关键，培养对海洋数值模型的领悟，最终掌握模型设计与应用的精髓。我们衷心希望本书能够成为海洋科学爱好者和专业人士的良师益友，助力他们在探索海洋科学的旅程上更进一步。对于本书可能存在的不足之处，恳请读者提出宝贵的意见和建议，我们衷心感谢您的支持与指正。

编　者

目 录

第一章
海洋数值模型介绍

1.1　海洋模型发展历程

海洋约占地球表面积的 71%，大部分人口和大型城市位于沿海区域，开发和利用海洋资源具有重要经济价值。作为气候变化的调节器，海洋与大气之间通过动量、热量、质量等交换和相互作用，对于地球气候变化至关重要。海洋科学研究的目的在于通过认知海洋的变化规律，了解海洋的变化机理，从而可预测海洋的未来。

海洋科学的主要研究方法包括理论分析、物理实验模拟、观测和数值模拟。理论分析主要围绕着探索海洋的基本原理、过程和机制展开，以深入理解海洋系统的运行方式和相互作用，而物理实验模拟通过模拟实验室中的物理过程，可以更好地理解和解释海洋现象和机制。观测是获取海洋环境和过程数据的关键手段，为研究海洋的物理、化学、生物、地质等特征提供了实时和准确的信息。在早期的海洋研究中，能够获取的海洋资料数量极其有限，只能依靠船舶、水文站等方式记录零星的海水温度、盐度、水位、流速等资料，难以满足海洋科学研究的需求。卫星遥感技术的飞速发展可提供大范围、实时、高分辨率的观测资料，然而这些数据只局限在海洋表面，很难直接用于深层海洋的研究。基于海洋立体化研究的需求，国际上开始实施多项三维海洋剖面的观测计划，丰富了海洋三维观测资料，一定程度上改善了海洋三维结构观测数据匮乏的局面。然而，现有的观测资料在时间和空间上分布不均匀，并且数据量有限，单纯依靠观测资料无法满足现代海洋研究的需求，难以全面持续地监测海洋变化，因此需要结合数值模拟对海洋过程进行全方位的研究，有效弥补观测数据的空白。

数值模拟是针对所研究的复杂性科学问题，建立数学模型，利用高性能计算机进行大规模科学计算的研究手段，在海洋科学研究中，建立的数学模型即为海洋数值模型。海洋数值模型理论基础来源于地球流体力学，通过构建一系列反映海洋复杂过程的偏微分方程组，对海洋系统进行建模和模拟，设定边界条件，求解偏微分方程组，定量描述海洋状态及其变化。海洋数值模型研究现已成为海洋研究领域的主要手段之一，同时广泛地应用于环境与气候变化的研究，是未来预测分析的核心工具。

总体而言，海洋数值模型的发展经历了从简单模型到复杂模型、从二维模型到三维模型、从区域模型到全球模型、从单一物理过程模型到多学科耦合模型的演变过程。随着高性能计算和人工智能等技术的不断发展，海洋数值模型的发展面临着机遇和挑战，海洋数值模型在气候预测、海洋资源管理、海洋环境保护和海洋灾害预警等方面的应用将不断扩展和完善。海洋数值模型的初期历程可以追溯到 20 世纪 60 年代，人们开始使用简单的海洋数值模型来模拟海洋的运动，这些模型通常只考虑二维的海洋运动，并且计算能力有限，只能模拟小规模的海域。20 世纪 70 年代，随着计算机技术的发展和计算能力的提高，海洋数值模型开始进入多层次模拟阶段，这些模型引入了垂向维度，并考虑了更多的物理过程，此时的模型可以模拟大尺度的海洋运动和一些气候现象。20 世纪 80 年代，人们开始将海洋模型与大气模型进行耦合，建立了海洋—大气耦合模型，为气候预测和气候变化研究提供了重要工具，这种模型能够模拟海洋和大气之间的相互作用，从而更好地理解气候系统。20 世纪 90 年代至今，海洋数值模型进一步发展，出现了区域模型和全球模型，区域模型着重于对特定海域的模拟和预测，全球模型则致力于模拟整个地球的海洋运动和全球气候。同时，数据同化技术在海洋数值模型中也得到广泛应用，数据同化是将观测数据与模型结果相结合，通过优化算法来改善模型的准确性和可靠性，这使得海洋数值模型可以进行更可靠的海洋预报和气候预测，对海洋资源管理、海洋灾害预警和海洋环境保护等有着重要的支撑作用。为了更好地评估预测的可靠性和不确定性，海洋数值模型逐渐引入集合预报和不确定性分析技术。集合预报通过对初始条件和模型参数进行多次扰动来生成一系列预测结果，以提供多样性和概率性的预测信息。不确定性分析则考虑模型结构和参数的不确定性，以评估预测的可信度和范围。随着计算机技术的快速发展，更高分辨率的海洋数值模型得以构建，高分辨率模型可以更准确地捕捉海洋的细节结构和小尺度现象。此外，海洋数值模型逐渐与其他学科模型进行耦合，考虑了更多的物理、生物、化学等过程，形成多学科综合模型，多学科模型能够充分考虑不同领域的相互作用，对研究海洋环境、海洋生态系统、生物地球化学循环等方面提供了更深入的理解，成为更全面和综合的海洋科学研究工具。

目前，国际上已发展数十种针对不同海域、满足不同需求的海洋数值模型，如 POM（Princeton Ocean Model）、FVCOM（Finite Volume Community Ocean Model）、POP（Parallel Ocean Program）、HYCOM（HYbrid Coordinate Ocean Model）、ROMS（Regional Ocean Modeling System）、NEMO（Nucleus for European Modeling of the Ocean）、MOM（Modular Ocean Model）、ECOM（Estuarine Coastal Ocean Model）、MITgcm（Massachusetts Institute of Technology General Circulation Model）、NCOM

（NCAR Community Ocean Model）、SEOM（Spectral Finite Element Ocean Model）、NLOM（Navy Layered Ocean Model）、TOMS（Terrain-following Ocean Modeling System）、HAMSOM（Hamburg Shelf Ocean Model）、LICOM（LASG/IAP Climate system Ocean Model）等。这些模型除使用不同的方程和参数化方案外，最主要的区别在于不同的水平网格、垂直坐标、数值计算方法的使用。

常见的水平网格主要包括结构化网格和非结构化网格等。结构化网格由规则的矩形组成，将计算区域划分为规则的矩形网格单元。结构化网格的优点是易于构建和计算，且在计算过程中保持了良好的网格对称性，但在处理复杂地形和边界的情况下，结构化网格灵活性较差，可能不够准确。非结构化网格由各种形状和尺寸的单元组成，如三角形、多边形等。非结构化网格的优点是适用于模拟复杂海洋地形和边界的问题，灵活性较高，然而，非结构化网格的构建和计算复杂度较高。

常见的垂直坐标主要包括 Z 坐标、Sigma 坐标、混合坐标、等密度坐标等。在 Z 坐标系中，垂直方向通过等间距的垂向网格单元表示，通常情况下，垂向网格单元在水深较大的区域会比水深较浅的区域更多，以更好地适应不同深度的海洋特征。Z 坐标系的主要优点是简单易用和计算效率高，但也存在一些限制，由于 Z 坐标系中的垂向网格单元是固定的，无法随着海洋表面和底部的变化而自适应调整，可能会在复杂的地形或边界层区域引起数值不稳定或误差。Sigma 坐标系是一种归一化的坐标系统，通过将水深转化为 0 到 1 的相对深度比例来表示垂向方向。Sigma 坐标系的主要优点是能够适应海洋的深度变化，从而更好地模拟复杂地形和边界层效应，尤其适用于模拟具有不同垂向尺度特征的海洋过程，然而，由于 Sigma 坐标系中的垂向网格单元的数量是固定的，可能会在特定深度范围内出现分辨率不足或过分集中的问题。混合坐标结合了 Z 坐标和 Sigma 坐标的优点，旨在克服它们各自的局限性，提供更好的垂向分辨率和适应性，当然，混合坐标也有一些需要注意的地方，如在不同深度范围内，混合坐标可能需要进行不同的参数调整，以平衡垂向分辨率和稳定性之间的关系。等密度坐标是一种根据海水密度分布来表示垂向方向的坐标系统，在等密度坐标系中，将密度等值面作为垂向网格的参考面，垂向方向沿着等密度面变化。等密度坐标系统的优点是能够准确模拟密度分层特性和密度驱动的垂向运动，但是密度分层通常在水平方向具有复杂的空间变化，因此需要进行密度插值和平滑处理，以确保垂向网格的一致性和稳定性，此外，由于等密度层的位置可能会随着海洋的变化而变化，需要对密度场进行实时调整和更新，增加了模型的计算复杂性。

常见的数值计算方法主要包括有限差分法、有限元法和有限体积法。有限差分法是一种简单直观的数值逼近方法，适用于结构化网格，通过将空间和时间上的偏微分方程转化为差分方程以进行离散化求解。在有限差分法中，计算区域被划分为离散的网格点，每个网格点上的物理量被近似为该点的函数值，通过计算相邻网格点上的函数值之间的差分来逼近导数。有限差分法通常具有较低的计算成本和较高的计算效率，但有限差分法在处理复杂几何形状和网格时存在一定的困难，且对于某些偏微分方程的边界条件和非线性项的处理可能需要额外的技术手段。有限元法是将求解区域划分为离散的有限元，通过将偏微分方程在每个有限元上进行积分，并使用形函数来近似表示解，可以得到离散化的方程，每个有限元对应一个方程，将所有有限元的方程进行组合，形成整个区域上的方程组并求解该方程组。有限元法可以处理各种不规则的几何形状和复杂的边界条件，但其程序结构较复杂，计算成本较高。有限体积法将求解区域划分为离散的有限体积，通过建立控制体积，在每个控制体积内需要对守恒量进行量化，并考虑与相邻控制体积之间的通量交换，得到离散化的方程组，将所有控制体积的方程进行组合，得到整个区域上的方程组并求解该方程组。有限体积法适用于复杂的几何形状和非结构网格，能够提供稳定和高精度的数值解，在保持质量守恒、通量守恒和离散形式的守恒等方面具有优势。

以下将对以 POM 为代表的使用结构化网格和有限差分法的模型和以 FVCOM 为代表的使用非结构化网格和有限体积法的模型进一步介绍。

1.2 POM 模型简介

1.2.1 控制方程组

普林斯顿海洋模型 POM 是由美国普林斯顿大学 Alan F. Blumberg 和 George L. Mellor 于 1977 年共同建立起来的三维斜压原始方程海洋数值模型。模型采用了 Mellor-Yamada 湍流闭合方案，该方案在 20 世纪 70 年代初期由 George L. Mellor 和 Ted Yamada 提出。早期的海洋数值模型开发是为了研究大尺度海洋环流，空间分辨率通常较粗，如 20 世纪 60 年代美国地球物理流体动力学实验室开发的 Bryan-Cox 模型（后期发展为 Modular Ocean Model，MOM）。Blumberg-Mellor 模型（后来的 POM）的开发则填补了近海高分辨率数值模拟的空白。相比于 Bryan-Cox 模型，Blumberg-Mellor 模型采用了自由表面以处理海面起伏、Sigma 垂向坐标以处理复杂地形和浅水区域、曲线正交网格以拟合岸线以及湍流闭合方案以解决垂向混合问题。

POM 早期主要用来进行河口过程的模拟，也尝试利用 Sigma 垂向坐标解决海盆尺度问题。20 世纪 90 年代初，POM 借互联网技术兴起之势免费向使用者提供代码，这一举措令 POM 用户数量持续增长，从 80 年代的仅十几名美国用户，到 2000 年的 1000 名用户，2009 年的 4000 名用户，再到 2020 年来自 70 个不同国家和地区的超过 6000 名用户。POM 的应用范围也在逐步扩展，美国国家气象局曾以 POM 为核心、基于 Mellor-Ezer 最优插值数据同化技术，建立了湾流区和美国东海岸的第一代业务化海洋预报系统。

在 POM 的发展历程中，许多科研工作者做出了贡献，也使得 POM 的功能越来越强大。目前，常用的 POM 版本包括 POM2k（标准版本）、POM08-WAD（干湿网格版本）、POM-SED（泥沙输运版本）、POM-WAVES（波浪版本）、mpiPOM 和 sbPOM（并行版本）等。为方便用户使用，George L. Mellor 还编写了《POM 使用者手册》，目前已更新到 POM2k 版本。以下为 POM 模型的简要介绍，更详细的介绍可查阅《POM 使用者手册》。

以 POM2k 版本为例，其水动力模型在垂直方向上采用地形跟随坐标，水平方向上采用正交曲线和 Arakawa C 网格；时间差分和水平方向差分采用显格式，垂直方向差分采用隐格式；自由表面可以模拟水位变化；水平方向混合扩散采用 Smagorinsky 涡旋参数化方案，垂直方向混合扩散采用 Mellor-Yamada 2.5 阶湍流闭合方案；采用模态分离技术以提高模型计算效率。

（1）基本方程

POM 采用 Boussinesq 近似，即假定密度在参考密度附近变化不大，其控制方程组写为 Sigma 坐标形式：

连续方程：

$$\frac{\partial Du}{\partial x}+\frac{\partial Dv}{\partial y}+\frac{\partial \omega}{\partial \sigma}+\frac{\partial \eta}{\partial t}=0 \tag{1.2.1}$$

水平动量方程：

$$\frac{\partial uD}{\partial t}+\frac{\partial u^2D}{\partial x}+\frac{\partial uvD}{\partial y}+\frac{\partial u\omega}{\partial \sigma}-fvD+gD\frac{\partial \eta}{\partial x}+\frac{gD^2}{\rho_0}\int_{\sigma}^{0}\left[\frac{\partial \rho'}{\partial x}-\frac{\sigma'}{D}\frac{\partial D}{\partial x}\frac{\partial \rho'}{\partial \sigma'}\right]d\sigma'$$
$$=\frac{\partial}{\partial \sigma}\left[\frac{K_M}{D}\frac{\partial u}{\partial \sigma}\right]+F_x \tag{1.2.2}$$

$$\frac{\partial vD}{\partial t}+\frac{\partial uvD}{\partial x}+\frac{\partial v^2D}{\partial y}+\frac{\partial v\omega}{\partial \sigma}-fuD+gD\frac{\partial \eta}{\partial y}+\frac{gD^2}{\rho_0}\int_{\sigma}^{0}\left[\frac{\partial \rho'}{\partial y}-\frac{\sigma'}{D}\frac{\partial D}{\partial y}\frac{\partial \rho'}{\partial \sigma'}\right]d\sigma'$$
$$=\frac{\partial}{\partial \sigma}\left[\frac{K_M}{D}\frac{\partial v}{\partial \sigma}\right]+F_y \tag{1.2.3}$$

静压假定（忽略垂向黏性和垂向加速度）下的垂向动量方程：

$$\frac{\partial p}{\partial z}=-\rho g \tag{1.2.4}$$

温度方程：

$$\frac{\partial TD}{\partial t}+\frac{\partial TuD}{\partial x}+\frac{\partial TvD}{\partial y}+\frac{\partial T\omega}{\partial \sigma}=\frac{\partial}{\partial \sigma}\left(\frac{K_H}{D}\frac{\partial T}{\partial \sigma}\right)+F_T-\frac{\partial R}{\partial \sigma} \tag{1.2.5}$$

盐度方程：

$$\frac{\partial SD}{\partial t}+\frac{\partial SuD}{\partial x}+\frac{\partial SvD}{\partial y}+\frac{\partial S\omega}{\partial \sigma}=\frac{\partial}{\partial \sigma}\left(\frac{K_H}{D}\frac{\partial S}{\partial \sigma}\right)+F_S \tag{1.2.6}$$

密度方程：

$$\rho=\rho(T,S) \tag{1.2.7}$$

上述方程组中（x，y，z）为 Cartesian 坐标，分别取向东、向北和向上为正；t 为时间；（u，v，w）分别为流速在（x，y，z）方向的分量；Cartesian 坐标与 Sigma 坐标在垂向上的变换表示为：

$$\sigma=\frac{z-\eta}{H+\eta} \tag{1.2.8}$$

其中，H 为静水水深，η 为海面波动；$\sigma=0$ 时 $z=\eta$，$\sigma=-1$ 时 $z=-H$；ω 是基于 Sigma 坐标的垂向流速矢量，与 Cartesian 坐标系下垂向流速 w 之间的关系可以表示为：

$$\begin{aligned}w&=\frac{\partial z}{\partial t}+u\frac{\partial z}{\partial x}+v\frac{\partial z}{\partial y}\\&=\left(\omega+\sigma\frac{\partial D}{\partial t}+\frac{\partial \eta}{\partial t}\right)+u\left(\sigma\frac{\partial D}{\partial x}+\frac{\partial \eta}{\partial x}\right)+v\left(\sigma\frac{\partial D}{\partial y}+\frac{\partial \eta}{\partial y}\right)\end{aligned} \tag{1.2.9}$$

其中，$D=H+\eta$ 为静水水深与海面波动之和；式（1.2.1）至式（1.2.7）中，科氏力参数 $f=2\Omega\sin\varphi$，其中 $\Omega=7.292\times10^{-5}$ rad/s，φ 为地理纬度；T 为温度，S 为盐度，ρ 为密度；$g=9.81$ m/s^2 为重力加速度。

（2）湍流闭合方案

湍流闭合方案包括湍流动能方程和湍流混合长度方程：

$$\frac{\partial q^2 D}{\partial t}+\frac{\partial u q^2 D}{\partial x}+\frac{\partial v q^2 D}{\partial y}+\frac{\partial \omega q^2}{\partial \sigma}$$
$$=\frac{\partial}{\partial \sigma}\left(\frac{K_q}{D}\frac{\partial q^2}{\partial \sigma}\right)+\frac{2K_M}{D}\left[\left(\frac{\partial u}{\partial \sigma}\right)^2+\left(\frac{\partial v}{\partial \sigma}\right)^2\right]+\frac{2g}{\rho_0}K_H\frac{\partial \tilde{\rho}}{\partial \sigma}-\frac{2Dq^3}{B_1 l}+F_q \tag{1.2.10}$$

$$\frac{\partial q^2 lD}{\partial t}+\frac{\partial u q^2 lD}{\partial x}+\frac{\partial v q^2 lD}{\partial y}+\frac{\partial \omega q^2 l}{\partial \sigma}$$
$$=\frac{\partial}{\partial \sigma}\left(\frac{K_q}{D}\frac{\partial q^2 l}{\partial \sigma}\right)+E_1 l\left\{\frac{K_M}{D}\left[\left(\frac{\partial u}{\partial \sigma}\right)^2+\left(\frac{\partial v}{\partial \sigma}\right)^2\right]+E_3\frac{g}{\rho_0}K_H\frac{\partial \tilde{\rho}}{\partial \sigma}\right\}\tilde{w}-\frac{Dq^3}{B_1}+F_l \tag{1.2.11}$$

其中，K_M、K_H、K_q 分别表示湍流混合系数、热扩散系数和湍流动能的垂向扩散系数；$\tilde{\rho}=\rho+\rho$ 表示密度的瞬时值等于其一段时间内的平均值加扰动值；$\tilde{w}=w+w'$，称为墙近似函数（wall proximity function），表示为：

$$\tilde{w}=1+E_2(l/\kappa L)\ L=(\eta-z)^{-1}+(H-z)^{-1} \tag{1.2.12}$$

其中，$\kappa=0.41$ 为 von Kármán 常数。

湍流动能和混合长度方程组由下列等式关系闭合：

$$K_M=lqS_M;\ K_H=lqS_H;\ K_q=0.2lq$$

$$\begin{cases} S_H\left[1-(3A_2B_2+18A_1B_1)G_H\right]=A_2(1-6A_1/B_1) \\ S_M(1-9A_1A_2G_H)-S_H\left[(18A_l^2+9A_1A_2)G_H\right] \\ \qquad =A_1(1-3C_1-6A_1/B_1) \\ G_H=\dfrac{l^2}{q^2}\dfrac{g}{\rho_0}\left(\dfrac{\partial \rho}{\partial z}-\dfrac{1}{c_s^2}\dfrac{\partial \rho}{\partial z}\right) \end{cases} \tag{1.2.13}$$

其中，S_M 和 S_H 称为稳定函数，G_H 为理查德森数，E_1、E_2、E_3、A_1、B_1、A_2、B_2、C_1 是 Mellor-Yamada 2.5 阶湍流闭合方案参数，由实验得到。虽然 Mellor-Yamada 2.5 阶湍流闭合方案被海洋数值模型广泛应用，但其对于混合层深度模拟不佳，存在表层混合和底层剪切模拟偏弱等问题。

（3）水平混合扩散 Smagorinsky 方案

动量方程（1.2.2）至式（1.2.3）中的水平扩散项表示为：

$$\begin{cases} F_x = \dfrac{\partial}{\partial x}(H\tau_{xx}) + \dfrac{\partial}{\partial y}(H\tau_{xy}) \\ F_y = \dfrac{\partial}{\partial x}(H\tau_{xy}) + \dfrac{\partial}{\partial y}(H\tau_{yy}) \end{cases} \tag{1.2.14}$$

其中，τ 为水平剪切应力，写为：

$$\begin{cases} \tau_{xx} = 2A_M \dfrac{\partial u}{\partial x} \\ \tau_{xy} = \tau_{yx} = A_M \left(\dfrac{\partial u}{\partial y} + \dfrac{\partial v}{\partial x} \right) \\ \tau_{yy} = 2A_M \dfrac{\partial v}{\partial y} \end{cases} \tag{1.2.15}$$

水平涡黏滞系数 A_M 由 Smagorinsky 模式计算得到：

$$A_M = C\Delta x\Delta y \frac{1}{2}\left[\left(\frac{\partial u}{\partial x}\right)^2 + \left(\frac{\partial u}{\partial x} + \frac{\partial u}{\partial x}\right)^2 + \left(\frac{\partial v}{\partial x}\right)^2 \right]^{\frac{1}{2}} \tag{1.2.16}$$

其中，参数 C 为无量纲值，取值 0.1 或者 0.2，如果网格足够精细，可取 0。A_M 随着网格精度改善和速度梯度的减小而减小。

式（1.2.5）至式（1.2.6）和式（1.2.10）至式（1.2.11）中的水平扩散项表示为：

$$F_\varphi = \frac{\partial}{\partial x}(Hq_x) + \frac{\partial}{\partial y}(Hq_y) \tag{1.2.17}$$

其中，q_x 和 q_y 分别记为：

$$\begin{cases} q_x = 2A_H \dfrac{\partial \varphi}{\partial x} \\ q_y = 2A_H \dfrac{\partial \varphi}{\partial y} \end{cases} \tag{1.2.18}$$

其中，$\varphi = T, S, q^2, q^2 l$；$A_H$ 是水平热扩散系数，与 A_M 组成普朗特数（A_M / A_H），普朗特数是由流体物性参数组成的一个无因次数（无量纲参数），表明温度边界层和流动边界层的关系，反映流体物理性质对对流传热过程的影响，其倒数 A_H / A_M 是一个小值，取 0.1 ~ 0.2，在某些情况下可以取 0。

1.2.2 模态分离技术

在包含自由表面的三维海洋模型中，由于自由表明波与内波运动速度差距较大，常采用模态分离（mode slitting）方法来分别考虑正压外模态（barotropic mode）与斜压内模态（baroclinic mode）运动。当前常用的海洋模型大多已采用此技术。

描述自由表面波的传播过程并不需要全三维水体运动方程，因为作为长波其波速在沿水深方向基本为常数，所以自由表面的重力波研究采用二维垂向积分方程即可：

$$\frac{\partial DU}{\partial x}+\frac{\partial DV}{\partial y}+\frac{\partial \eta}{\partial t}=0 \tag{1.2.19}$$

$$\frac{\partial UD}{\partial t}+\frac{\partial U^2D}{\partial x}+\frac{\partial UVD}{\partial y}-fvD+gD\frac{\partial \eta}{\partial x}=C_x+\widetilde{F}_x+G_x+B_x \tag{1.2.20}$$

$$\frac{\partial VD}{\partial t}+\frac{\partial UVD}{\partial x}+\frac{\partial V^2D}{\partial y}-fuD+gD\frac{\partial \eta}{\partial y}=C_y+\widetilde{F}_y+G_y+B_y \tag{1.2.21}$$

其中，C_x 和 C_y 为海表面与海底边界条件之和；$\widetilde{F}_x$ 和$\widetilde{F}_y$ 为垂向积分的水平扩散项；G_x 和 G_y 为水平数值耗散项；B_x 和 B_y 为斜压梯度相关项，表示为：

$$B_x=-\frac{gD}{\rho_0}\int_{-1}^{0}\int_{\sigma}^{0}\left[\frac{\partial \rho'}{\partial x}-\frac{\partial D}{\partial x}\sigma'\frac{\partial \rho'}{\partial \sigma'}\right]d\sigma'\,d\sigma \tag{1.2.22}$$

$$B_y=-\frac{gD}{\rho_0}\int_{-1}^{0}\int_{\sigma}^{0}\left[\frac{\partial \rho'}{\partial y}-\frac{\partial D}{\partial y}\sigma'\frac{\partial \rho'}{\partial \sigma'}\right]d\sigma'\,d\sigma \tag{1.2.23}$$

模态分离法其优点主要是，利用海洋运动特性将其分离为短时间步长的二维正压外模态与长时间步的三维斜压内模态，有效减少了总计算量。但是模态分离方法也引入了附加的计算误差：由于 B_x，B_y 项在外模过程中变化缓慢，因此其只在内模计算后进行更新。研究表明，此方法会影响内外模态分离模型的稳定性，外模时间递进会驱使正压部分达到平衡状态，即压力梯度垂向积分与质量通量相互平衡，但是在下一步内模斜压计算完成后，新的压力梯度垂向积分项不再等于原始的压力梯度项，由此引入模态分离误差。为了减少此误差，并提高模型稳定性，使用了针对外模态计算步的时间加权平均法，来保证两个内模态计算步之间具有守恒性与连续性。

1.2.3 边界条件

除上述方程外，海洋模型还需要边界条件以闭合方程组。

（1）海表面边界条件

海表面边界条件包含热通量（短波辐射、长波辐射、感热、潜热）、蒸发 / 降水、风、气压等。POM 提供了如下海表面条件。

没有表层淡水输入时海面垂向流速条件写为：

$$\omega(0)=0 \tag{1.2.24}$$

考虑海表面蒸发 / 降水时，海面垂向流速条件写为：

$$w=\frac{\partial z}{\partial t}+u\frac{\partial z}{\partial x}+v\frac{\partial z}{\partial y}+\frac{P-E}{\rho} \tag{1.2.25}$$

海面风场条件写为：

$$\frac{K_M}{D}\left(\frac{\partial u}{\partial \sigma},\frac{\partial v}{\partial \sigma}\right)\bigg|_{\sigma=0}=\frac{1}{\rho_0}(\tau_{sx},\tau_{sy}) \tag{1.2.26}$$

其中，

$$(\tau_{sx},\tau_{sy})=C_s\sqrt{u_s^2+v_s^2}\,(u_s,v_s) \tag{1.2.27}$$

温度和盐度的海面边界条件写为：

$$\frac{K_M}{D}\left(\frac{\partial T}{\partial \sigma'},\frac{\partial}{\partial \sigma}\right)\bigg|_{\sigma=0}=-\big(\langle w\theta(0)\rangle,\langle ws(0)\rangle\big) \tag{1.2.28}$$

湍流闭合方案的海面边界条件写为：

$$\big(q^2(0),q^2l(0)\big)=\big(B_1^{\frac{2}{3}}u_\tau^0(0),0\big) \tag{1.2.29}$$

（2）海底边界条件

不考虑地下水输入的情况下，海底垂向流速条件写为：

$$\omega(-1)=0 \tag{1.2.30}$$

考虑地下水输入的情况下，海底垂向流速条件写为：

$$w=-u\frac{\partial H}{\partial x}-v\frac{\partial H}{\partial y}+Q_b \tag{1.2.31}$$

其中，Q_b 为地下水流速。

海底摩擦条件写为：

$$\frac{K_M}{D}\left(\frac{\partial u}{\partial \sigma},\frac{\partial v}{\partial \sigma}\right)\bigg|_{\sigma=-1}=\frac{1}{\rho_0}(\tau_{bx},\tau_{by}) \tag{1.2.32}$$

其中，

$$(\tau_{bx},\tau_{by})=C_b\sqrt{u_b^2+v_b^2}\,(u_b,v_b),\ C_b=max\left\{\frac{\kappa^2}{[\ln(z_{ab}/z_0)]^2},0.0025\right\} \tag{1.2.33}$$

海底绝热和无盐度通量（无地下水的情况）的温盐海底边界条件写为：

$$\frac{K_M}{D}\left(\frac{\partial T}{\partial \sigma},\frac{\partial S}{\partial \sigma}\right)\bigg|_{\sigma=-1}=0 \tag{1.2.34}$$

湍流闭合方案的海底边界条件写为：

$$\left[q^2(-1), q^2 l(-1)\right] = \left[B_1^{\frac{2}{3}} u_\tau^0(-1), 0\right] \tag{1.2.35}$$

其中，B_1 和 u_τ 分别为湍流闭合模式的参数和摩擦速度。

（3）侧边界条件

侧边界条件有两种形式，一种是海陆之间的固边界条件；另一种是如果模型网格无法覆盖全球，则需要提供开边界条件。

固边界条件一般为无通量边界条件，即

垂直于固边界的法向速度为 0：

$$V_n = 0 \tag{1.2.36}$$

温度和盐度梯度为 0：

$$\frac{\partial T}{\partial n} = 0 \tag{1.2.37}$$

$$\frac{\partial S}{\partial n} = 0 \tag{1.2.38}$$

开边界条件对于二维正压和三维斜压模态分别给出，包括：

1）入流边界条件，适用于河流或者边界流，包含

二维：$$DU = BC \tag{1.2.39}$$

三维：$$u = BC \tag{1.2.40}$$

2）水位边界条件，仅二维：

$$\eta = BC \tag{1.2.41}$$

3）二维辐射边界条件：

$$HU \pm c_e \eta = BC c_e = \sqrt{gH} \tag{1.2.42}$$

$$\frac{\partial U}{\partial t} \pm c_e \frac{\partial U}{\partial x} = 0 \tag{1.2.43}$$

$$\frac{\partial \eta}{\partial t} \pm c_e \frac{\partial \eta}{\partial x} = 0 \tag{1.2.44}$$

4）三维辐射边界条件：

$$\frac{\partial u}{\partial t} \pm c_i \frac{\partial u}{\partial x} = 0 \tag{1.2.45}$$

$$c_i = \sqrt{H / H_{\max}} \tag{1.2.46}$$

5）温度 / 盐度的迎风对流边界条件：

$$\frac{\partial T}{\partial t} \pm u \frac{\partial T}{\partial x} = 0 \tag{1.2.47}$$

$$\frac{\partial S}{\partial t} \pm u \frac{\partial S}{\partial x} = 0 \tag{1.2.48}$$

1.3 FVCOM 模型简介

1.3.1 控制方程组

有限体积海洋模型 FVCOM 是由美国麻省大学陈长胜教授与伍兹霍尔海洋研究所 Robert C. Beardsley 教授领导开发。有限体积法综合了有限差分法和有限元法的优点，在数值计算中既可以与浅海复杂岸界拟合又便于离散差分原始动力学方程组从而保证较高的计算效率，其采用方程的积分形式和先进的计算格式，特别是对于具有复杂的地形岸界的计算问题可以更好地保证质量的守恒性。FVCOM 在水平方向上采用非结构化三角形网格，可以有效地拟合复杂边界与进行局部加密，该特点使其在研究岛屿众多、岸线复杂的问题时表现尤为突出。

在直角坐标系下，FVOCM 使用的控制方程组如下：

$$\frac{\partial u}{\partial t} + u\frac{\partial u}{\partial x} + v\frac{\partial u}{\partial y} + w\frac{\partial u}{\partial z} - fv = -\frac{1}{\rho}\frac{\partial (p_H + p_a)}{\partial x} - \frac{1}{\rho}\frac{\partial q}{\partial x} + \frac{\partial}{\partial z}\left(K_m \frac{\partial u}{\partial z}\right) + F_u \tag{1.3.1}$$

$$\frac{\partial v}{\partial t} + u\frac{\partial v}{\partial x} + v\frac{\partial v}{\partial y} + w\frac{\partial v}{\partial z} - fu = -\frac{1}{\rho}\frac{\partial (p_H + p_a)}{\partial y} - \frac{1}{\rho}\frac{\partial q}{\partial y} + \frac{\partial}{\partial z}\left(K_m \frac{\partial v}{\partial z}\right) + F_v \tag{1.3.2}$$

$$\frac{\partial w}{\partial t} + u\frac{\partial w}{\partial x} + v\frac{\partial w}{\partial y} + w\frac{\partial w}{\partial z} = -\frac{1}{\rho}\frac{\partial q}{\partial z} + \frac{\partial}{\partial z}\left(K_m \frac{\partial w}{\partial z}\right) + F_w \tag{1.3.3}$$

$$\frac{\partial u}{\partial x} + \frac{\partial v}{\partial y} + \frac{\partial w}{\partial z} = 0 \tag{1.3.4}$$

$$\frac{\partial T}{\partial t} + u\frac{\partial T}{\partial x} + v\frac{\partial T}{\partial y} + w\frac{\partial T}{\partial z} = \frac{\partial}{\partial z}\left(K_h \frac{\partial T}{\partial z}\right) + F_T \tag{1.3.5}$$

$$\frac{\partial S}{\partial t} + u\frac{\partial S}{\partial x} + v\frac{\partial S}{\partial y} + w\frac{\partial S}{\partial z} = \frac{\partial}{\partial z}\left(K_h \frac{\partial S}{\partial z}\right) + F_S \tag{1.3.6}$$

$$\rho = \rho(T, S, p) \tag{1.3.7}$$

该控制方程组包括动量方程、连续方程、温度方程、盐度方程和密度方程，其中，x，y，z 为直角坐标系的东、北和垂直方向；u，v，w 为 x，y，z 方向上的速度分量；T 为海水温度；S 为海水盐度；ρ 为海水密度；p_H 为静水压力；p_a 为海平面气压；q 为非静水压力；f 为科氏力参数；g 为重力加速度；K_m 为垂向涡动黏滞系数；K_h 为垂向涡流扩散系数；F_u，F_v，F_T 和 F_S 分别代表动量、热量和盐度水平扩散项。总水深为 $D = H + \zeta$，其中，H 为静水水深，ζ 为自由表面波动。

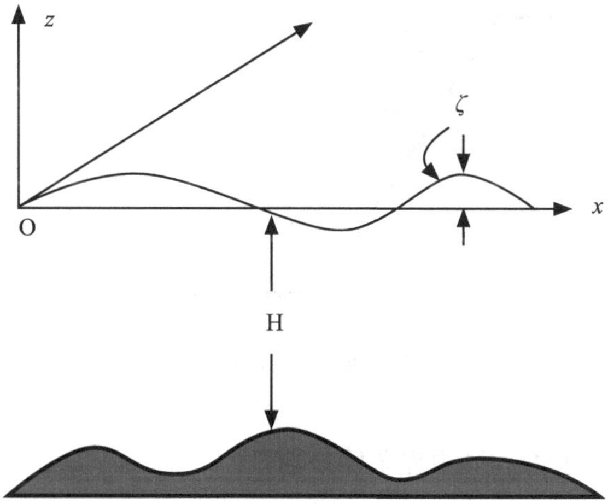

图1.3.1　直角坐标系图解

1.3.2　边界条件

温度的表面和底边界条件分别为：

$$\frac{\partial T}{\partial z} = \frac{1}{\rho c_p K_h}\left[Q_n(x, y, t) - SW(x, y, \zeta, t)\right] \tag{1.3.8}$$

$$\frac{\partial T}{\partial z} = -\frac{A_H \tan\alpha}{K_h}\frac{\partial T}{\partial n} \tag{1.3.9}$$

其中，$Q_n(x, y, t)$ 为表面净热量通量，包括四部分：短波辐射、长波辐射、显热和潜热；$SW(x, y, \zeta, t)$ 为海表面的短波辐射通量；c_p 为海水比热；A_H 为水平热量扩散系数；α 为海底坡度；n 为图 1.3.2 所示的水平坐标。

盐度的表面和底边界条件分别为：

$$\frac{\partial S}{\partial z} = 0 \tag{1.3.10}$$

$$\frac{\partial S}{\partial z}=\frac{A_H\tan\alpha}{K_h}\frac{\partial S}{\partial n} \tag{1.3.11}$$

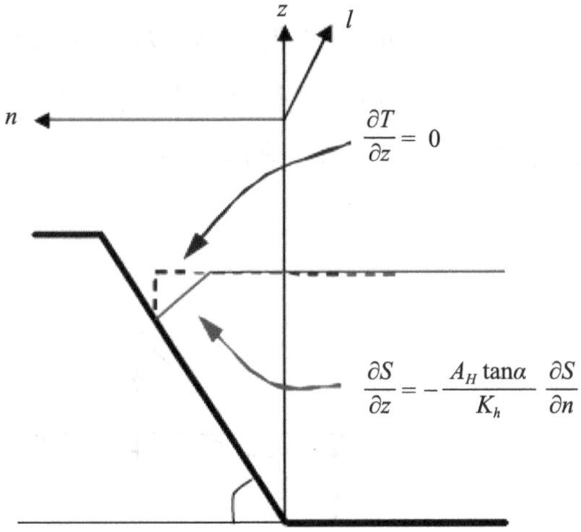

图1.3.2 倾斜底面温度的底边界条件示意图

流速 u，v 和 w 的表面和底边界条件分别为：

$$K_m\left(\frac{\partial u}{\partial z},\frac{\partial v}{\partial z}\right)=\frac{1}{\rho}(\tau_{sx},\tau_{sy}),\ w=\frac{\partial\zeta}{\partial t}+u\frac{\partial\zeta}{\partial x}+v\frac{\partial\zeta}{\partial y}+\frac{E-P}{\rho} \tag{1.3.12}$$

$$K_m\left(\frac{\partial u}{\partial z},\frac{\partial v}{\partial z}\right)=\frac{1}{\rho}(\tau_{bx},\tau_{by}),\ w=-u\frac{\partial H}{\partial x}-v\frac{\partial H}{\partial y}+\frac{Q_b}{\Omega} \tag{1.3.13}$$

其中，(τ_{sx},τ_{sy}) 和 (τ_{bx},τ_{by}) 分别是 x 和 y 方向的表层风应力和底部应力；E 和 P 表示蒸发和降水；Q_b 为底部地下水体积通量；Ω 为地下水来源的面积。

如果动量、温度和盐度方程的水平和垂直扩散没有给定，原始式（1.3.1）~ 式（1.3.7）在数学上是不闭合的。在 FVCOM 模型中，对于水平扩散系数，可选择常数或使用 Smagorinsky 涡旋参数化方案。动量方程的 Smagorinsky 水平扩散表示如下：

$$A_m=0.5C\Omega^u\sqrt{\left(\frac{\partial u}{\partial x}\right)^2+0.5\left(\frac{\partial v}{\partial x}+\frac{\partial u}{\partial y}\right)^2+\left(\frac{\partial v}{\partial y}\right)^2} \tag{1.3.14}$$

其中，C 为常数，Ω^u 为单个动量控制元的面积。A_m 的值随模型分辨率和水平速度梯度变化，随网格尺寸或水平速度梯度的减小而减小。

相似的公式可用于标量，与单个追踪控制元以及追踪浓度的水平梯度成正比。例如，海水温度的水平扩散系数由式（1.3.15）给出：

$$A_m = \frac{0.5C\Omega^{\zeta}}{P_r}\sqrt{\left(\frac{\partial u}{\partial x}\right)^2 + 0.5\left(\frac{\partial v}{\partial x} + \frac{\partial u}{\partial y}\right)^2 + \left(\frac{\partial v}{\partial y}\right)^2} \qquad (1.3.15)$$

其中，Ω^{ζ} 为单个示踪控制元的面积；P_r 为普朗特数。

在垂向黏滞系数和热扩散系数方面，FVCOM 提供多项计算方案。其中，Mellor-Yamada 2.5 阶湍流闭合模型是应用最广泛的方案之一，FVCOM 运用了该模型的更新版本，包括增加了稳定函数的上下限，增加了风生表面波破碎引起的湍流动能输入和内波参数化以及增加了提高压力张量协方差和强层化区的切变不稳定引起的混合。此外，FVCOM 还可使用通用海洋湍流模型 GOTM（General Ocean Turbulence Model）。GOTM 由许多湍流模块组成，从简单的理查德森数到复杂的雷诺应力湍流闭合模型。

1.3.3　有限体积法设置

与三角有限元方法相似，水平的计算区域可细分为一系列不重叠的非结构三角元，一个三角形包含三个节点、一个质心和三条边。在每个三角元中，三个节点由顺时针方向从 1 到 3 的整数编号，相邻的有着共同一条边的三角形由顺时针方向从 1 到 3 的整数编号，若该条边为开边界或固边界，则没有共同边的相邻三角形。

在 FVCOM 模型的水平方向，通常将矢量如速度 u，v 放置在三角形质心处，将标量如水位、温度、盐度、水深、密度等变量放置在三角形节点处。在节点处的标量由通过连接质心和相邻三角形邻边中点的截面的净通量决定，在质心处的矢量由通过三角形三条边的净通量计算。

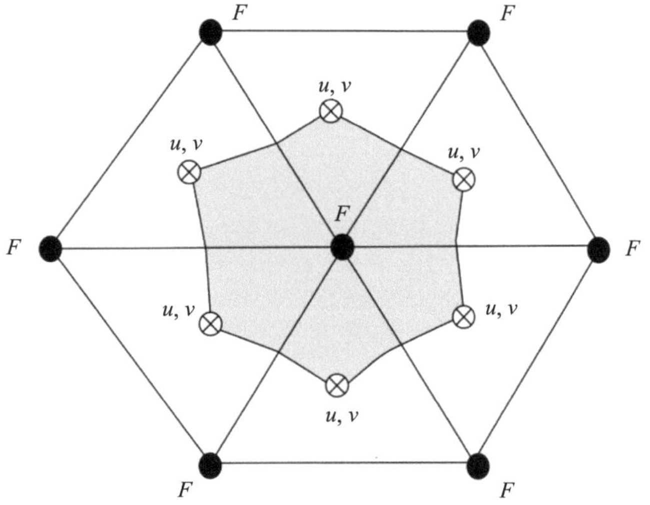

图1.3.3　变量的水平分布设置

在垂直方向，FVCOM 可采用多种坐标变换，如 Sigma 坐标分层或混合坐标分层。除每一层表面的垂直速度 w 和湍流变量外，所有的模型变量都位于每个分层的中间。模型对分层的厚度没有限制，可设置统一的或不统一的分层。

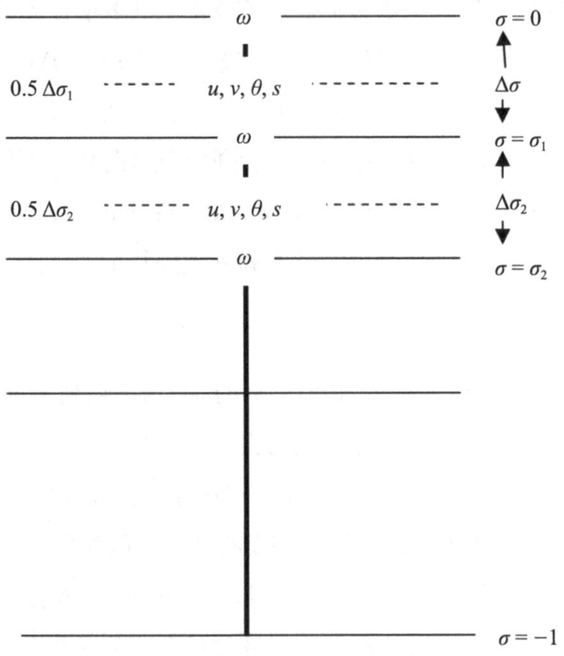

图1.3.4　变量的垂向分布设置

第二章 有限差分法基础概念

有限差分法是一种广泛应用的数值方法，相较于有限元和有限体积法，有限差分法的理论基础和离散化过程都相对简单，易于理解和实施，通常作为介绍数值方法和科学计算的入门方法。模型初学者可以通过实现有限差分法来深入理解偏微分方程和数值求解的基本原理，从而为进一步学习更复杂的海洋数值模型打下坚实的基础。

2.1 有限差分离散化

假设有一个连续函数 $f(x)$，它在 x_k 附近的值可以用泰勒级数的形式表示为：

$$f(x)=f(x_k)+(x-x_k)\left.\frac{\partial f}{\partial x}\right|_k+\frac{(x-x_k)^2}{2}\left.\frac{\partial^2 f}{\partial x^2}\right|_k+\cdots+\frac{(x-x_k)^n}{n!}\left.\frac{\partial^n f}{\partial x^n}\right|_k+\cdots \tag{2.1.1}$$

由此可以导出一阶导数的离散表达形式为：

$$\left.\frac{\partial f}{\partial x}\right|_k=\frac{f(x)-f(x_k)}{x-x_k}-\left[\frac{(x-x_k)}{2}\left.\frac{\partial^2 f}{\partial x^2}\right|_k+\cdots+\frac{(x-x_k)^{n-1}}{n!}\left.\frac{\partial^n f}{\partial x^n}\right|_k+\cdots\right] \tag{2.1.2}$$

将（2.1.2）中的 x 以 x_{k+1} 或 x_{k-1} 代入，可以得到：

$$\left.\frac{\partial f}{\partial x}\right|_k=\frac{f(x_{k+1})-f(x_k)}{x_{k+1}-x_k}-\left[\frac{(x_{k+1}-x_k)}{2}\left.\frac{\partial^2 f}{\partial x^2}\right|_k+\cdots+\frac{(x_{k+1}-x_k)^{n-1}}{n!}\left.\frac{\partial^n f}{\partial x^n}\right|_k+\cdots\right] \tag{2.1.3}$$

$$\left.\frac{\partial f}{\partial x}\right|_k=\frac{f(x_k)-f(x_{k-1})}{x_k-x_{k-1}}+\frac{(x_k-x_{k-1})}{2}\left.\frac{\partial^2 f}{\partial x^2}\right|_k-\cdots+(-1)^{n-1}\frac{(x_{k+1}-x_k)^{n-1}}{n!}\left.\frac{\partial^n f}{\partial x^n}\right|_k+\cdots \tag{2.1.4}$$

此外，将式（2.1.1）中的 x 以 x_{k+1} 或 x_{k-1} 代入得到式（2.1.3）和式（2.1.4），式（2.1.3）减去式（2.1.4）还可得到另外一个等式

$$\begin{aligned}\left.\frac{\partial f}{\partial x}\right|_k=&\frac{f(x_{k+1})-f(x_{k-1})}{x_{k+1}-x_{k-1}}-\frac{(x_{k+1}-x_k)^2-(x_k-x_{k-1})^2}{2(x_{k+1}-x_{k-1})}\left.\frac{\partial^2 f}{\partial x^2}\right|_k\\&+\frac{(x_{k+1}-x_k)^3-(x_k-x_{k-1})^3}{6(x_{k+1}-x_{k-1})}\left.\frac{\partial^3 f}{\partial x^3}\right|_k+\cdots\end{aligned} \tag{2.1.5}$$

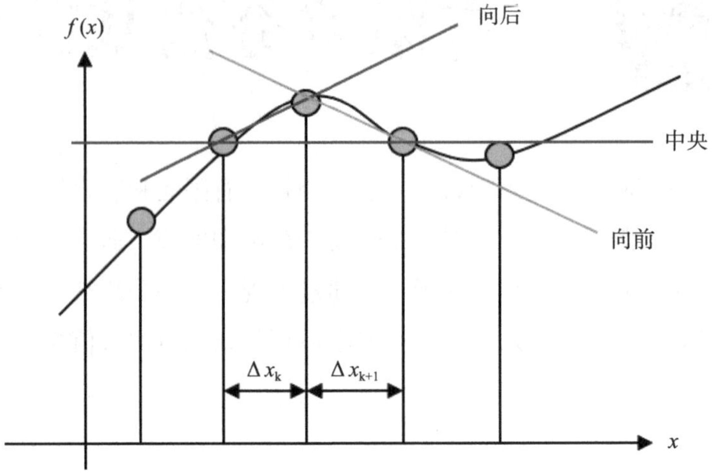

图2.1.1　连续函数的空间离散

由 $x_{k+1}-x_k=\Delta x_{k+1}$、$x_k-x_{k+1}=\Delta x_k$、$\Delta x_k=\Delta x_{k+1}=\Delta x$，式（2.1.3）、式（2.1.4）和式（2.1.5）改写为

$$\left.\frac{\partial f}{\partial x}\right|_k=\frac{f(x_{k+1})-f(x_k)}{\Delta x}+O(\Delta x) \tag{2.1.6}$$

$$\left.\frac{\partial f}{\partial x}\right|_k=\frac{f(x_k)-f(x_{k-1})}{\Delta x}+O(\Delta x) \tag{2.1.7}$$

$$\left.\frac{\partial f}{\partial x}\right|_k=\frac{f(x_{k+1})-f(x_{k-1})}{2\Delta x}+O[(\Delta x)^2] \tag{2.1.8}$$

式（2.1.6）、式（2.1.7）和式（2.1.8）分别称为空间向前差分（Forward Difference Scheme，FDS）、空间向后差分（Backward Difference Scheme，BDS）和空间中央差分（Central Difference Scheme，CDS）。

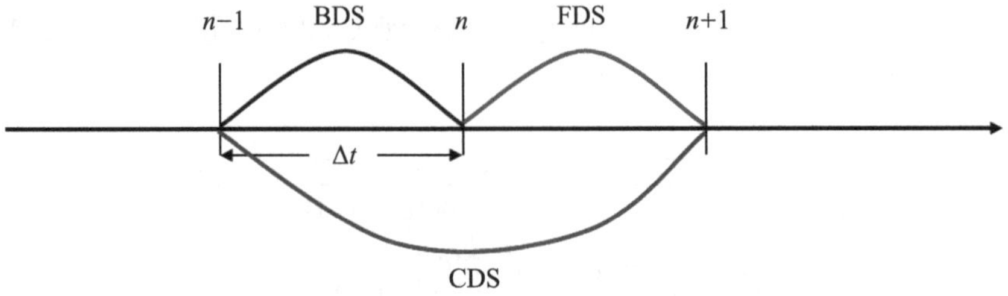

图2.1.2　前差（FDS）后差（BDS）中央差（CDS）的时空配置

同理，可得时间一阶导数的差分格式为

$$\left.\frac{\partial f}{\partial t}\right|_n=\frac{f(t_{n+1})-f(t_n)}{\Delta t}+O(\Delta t) \tag{2.1.9}$$

$$\left.\frac{\partial f}{\partial t}\right|_n=\frac{f(t_n)-f(t_{n-1})}{\Delta t}+O(\Delta t) \tag{2.1.10}$$

$$\left.\frac{\partial f}{\partial t}\right|_n=\frac{f(t_{n+1})-f(t_{n-1})}{2\Delta t}+O[(\Delta t)^2] \tag{2.1.11}$$

对于二阶导数$\frac{\partial^2 f}{\partial x^2}$，也可以采用同样的方法，

$$f(x_{k+1})=f(x_k)+\Delta x\left.\frac{\partial f}{\partial x}\right|_k+\frac{(\Delta x)^2}{2}\left.\frac{\partial^2 f}{\partial x^2}\right|_k+\frac{(\Delta x)^3}{6}\left.\frac{\partial^3 f}{\partial x^3}\right|_k+\frac{(\Delta x)^4}{6}\left.\frac{\partial^4 f}{\partial x^4}\right|_k+\cdots \tag{2.1.12}$$

$$f(x_{k-1})=f(x_k)-\Delta x\left.\frac{\partial f}{\partial x}\right|_k+\frac{(\Delta x)^2}{2}\left.\frac{\partial^2 f}{\partial x^2}\right|_k-\frac{(\Delta x)^3}{6}\left.\frac{\partial^3 f}{\partial x^3}\right|_k+\frac{(\Delta x)^4}{6}\left.\frac{\partial^4 f}{\partial x^4}\right|_k+\cdots \tag{2.1.13}$$

将式（2.1.12）和式（2.1.13）相加得到式（2.1.14）

$$f(x_{k+1})+f(x_{k-1})=2f(x_k)+(\Delta x)^2\left.\frac{\partial^2 f}{\partial x^2}\right|_k+\frac{(\Delta x)^4}{3}\left.\frac{\partial^4 f}{\partial x^4}\right|_k+\cdots \tag{2.1.14}$$

由此进一步得到二阶导数的离散格式为

$$\left.\frac{\partial^2 f}{\partial x^2}\right|_k=\frac{f(x_{k+1})-2f(x_k)+f(x_{k-1})}{(\Delta x)^2}+O[(\Delta x)^2] \tag{2.1.15}$$

由式（2.1.12）可知，二阶导数的有限差分格式只有一种。以差分方程求解偏微分方程的误差称为截断误差，如式（2.1.16）：

$$O[(\Delta x)^m]\quad\begin{cases}m=1\\m=2\end{cases} \tag{2.1.16}$$

其中，$m=1$ 时表示一阶精度，$m=2$ 时表示二阶精度。对于一阶导数，前差、后差格式为一阶精度，中央差格式为二阶精度，二阶导数的差分为二阶精度。

2.2　经典差分格式

以一维平流方程

$$\frac{\partial f}{\partial t}+C\frac{\partial f}{\partial x}=0 \tag{2.2.1}$$

为例，对时间和空间采用不同的差分格式，可以得到各类不同的差分方法，这些方法分为显示方法和隐式方法。在显示方法中，n+1 时刻的所有变量都是由它前一时刻 n 的变量直接计算出来的，这就意味着，如果 n 时刻的变量已知，就可以采用这种方法，通过积分，进行 n+1 时刻的预报。在隐式方法中，n+1 时刻的变量并不是直接由前一时刻 n 的变量直接显式计算出来，而是需要从一定的包括 n+1 时刻变量的代数方程中进行求解。

2.2.1 时间中央差 / 空间中央差

时间中央差分和空间中央差分格式又称蛙跳格式，当使用该格式后，式（2.2.1）可离散为

$$\frac{f_k^{n+1}-f_k^{n-1}}{2\Delta t}+C\frac{f_{k+1}^n-f_{k-1}^n}{2\Delta x}=0 \tag{2.2.2}$$

对时间求导，其截断误差为二阶精度，对空间求导，其截断误差为二阶精度。

进一步可得差分方程为

$$f_k^{n+1}=f_k^{n-1}-C\frac{\Delta t}{\Delta x}\left(f_{k+1}^n-f_{k-1}^n\right) \tag{2.2.3}$$

式（2.2.3）表明，使用蛙跳格式求 n+1 时刻 k 位置的 f 值，需要已知 n 时刻 $k-1$ 和 k+1 位置的 f 值，以及 $n-1$ 时刻 k 位置的 f 值，因此该格式是显示方法。

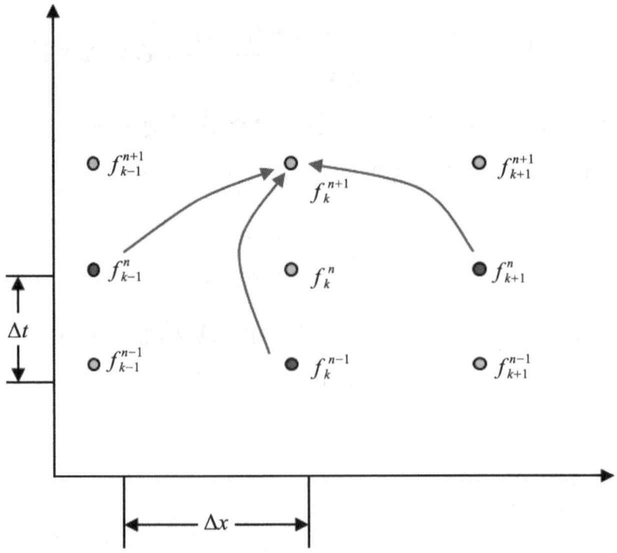

图2.2.1　时间中央差/空间中央差的时空配置

2.2.2　时间前差 / 空间中央差

时间向前差分和空间中央差分格式又称欧拉格式，当使用该格式后，式（2.2.1）可离散为

$$\frac{f_k^{n+1}-f_k^n}{\Delta t}-C\frac{f_{k+1}^n-f_{k-1}^n}{2\Delta x}=0 \tag{2.2.4}$$

对时间求导，其截断误差为一阶精度，对空间求导，其截断误差为二阶精度。

进一步可得差分方程为

$$f_k^{n+1}=f_k^n-C\frac{\Delta t}{2\Delta x}\left(f_{k+1}^n-f_{k-1}^n\right) \tag{2.2.5}$$

式（2.2.5）表明，使用欧拉格式求 $n+1$ 时刻 k 位置的 f 值，需要已知 n 时刻 $k-1$、k 和 $k+1$ 位置的 f 值，因此该格式是显示方法。

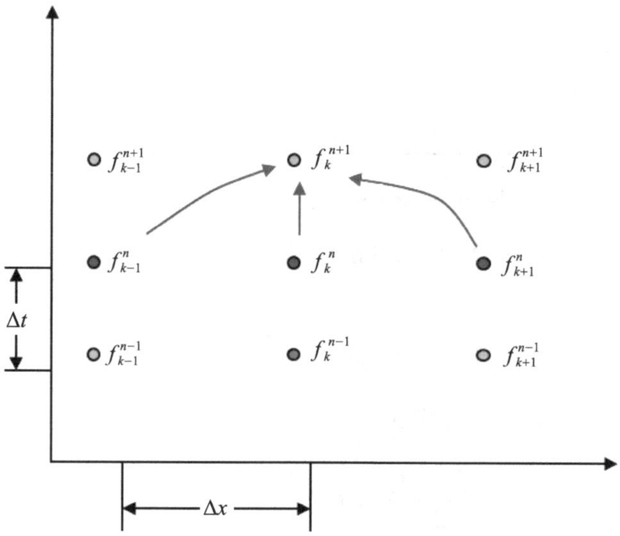

图2.2.2　时间前差/空间中央差的时空配置

2.2.3　时间前差 / 空间后差

当使用时间向前差分和空间向后差分格式后，式（2.2.1）可离散为

$$\frac{f_k^{n+1}-f_k^n}{\Delta t}-C\frac{f_k^n-f_{k-1}^n}{\Delta x}=0 \tag{2.2.6}$$

对时间求导，其截断误差为一阶精度，对空间求导，其截断误差为一阶精度。

进一步可得差分方程为

$$f_k^{n+1}=f_k^n-C\frac{\Delta t}{\Delta x}\left(f_k^n-f_{k-1}^n\right) \tag{2.2.7}$$

当 C > 0 时，该格式又被称为迎风格式（Upwind Scheme）。式（2.2.7）表明，使用时间前差 / 空间后差格式求 n+1 时刻 k 位置的 f 值，需要已知 n 时刻 k−1 和 k 位置的 f 值，因此该格式是显示方法。

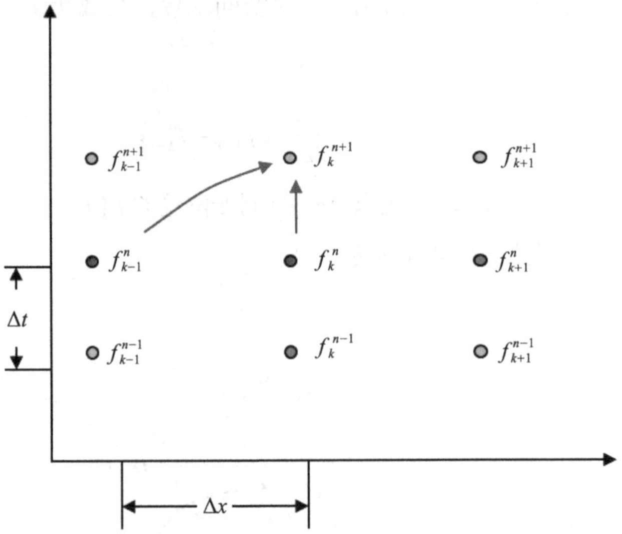

图2.2.3　时间前差/空间后差的时空配置

2.2.4　时间前差 / 空间隐式中央差

当使用时间向前差分和空间隐式中央差分格式后，式（2.2.1）可离散为

$$\frac{f_k^{n+1}-f_k^n}{\Delta t}+C\frac{f_{k+1}^{n+1}-f_{k-1}^{n+1}}{2\Delta x}=0 \tag{2.2.8}$$

对时间求导，其截断误差为一阶精度，对空间求导，其截断误差为二阶精度。

进一步可得差分方程为

$$C\frac{\Delta t}{2\Delta x}f_{k+1}^{n+1}-f_k^{n+1}-C\frac{\Delta t}{2\Delta x}f_{k-1}^{n+1}=f_k^n \tag{2.2.9}$$

式（2.2.9）表明，使用时间前差 / 空间隐式中央差格式时，n+1 时刻在 k−1、k 和 k+1 位置均有未知的 f 值，n+1 时刻某一位置的 f 值并不是直接由前一时刻 n 的 f 值直接计算出来，而是需要包括 $n+1$ 时刻其他位置的 f 值参与求解，因此该格式是隐式方法。

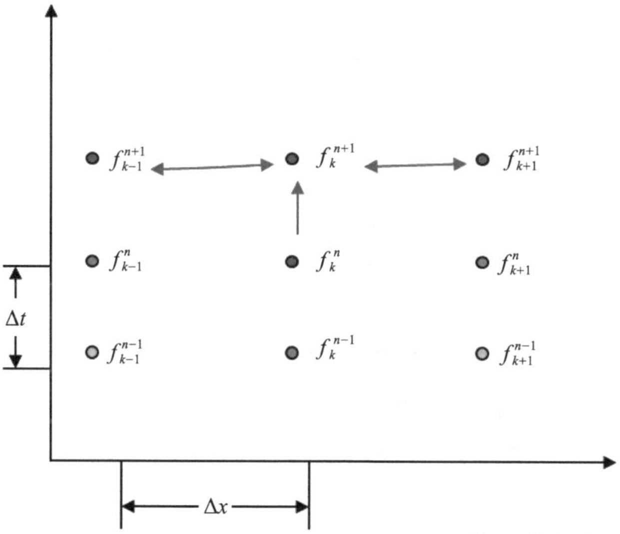

图2.2.4　时间前差/空间隐式中央差的时空配置

2.2.5　克兰克－尼科尔森方法

克兰克－尼科尔森（Crank-Nicolson）方法是一个隐式格式，当使用该格式后，式（2.2.1）可离散为

$$\frac{f_k^{n+1}-f_k^n}{\Delta t}+\frac{C}{2}\left(\frac{f_{k+1}^{n+1}-f_{k-1}^{n+1}}{2\Delta x}+\frac{f_{k+1}^n-f_{k-1}^n}{2\Delta x}\right)=0 \qquad (2.2.10)$$

对时间求导，其截断误差为一阶精度，对空间求导，其截断误差为二阶精度。

进一步可得差分方程为

$$C\frac{\Delta t}{4\Delta x}f_{k+1}^{n+1}+f_k^{n+1}-C\frac{\Delta t}{4\Delta x}f_{k-1}^{n+1}=f_k^n-C\frac{\Delta t}{4\Delta x}\left(f_{k+1}^n-f_{k-1}^n\right) \qquad (2.2.11)$$

式（2.2.11）表明，使用克兰克－尼科尔森方法时，$n+1$ 时刻在 $k-1$、k 和 $k+1$ 位置均有未知的 f 值，$n+1$ 时刻某一位置的 f 值并不是直接由前一时刻 n 的 f 值直接计算出来，而是需要包括 $n+1$ 时刻其他位置的 f 值参与求解，因此该方法是隐式格式。

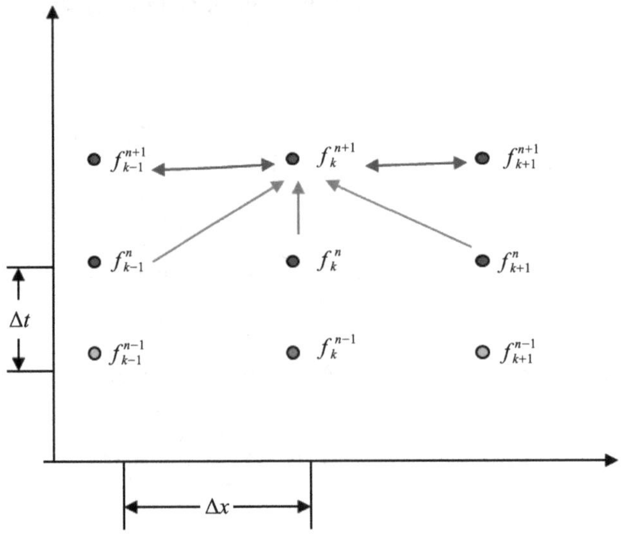

图 2.2.5　克兰克－尼科尔森方法的时空配置

2.3　差分格式的稳定性

2.3.1　稳定性定义

如果差分方法的数值解并不随时间的积分不断增长，而保持一个有限的值，则这一方法是稳定的差分方法。稳定性是保证数值计算方法的必要条件。下面以扩散方程

$$\frac{\partial T}{\partial t} = A_h \frac{\partial^2 T}{\partial x^2} \tag{2.3.1}$$

为例来进一步探讨稳定性的具体意义。如果该方程使用时间前差和空间中央差，可得到：

$$\frac{T_k^{n+1} - T_k^n}{\Delta t} - A_h \frac{T_{k+1}^n - 2T_k^n + T_{k+1}^n}{(\Delta x)^2} = 0 \tag{2.3.2}$$

设定

$$r = \frac{\Delta t}{(\Delta x)^2} \tag{2.3.3}$$

那么，

$$T_k^{n+1} = (1 - 2rA_h)\, T_k^n + rA_h\,(T_{k+1}^n + T_{k-1}^n) \tag{2.3.4}$$

假设在初始时刻，在空间位置 k_0 处有误差 ε，这个误差是否会随时间增长成为差

分方法稳定性的关键。如果误差是随时间增长的，这个数值方法就是不稳定的；如果没有增长，该数值方法就是稳定的。

假设$r=\dfrac{1}{2A_h}$，根据式（2.3.4）可得

$$\begin{cases} T_k^{n+1}=\dfrac{1}{2}(T_{k+1}^n+T_{k-1}^n) \\ T_k^0=T(k,0) \end{cases} \tag{2.3.5}$$

当在初始时有近似解时，近似解为

$$\begin{cases} \tilde{T}_k^{n+1}=\dfrac{1}{2}(\tilde{T}_{k+1}^n+\tilde{T}_{k-1}^n) \\ \tilde{T}_k^0=\begin{cases} \tilde{T}(k,0) & k\neq k_o \\ \tilde{T}(k_o,0)+\varepsilon & k=k_o \end{cases} \end{cases} \tag{2.3.6}$$

式（2.3.6）与式（2.3.5）相减可得误差方程为

$$\begin{cases} \varepsilon_k^{n+1}=\dfrac{1}{2}(\varepsilon_{k+1}^n+\varepsilon_{k-1}^n) \\ \varepsilon_k^0=\begin{cases} 0 & k\neq k_o \\ \varepsilon & k=k_o \end{cases} \end{cases} \tag{2.3.7}$$

式（2.3.7）表明，$n+1$ 时刻 k 位置的误差 ε 是由 n 时刻 $k-1$ 和 $k+1$ 位置的误差 ε 决定。从初始时刻 $n=0$ 开始，不同时间各位置点的误差如图 2.3.1 所示：

$n=5$	0	0.16525ε	0	0.31125ε	0	0.3125ε	0	0.15625ε	0
$n=4$	0.0625ε	0	0.25ε	0	0.375ε	0	0.25ε	0	0.0625ε
$n=3$		0.125ε	0	0.375ε	0	0.375ε	0	0.125ε	
$n=2$			0.25ε	0	0.5ε	0	0.25ε		
$n=1$				0.5ε	0	0.5ε			
$n=0$					ε				
n \ k	k_o-4	k_o-3	k_o-2	k_o-1	k_o	k_o+1	k_o+2	k_o+3	k_o+4

图2.3.1　$r=\dfrac{1}{2A_h}$时的误差表

由于误差随时间的增加而减少，因此$r=\dfrac{1}{2A_h}$时这个方法是稳定的。

假设$r = \dfrac{1}{A_h}$，根据式（2.3.4）可得

$$T_k^{n+1} = T_{k+1}^n + T_{k-1}^n - T_k^n \quad (2.3.8)$$

同理可得误差方程为

$$\begin{cases} \varepsilon_k^{n+1} = \varepsilon_{k+1}^n + \varepsilon_{k-1}^n - \varepsilon_k^n \\ \varepsilon_k^0 = \begin{cases} 0 & k \neq k_o \\ \varepsilon & k = k_o \end{cases} \end{cases} \quad (2.3.9)$$

式（2.3.9）表明，$n+1$ 时刻 k 位置的误差 ε 是由 n 时刻 $k-1$、k 和 $k+1$ 位置的误差 ε 决定。从初始时刻 $n=0$ 开始，不同时间各位置点的误差如图 2.3.2 所示。

$n=4$	ε	-4ε	10ε	-16ε	19ε	-16ε	10ε	-4ε	ε
$n=3$		ε	-3ε	6ε	-7ε	6ε	-3ε	ε	
$n=2$			ε	-2ε	3ε	-2ε	ε		
$n=1$				ε	$-\varepsilon$	ε			
$n=0$					ε				
	k_o-4	k_o-3	k_o-2	k_o-1	k_o	k_o+1	k_o+2	k_o+3	k_o+4

图2.3.2　$r = \dfrac{1}{A_h}$ 时的误差表

由于误差随时间的增加而增加，因此$r = \dfrac{1}{A_h}$时这个方法是不稳定的。

2.3.2　稳定性计算

相应问题随之而来，是否一定要用表格来研究数值方法的稳定性？事实上，若数值方法的边界值是准确的，在时间积分开始时的初始值中存在一定误差，稳定性分析就是要研究这个误差是否会增长，因此，可以通过数学计算来分析差分方法的稳定性。对于 t-x 的线性方程，误差总是可以表示为一个波动函数

$$T_k^n = T^0 A^n e^{ik\Delta x} \quad (2.3.10)$$

其中，A 是振幅，T^0 是初始值，n 是时间积分的次数，k 是网格点。只要 A 满足以下关系，即可判断稳定性。

$$\|A\| \begin{cases} >1 & \text{不稳定} \\ \leqslant 1 & \text{稳定} \end{cases} \tag{2.3.11}$$

将式（2.3.10）代入式（2.3.4），可以得到

$$T^0 A^{n+1} e^{ik\Delta x} = (1-2rA_h)\, T^0 A^n e^{ik\Delta x} + rA_h \left[e^{i(k+1)\Delta x} + e^{i(k-1)\Delta x}\right] T^0 A^n \tag{2.3.12}$$

约去一些共同项，进一步可得

$$A^{n+1} = (1-2rA_h)\, A^n + rA_h\, (e^{i\Delta x} + e^{-i\Delta x})\, A^n \tag{2.3.13}$$

即

$$A = 1-2rA_h + 2rA_h \cos\Delta x \tag{2.3.14}$$

想要这一方法稳定，必须的条件是 $\|A\| = \|1-2rA_h\left[1-\cos(\Delta x)\right]\| \leqslant 1$，即满足

$$-1 \leqslant 1-2rA_h\,(1+|\cos\Delta x|) \leqslant 1 \tag{2.3.15}$$

因此稳定性条件是

$$r = \frac{\Delta t}{(\Delta x)^2} \leqslant \frac{1}{A_h\left[1+|\cos(\Delta x)|\right]} \tag{2.3.16}$$

对于$r = \dfrac{1}{2A_h}$，由于$\dfrac{1}{2A_h} \leqslant \dfrac{1}{A_h\left[1+|\cos(\Delta x)|\right]}$，所以是稳定的。对于$r = \dfrac{1}{A_h}$，由于$r = \dfrac{1}{A_h} > \dfrac{1}{A_h\left[1+|\cos(\Delta x)|\right]}$，所以是不稳定的。下面，应用这种方法来分析之前介绍的一维平流方程各种差分方法的稳定性。

（1）时间中央差 / 空间中央差

将$f_k^n = f(0)A^n e^{ik\Delta x}$ 代入式（2.2.3），可得 $A^{n+1} = A^{n-1} - C\dfrac{\Delta t}{\Delta x}(e^{i\Delta x} - e^{-i\Delta x})\, A^n$，进一步可得

$$A^2 + C\frac{\Delta t}{\Delta x} 2i\left[\sin(\Delta x)\right] A - 1 = 0 \tag{2.3.17}$$

式（2.3.17）可以得到解

$$A_\pm = -iC\frac{\Delta t}{\Delta x}\sin(\Delta x) \pm \left\{1-\left[C\frac{\Delta t}{\Delta x}\sin(\Delta x)\right]^2\right\}^{\frac{1}{2}} \tag{2.3.18}$$

定义$\alpha = C\dfrac{\Delta t}{\Delta x}\sin(\Delta x)$，式（2.3.18）表示为$A_\pm = -i\alpha \pm \left(1-\alpha^2\right)^{\frac{1}{2}}$。稳定性的满足条件为$|A_\pm| \leqslant 1$，当 $\alpha \leqslant 1$ 时 $|A_\pm| = (\alpha^2+1-\alpha^2)^{\frac{1}{2}} = 1$；当 $\alpha > 1$ 时 $|A_\pm| = |-\alpha \pm (\alpha^2-1)^{\frac{1}{2}}|$，

$|A_-|>1$，因此，蛙跳格式是有条件稳定格式，稳定性条件是 $\alpha \leqslant 1$，即 $C\dfrac{\Delta t}{\Delta x}\leqslant 1$。

(2) 时间前差 / 空间中央差

将 $f_k^n = f(0)A^n e^{ik\Delta x}$ 代入式（2.2.5），可得 $A^{n+1} = A^n - C\dfrac{\Delta t}{2\Delta x}(e^{i\Delta x}-e^{-i\Delta x})A^n$，进一步可得

$$A = 1 - C\frac{\Delta t}{\Delta x}i\sin(\Delta x) \tag{2.3.19}$$

由于 $|A| = \sqrt{1+\left(C\dfrac{\Delta t}{\Delta x}\right)^2\sin^2(\Delta x)}>1$，无论选取什么样的时间和空间步长，欧拉格式都不稳定，因此是无条件不稳定格式。

(3) 时间前差 / 空间后差

将 $f_k^n = f(0)A^n e^{ik\Delta x}$ 代入式（2.2.7），可得 $A^{n+1} = A^n - C\dfrac{\Delta t}{\Delta x}(1-e^{-i\Delta x})A^n$，进一步可得

$$A = 1 - C\frac{\Delta t}{\Delta x}\left[1-\cos(\Delta x) - i\sin(\Delta x)\right] \tag{2.3.20}$$

由于

$$|A| = \sqrt{\left[1 - C\frac{\Delta t}{\Delta x} + C\frac{\Delta t}{\Delta x}\cos(\Delta x)\right]^2 + \left(C\frac{\Delta t}{\Delta x}\right)^2\sin^2(\Delta x)}$$

$$= \sqrt{1 - 2C\frac{\Delta t}{\Delta x}\left(1 - C\frac{\Delta t}{\Delta x}\right)[1-\cos(\Delta x)]}\ ,$$

若满足 $|A|\leqslant 1$，即 $2C\dfrac{\Delta t}{\Delta x}\left(1 - C\dfrac{\Delta t}{\Delta x}\right)[1-\cos(\Delta x)]\geqslant 0$，则需 $C\dfrac{\Delta t}{\Delta x}\leqslant 1$，因此时间前差 / 空间后差是有条件稳定格式。

(4) 时间前差 / 隐式空间中央差

将 $f_k^n = f(0)A^n e^{ik\Delta x}$ 代入式（2.2.9），可得 $C\dfrac{\Delta t}{2\Delta x}A^{n+1}e^{i\Delta x} + A^{n+1} - C\dfrac{\Delta t}{2\Delta x}A^{n+1}e^{-i\Delta x} = A^n$，进一步可得

$$A\left[1 + C\frac{\Delta t}{\Delta x}i\,2\sin(\Delta x)\right] = 1 \tag{2.3.21}$$

由于 $|A| = \dfrac{1}{1+4\left(C\dfrac{\Delta t}{\Delta x}\right)^2\sin^2(\Delta x)}\sqrt{1+4\left(C\dfrac{\Delta t}{\Delta x}\right)^2\sin^2(\Delta x)}\leqslant 1$，无论选取什么样的时间和空间步长，时间前差 / 隐式空间中央差都是稳定的，因此是无条件稳定格式。

（5）克兰克－尼科尔森方法（隐式格式）

将 $f_k^n=f(0)A^n e^{ik\Delta x}$ 代入式（2.2.11），可得 $C\frac{\Delta t}{4\Delta x}A^{n+1}e^{i\Delta x}+A^{n+1}-C\frac{\Delta t}{4\Delta x}A^{n+1}e^{-i\Delta x}=A^n\left[1-C\frac{\Delta t}{4\Delta x}(e^{i\Delta x}-e^{-i\Delta x})\right]$，进一步得到

$$A=\frac{1-C\frac{\Delta t}{2\Delta x}i\sin(\Delta x)}{1+C\frac{\Delta t}{2\Delta x}i\sin(\Delta x)} \tag{2.3.22}$$

由于 $|A|=1$，无论选取什么样的时间和空间步长，克兰克－尼科尔森方法都是稳定的，因此是无条件稳定格式。

2.4　有限差分网格方案

当进行多变量的有限差分计算时，需要考虑如何将多变量在网格上进行设置，不同的网格方案不仅会对计算效率产生影响，还会显著影响计算结果的准确性。

2.4.1　一维多变量网格方案

以一维重力波为例，方程如下

$$\begin{cases}\dfrac{\partial u}{\partial t}=-g\dfrac{\partial \xi}{\partial x}\\ \dfrac{\partial \xi}{\partial t}=-H\dfrac{\partial u}{\partial x}\end{cases} \tag{2.4.1}$$

这里有两个独立变量 u 和 ξ，u 是速度的 x 分量，ξ 是自由表面，g 是重力加速度常数，H 是平均水深，设为常数。式（2.4.1）的解可表示为

$$\begin{cases}u(x,t)=\mathrm{Re}\,[\hat{u}e^{i(kx-wt)}]\\ \xi(x,t)=\mathrm{Re}\,[\hat{\xi}e^{i(kx-wt)}]\end{cases} \tag{2.4.2}$$

将式（2.4.2）代入式（2.4.1）可得

$$\begin{cases}w\hat{u}=gk\hat{\xi}\\ w\hat{\xi}=Hk\hat{u}\end{cases} \tag{2.4.3}$$

根据式（2.4.3）可以得一维重力波相速度为

$$c=\frac{w}{k}=\pm\sqrt{gH} \tag{2.4.4}$$

可见，一维重力波沿 x 轴以速度$\sqrt{gH}$在两个方向上传播，这个相速度与波数无关，因此，一维重力波是非频散波。

当使用有限差分的方式对式（2.4.1）求解，情况就会发生变化。以中央差分为例，式（2.4.1）变为

$$\begin{cases}\dfrac{\partial u_j}{\partial t}=-g\dfrac{\xi_{j+1}-\xi_{j-1}}{2\Delta x}\\[2ex]\dfrac{\partial \xi_j}{\partial t}=-H\dfrac{u_{j+1}-u_{j-1}}{2\Delta x}\end{cases} \tag{2.4.5}$$

式（2.4.5）的解可以有以下形式

$$\begin{cases}u(x,t)=\mathrm{Re}[\hat{u}e^{i(kj\Delta x-wt)}]\\ \xi(x,t)=\mathrm{Re}[\hat{\xi}e^{i(kj\Delta x-wt)}]\end{cases} \tag{2.4.6}$$

将式（2.4.6）代入式（2.4.5）可得

$$\begin{cases}w\hat{u}=g\dfrac{\sin(k\Delta x)}{k\Delta x}\hat{\xi}\\[2ex] w\hat{\xi}=H\dfrac{\sin(k\Delta x)}{k\Delta x}\hat{u}\end{cases} \tag{2.4.7}$$

根据式（2.4.7）可以得中央差分的一维重力波相速度为

$$c^{*}=\frac{w}{k}=\pm\sqrt{gH}\frac{\sin(k\Delta x)}{k\Delta x}=c\frac{\sin(k\Delta x)}{k\Delta x} \tag{2.4.8}$$

可见，数值模拟的相速度是波数 k 的函数，因此，有限差分方法在空间上产生了波的频散，也称计算频散。

与一维平流方程不同的是，在一维重力波方程中有两个变量，即使在一维条件下，网格方案的设置会更加灵活，下面介绍两种设置方案（图 2.4.1）。方案一为将所有变量都设置在相同的格点上，这种方法与一维平流方程类似；方案二为采用交错网格，将两个变量交错设置在格点上。相较于方案一，方案二的优点在于：由于两个变量不再重合在一个格点上，整个区域需要计算的变量个数减少了一半，计算效率提高，并且由于在区域的两端边界格点上都只有一个变量，使得边界条件容易处理；此外，网格分辨率限制条件被放宽，中央差分由原来的 $2\Delta x$ 提升到 $4\Delta x$。

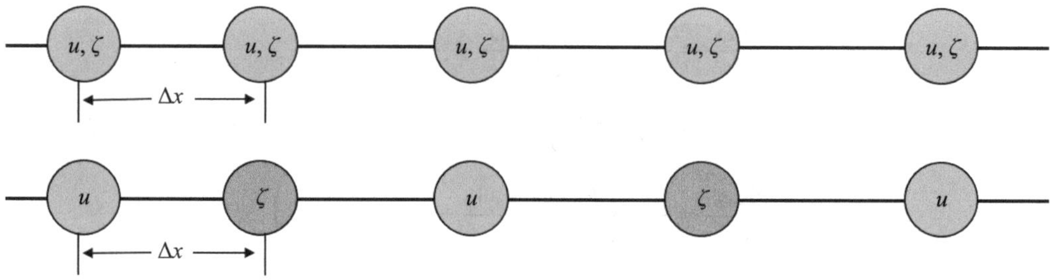

图2.4.1　网格方案一（上图）和方案二（下图）变量空间分布

2.4.2　二维多变量网格方案

以二维重力波为例，方程如下

$$\begin{cases}\dfrac{\partial u}{\partial t}=-g\dfrac{\partial \xi}{\partial x}\\ \dfrac{\partial v}{\partial t}=-g\dfrac{\partial \xi}{\partial y}\\ \dfrac{\partial \xi}{\partial t}=-H\left(\dfrac{\partial u}{\partial x}+\dfrac{\partial v}{\partial y}\right)\end{cases} \tag{2.4.9}$$

这里有三个独立变量 u，v 和 ξ，u 和 v 分别是速度的 x 和 y 分量，ξ 是自由表面，g 是重力加速度常数，H 是平均水深，设为常数。式（2.4.9）的解可表示为

$$\begin{cases}u(x,y,t)=\mathrm{Re}[\hat{u}e^{i(kx+ly-wt)}]\\ v(x,y,t)=\mathrm{Re}[\hat{v}e^{i(kx+ly-wt)}]\\ \xi(x,y,t)=\mathrm{Re}[\hat{\xi}e^{i(kx+ly-wt)}]\end{cases} \tag{2.4.10}$$

将式（2.4.10）代入式（2.4.9）可得频率方程

$$w^2=gH(k^2+l^2) \tag{2.4.11}$$

根据式（2.4.11）可以得二维重力波相速度为

$$c=\frac{w}{\sqrt{k^2+l^2}}=\pm\sqrt{gH} \tag{2.4.12}$$

可见，二维重力波沿 x 轴和 y 轴以速度 $\sqrt{gH}$ 在两个方向上传播，这个相速度与波数无关，因此，二维重力波是非频散波。

与一维重力波相似，当使用有限差分的方式对二维重力波方程求解，情况就会发生变化。假设在 x 和 y 方向上采用相同的网格分辨率，即 $\Delta x=\Delta y=d$，以中央差分为例，式（2.4.9）变为

$$\begin{cases}\dfrac{\partial u_{a,b}}{\partial t}=-g\dfrac{\xi_{a+1,b}-\xi_{a-1,b}}{2d}\\ \dfrac{\partial u_{a,b}}{\partial t}=-g\dfrac{\xi_{a+1,b}-\xi_{a-1,b}}{2d}\\ \dfrac{\partial \xi_{a,b}}{\partial t}=-H\left(\dfrac{u_{a+1,b}-u_{a-1,b}}{2d}+\dfrac{v_{a,b+1}-v_{a,b-1}}{2d}\right)\end{cases} \tag{2.4.13}$$

式（2.4.13）的解可以有以下形式

$$\begin{cases}u(x,y,t)=\mathrm{Re}[\hat{u}e^{i(ka\Delta x+lb\Delta y-wt)}]\\ v(x,y,t)=\mathrm{Re}[\hat{v}e^{i(ka\Delta x+lb\Delta y-wt)}]\\ \xi(x,y,t)=\mathrm{Re}[\hat{\xi}e^{i(ka\Delta x+lb\Delta y-wt)}]\end{cases} \tag{2.4.14}$$

将式（2.4.14）代入式（2.4.13）可得频率方程

$$w^2=gH\frac{\sin^2(kd)+\sin^2(ld)}{d^2} \tag{2.4.15}$$

根据式（2.4.15）可以得中央差分的二维重力波相速度为

$$c^*=\pm\sqrt{gH}\sqrt{\frac{\sin^2(kd)+\sin^2(ld)}{(kd)^2+(ld)^2}}=c\sqrt{\frac{\sin^2(kd)+\sin^2(ld)}{(kd)^2+(ld)^2}} \tag{2.4.16}$$

可见，数值模拟的二维重力波相速度在空间上也产生了计算频散。

由于在二维重力波方程中有三个变量，并且是在二维条件下，因此网格方案的设置相较于一维重力波方程会更加灵活，不同的变量分布方案将产生不同的数值模拟结果。Arakawa 等人在 20 世纪 70 年代首先将普遍使用的差分网格划分为五种方案，分别命名为 Arakawa A、Arakawa B、Arakawa C、Arakawa D、Arakawa E 网格方案（图 2.4.2）。Arakawa A 网格为将所有变量都设置在相同的格点上，为非跳点网格；Arakawa B–Arakawa E 网格为跳点网格。Arakawa A 网格优点是简洁，由于所有的变量在所有格点上均有定义，变量处理上的一致性会简化模型设计。Arakawa B 网格由于 u 和 v 可以在相同的网格点得到，科氏力项计算精度高，此外，Arakawa B 网格有很好的频散性质。Arakawa C 网格同样具有很好的频散性质，此外还有很好的守恒性能，但由于 u 和 v 并不在相同的网格点，在处理科氏力项时存在困难。Arakawa D 网格没有特殊的优点，频散性质较差。Arakawa E 网格本质上是旋转了 45° 的 Arakawa B 网格，旋转之后，Arakawa E 网格在相同的空间分辨率下可使用更大的时间步长进行计算。不同类型的 Arakawa 网格选择需要考虑模拟的具体要求和物理过程的复杂性，选择合适的网格类型对于模拟精度和计算效率至关重要，每种类型的网格都有其优势和局限性，因此在建立数值模型时需要谨慎选择。

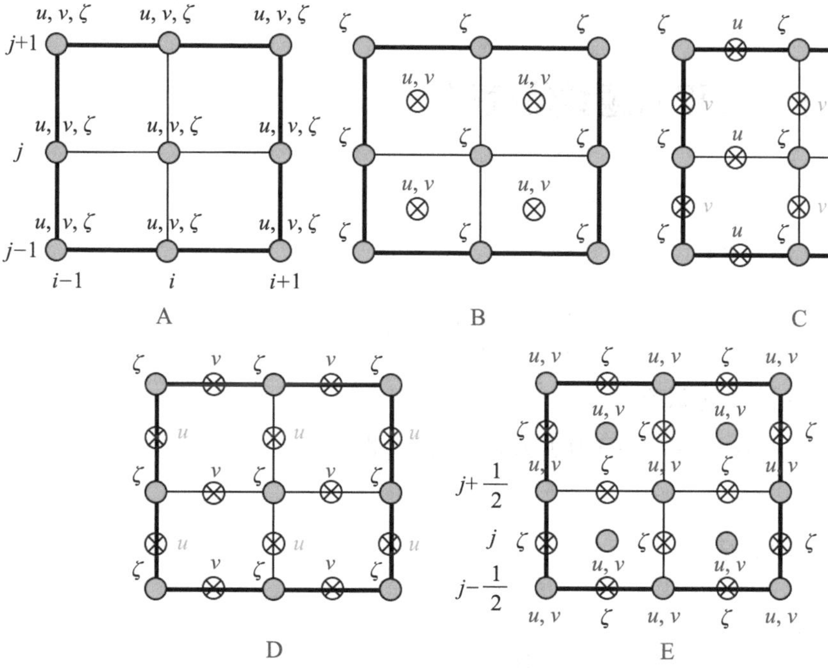

图2.4.2　Arakawa A–Arakawa E网格方案变量空间分布

第三章
数值模型实验例题

3.1 一维平流方程问题数值模拟

3.1.1 例题内容

一维平流方程如下：

$$\frac{\partial \emptyset}{\partial t}+C\frac{\partial \emptyset}{\partial x}=S(x,t) \tag{3.1.1}$$

其中，$S(x,t)$ 是 $\emptyset$ 的源项。

分别使用时间中央差 / 空间中央差格式和时间前差 / 空间后差格式去进行数值模拟。

考虑以下两种情况。

情况 1

$$S(x,t)=0 \tag{3.1.2}$$

$$\emptyset(x,0)=\begin{cases}5 & -2\leqslant x\leqslant 2\\ 0 & \text{其余位置}\end{cases} \tag{3.1.3}$$

使用以下设置运行模型

C	Δt	Δx
1	0.5	1
1	0.25	1
3	0.5	1
−1	0.25	1

请分别画出两种差分格式在不同设置下的和的数值解。

情况 2

$$S(x,t)=\begin{cases}0.1 & 0\leqslant x\leqslant 4;\ 0\leqslant t\leqslant 5\\ 0 & \text{其余情况}\end{cases} \tag{3.1.4}$$

$$\phi(x, 0) \tag{3.1.5}$$

使用以下设置运行模型

$C=1$，$\Delta t=0.5$，$\Delta x=1$

请在 (x, t) 平面上画出 $\phi(x, t)$ 的等值线图。

在完成模型的运行之后，

（1）比较两种不同差分格式的数值模型结果的差异。

（2）讨论差异产生的原因。

3.1.2　例题分析

知识点提要

本实践题内容是使用不同差分方法求解一维平流方程问题。方程（3.1.1）是对时间 t 和空间 x 的一阶偏微分方程，根据一阶偏微分方程离散化，在时间和空间上均可得到前差、后差和中央差三种形式的差分方程，公式如下。

$$\left.\frac{\partial f}{\partial t}\right|_n = \frac{f(t_{n+1}) - f(t_n)}{\Delta t} + O(\Delta t) \tag{3.1.6}$$

$$\left.\frac{\partial f}{\partial t}\right|_n = \frac{f(t_n) - f(t_{n-1})}{\Delta t} + O(\Delta t) \tag{3.1.7}$$

$$\left.\frac{\partial f}{\partial t}\right|_n = \frac{f(t_{n+1}) - f(t_{n-1})}{2\Delta t} + O[(\Delta t)^2] \tag{3.1.8}$$

$$\left.\frac{\partial f}{\partial x}\right|_k = \frac{f(x_{k+1}) - f(x_k)}{\Delta x} + O(\Delta x) \tag{3.1.9}$$

$$\left.\frac{\partial f}{\partial x}\right|_k = \frac{f(x_k) - f(x_{k-1})}{\Delta x} + O(\Delta x) \tag{3.1.10}$$

$$\left.\frac{\partial f}{\partial x}\right|_k = \frac{f(x_{k+1}) - f(x_{k-1})}{2\Delta x} + O[(\Delta x)^2] \tag{3.1.11}$$

式（3.1.6）、式（3.1.7）和式（3.1.8）为对于时间 t 的前差、后差和中央差格式，式（3.1.9）、式（3.1.10）和式（3.1.11）为对于空间 x 的前差、后差和中央差格式。$O(\Delta t)$、$O[(\Delta t)^2]$、$O(\Delta x)$ 和 $O[(\Delta x)^2]$ 为截断误差，其中，前差和后差为一阶精度误差，中央差为二阶精度误差。

进一步，将时间和空间的差分格式进行整合，略去截断误差项，可得如下方程：

$$\frac{\partial f}{\partial t}=\frac{f_k^{n+1}-f_k^n}{\Delta t} \tag{3.1.12}$$

$$\frac{\partial f}{\partial t}=\frac{f^n-f_k^{n-1}}{\Delta t} \tag{3.1.13}$$

$$\frac{\partial f}{\partial t}=\frac{f_k^{n+1}-f_k^{n-1}}{2\Delta t} \tag{3.1.14}$$

$$\frac{\partial f}{\partial x}=\frac{f_{k+1}^n-f_k^n}{\Delta x} \tag{3.1.15}$$

$$\frac{\partial f}{\partial x}=\frac{f_k^n-f_{k-1}^n}{\Delta x} \tag{3.1.16}$$

$$\frac{\partial f}{\partial x}=\frac{f_{k+1}^n-f_{k-1}^n}{2\Delta x} \tag{3.1.17}$$

式（3.1.12）、式（3.1.13）和式（3.1.14）为对于时间 t 的前差、后差和中央差格式，式（3.1.15）、式（3.1.16）和式（3.1.17）为对于空间 x 的前差、后差和中央差格式。

例题思路详解

题目要求分别使用时间中央差 / 空间中央差格式和时间前差 / 空间后差格式去进行数值模拟。

(1) 时间中央差 / 空间中央差格式

根据知识点提要，式（3.1.1）的时间中央差 / 空间中央差格式如下：

$$\frac{\text{Ø}_k^{n+1}-\text{Ø}_k^{n-1}}{2\Delta t}+C\frac{\text{Ø}_{k+1}^n-\text{Ø}_{k-1}^n}{2\Delta x}=S(x,t) \tag{3.1.18}$$

式（3.1.18）各项中，须确定已知项和未知项，在海洋数值模型中，某区域的数值模拟以每一个时间步长进行计算，方程中时间最大项应为未知项，即需要求解的项，因此 Ø_k^{n+1} 为需要求解的项。将式（3.1.18）进行变换，可得关于未知项的方程：

$$\text{Ø}_k^{n+1}=[S(x,t)-C\frac{\text{Ø}_{k+1}^n-\text{Ø}_{k-1}^n}{2\Delta x}]\times 2\Delta t+\text{Ø}_k^{n-1} \tag{3.1.19}$$

由式（3.1.19）可知，在第 n+1 时刻，想要求解位置点 k 上的 Ø 值，首先需要知道该时刻该位置点上 $S(x, t)$、C、Δt、Δx 值。在情况 1 中，式（3.1.2）已给出在每一个时刻每一个位置点的 S 值均为 0，而各组 C、Δt、Δx 值也已在表格中给出。在情况 2 中，式（3.1.4）已给出在每一个时刻每一个位置点的 S 值，在第 0 ~ 5 时刻，x 轴位置上 0 至 4 之间 S 值等于 0.1，其余情况上 S 值等于 0，C、Δt、Δx 值也已给出。

此外，还需要第 n 时刻位置点 $k-1$ 和 $k+1$ 上的 ∅ 值，以及第 n-1 时刻位置点 k 上的 ∅ 值，即需要知道总共两个时刻上三个位置点的 ∅ 值。这表明，想要求解任意时刻任意位置点上的 ∅ 值，需要知道上一时刻该位置点左右两边点的 ∅ 值和再上一时刻该位置点的 ∅ 值。

本实践例题为一维平流方程数值模拟，在空间上为一维，在 x 轴方向上一旦确定左右边界后，左边界和右边界位置点也需要求解，此时，出现一个问题，想要求解左边界位置点上的 ∅ 值，原则上需要上一时刻该位置点左右两边点的 ∅ 值，而该位置点已是左边界，其左边已无任何位置点。同理，想要求解右边界位置点上的 ∅ 值，也需要上一时刻该位置点左右两边点的 ∅ 值，而该位置点已是右边界，其右边已无任何位置点。因此，式（3.1.19）无法用于求解左边界和右边界位置点，需要另寻他法来合理求解。在此，可采用比较简单的方法之一，将左边界点和右边界点相邻位置点的值赋予它们，可使数值模拟结果较合理，此做法被称为边界条件赋值。

至此，只需已知第 0 时刻（初始时刻）和第 1 时刻所有位置点的 ∅ 值，利用式（3.1.19），即可求解第 2 时刻及以后每一时刻所有位置点的 ∅ 值。

（2）时间前差 / 空间后差格式

根据知识点提要，式（3.1.1）的时间前差 / 空间后差格式如下：

$$\frac{\emptyset_k^{n+1}-\emptyset_k^n}{\Delta t}+C\frac{\emptyset_k^n-\emptyset_{k-1}^n}{\Delta x}=S(x,t) \tag{3.1.20}$$

式（3.1.20）中，$\emptyset_k^{n+1}$ 为需要求解的项。将式（3.1.20）进行变换，可得关于未知项的方程：

$$\emptyset_k^{n+1}=[S(x,t)-C\frac{\emptyset_k^n-\emptyset_{k-1}^n}{\Delta x}]\times\Delta t+\emptyset_k^n \tag{3.1.21}$$

由式（3.1.21）可知，在第 $n+1$ 时刻，想要求解位置点 k 上的 ∅ 值，首先需要知道该时刻该位置点上 $S(x, t)$、C、Δt、Δx 值，此外，还需要第 n 时刻位置点 $k-1$ 和 k 上的 ∅ 值，即需要知道总共一个时刻上两个位置点的 ∅ 值，这表明，想要求解任意时刻任意位置点上的 ∅ 值，需要知道上一时刻该位置点左边和该位置点的 ∅ 值。

此时出现一个问题，想要求解左边界位置点上的 ∅ 值，原则上需要上一时刻该位置点左边和该位置点的 ∅ 值，而该位置点已是左边界，其左边已无任何位置点。在此，仍采用相同的边界条件赋值方法，将左边界点相邻位置点的值赋予它，可使数值模拟结果较合理。

至此，只需已知第 0 时刻（初始时刻）所有位置点的 ∅ 值，利用式（3.1.21），即可求解第 1 时刻及以后每一时刻所有位置点的 ∅ 值。

(3) 初始条件

在开始数值模拟前，需要确定初始时刻所有位置点上的 ∅ 值，即确定初始条件。本例题要求考虑两种情况。

对于情况 1，式（3.1.3）即为初始条件，意思为在第 0 时刻，x 轴位置上 −2 至 2 之间 ∅ 值等于 5，其余位置上 ∅ 值等于 0，即一个矩形波（图 3.1.1），该初始条件已满足时间前差 / 空间后差格式的数值模拟需求。但由于时间中央差 / 空间中央差格式的数值模拟需要上一时刻和再上一时刻的所有位置 ∅ 值，仅有第 0 时刻的初始条件还不足以使得时间中央差 / 空间中央差格式能够运算，还需要第 1 时刻的所有位置 ∅ 值。然而在情况 1 的说明中，并没有给出第 1 时刻的条件，因此需要自己设置合理的第 1 时刻的条件，在此，采用较为简单的方法之一，将第 0 时刻的初始条件直接赋值于第 1 时刻，即在第 1 时刻，矩形波并没有任何变化。至此，初始条件也满足了时间中央差 / 空间中央差格式的数值模拟需求。

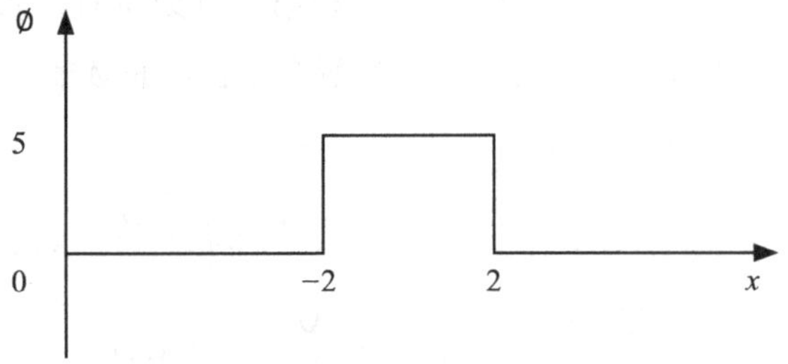

图3.1.1　例题情况1所描述的初始条件

对于情况 2，式（3.1.5）即为初始条件，意思为在第 0 时刻，x 轴所有位置点上 ∅ 值等于 0，即没有任何波动（图 3.1.2），该初始条件已满足时间前差 / 空间后差格式的数值模拟需求。类似于情况 1，需要为时间中央差 / 空间中央差格式的数值模拟设置合理的第 1 时刻的条件，采用相同的方法，将第 0 时刻的初始条件直接赋值于第 1 时刻。至此，初始条件也满足了时间中央差 / 空间中央差格式的数值模拟需求。

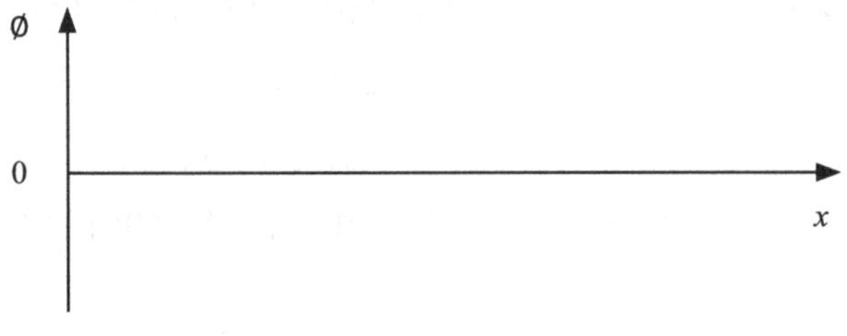

图3.1.2　例题情况2所描述的初始条件

3.1.3　例题程序详解

本题使用 MATLAB 程序语言来完成程序编写以及画图两个部分，程序的内容和逻辑结构可作为参考，大家自行选择所需的程序语言和画图程序。

（1）使用时间中央差 / 空间中央差格式模拟情况 1

以第一组 $C=1$，$\Delta t=0.5$，$\Delta x=1$ 设置运行模型。

步骤 1：数值模拟前清除所有记录

```
clc;          % 清除命令窗口的内容，对工作环境中的全部变量无任何影响
clear all;    % 清除工作空间的所有变量和函数
close all;    % 关闭所有的视图窗口
```

步骤 2：设置 S、C、Δt、Δx 值

情况 1 要求画出两种差分格式在不同设置下的 $\varnothing(x, 5)$ 和 $\varnothing(x, 10)$ 的数值解，即第 5 时刻和第 10 时刻的数值解，由于程序中变量数组须从 1 开始计数，第 0 时刻在程序中需要用时间 n=1 表示，第 1 时刻需要用时间 n=2 表示，依此类推，因此程序的时间只需计算到 n=11 即可。

```
for n=1:11
  for k=1:201
    s(k,n)=0;   % 设置所有时刻所有位置点 S 值为 0
  end
end
c=1;
delta_t=0.5;
delta_x=1;
```

步骤 3：设置计算区域和初始条件

定义数组 $f(k, n)$ 代表 $\varnothing$ 值，k 为空间位置点，n 为时间。设定计算区域为 x 轴的 −100 至 100，由于 $\Delta x=1$，因此计算区域共有 201 个位置点，从负至正分别在程序里标注为 1 至 201 号点。情况 1 的初始条件为在第 0 时刻，x 轴位置上 −2 至 2 之间 $\varnothing$ 值等于 5，其余位置上值等于 0，因此在程序里，第 99 至 103 号点的 $\varnothing$ 值等于 5，其余点等于 0。程序如下：

```
for k=1:201
  f(k,1)=0;
```

```
end
for k=99:103
  f(k,1)=5;
end
```

由于时间中央差 / 空间中央差格式还需要设置第 1 时刻为初始条件，需将第 0 时刻的初始条件直接赋值于第 1 时刻，程序如下：

```
for k=1:201
  f(k,2)=0;
end
for k=99:103
  f(k,2)=5;
end
```

步骤 4：编写式 (3.1.19) 和边界条件赋值内容

从第 2 时刻开始计算空间中所有位置点的 Ø 值。

```
for n=2:10
  for k=2:200
      f(k,n+1)=(s(k,n+1)-c*(f(k+1,n)-f(k-1,n))/(2*delta_x))*2*delta_t+f(k,n-1);   % 式 (3.1.19)
  end
  f(1,n+1)=f(2,n+1);      % 左边界点用相邻点数据赋值
  f(201,n+1)=f(200,n+1);   % 右边界点用相邻点数据赋值
end
```

步骤 5：画和的数值解

```
figure
plot(f(1:201,6))
axis([1,201,-3,7])  % 设置图片 x 轴和 y 轴范围，x 轴可固定为 1 至 201，y 轴根据数值解大小进行合适设置
xlabel('x')
ylabel('\phi (x,5)')
title('Centered time/Centered space scheme C=1, t=0.5, x=1, Time=5')
```

```
figure
plot(f(1:201,11))
axis([1,201,-3,7])
xlabel('x')
ylabel('\phi (x,10)')
title('Centered time/Centered space scheme C=1, t=0.5, x=1, Time=10')
```

完整参考程序：

```
% Using the Centered time/Centered space scheme
%%%%%%%%%%%%%%%%%% Case1 %%%%%%%%%%%%%%%%%%
clc;
clear all;
close all;
for n=1:11
   for k=1:201
      s(k,n)=0;
   end
end
c=1;
delta_t=0.5;
delta_x=1;

for k=1:201
   f(k,1)=0;
end
for k=99:103
   f(k,1)=5;
end

for k=1:201
   f(k,2)=0;
end
```

```
for k=99:103
  f(k,2)=5;
end

for n=2:10
  for k=2:200
    f(k,n+1)=(s(k,n+1)-c*(f(k+1,n)-f(k-1,n))/(2*delta_x))*2*delta_t+f(k,n-1);
  end
  f(1,n+1)=f(2,n+1);
  f(201,n+1)=f(200,n+1);
end

figure
plot(f(1:201,6))
axis([1,201,-3,7])
xlabel('x')
ylabel('\phi (x,5)')
title('Centered time/Centered space scheme C=1, t=0.5, x=1, Time=5')

figure
plot(f(1:201,11))
axis([1,201,-3,7])
xlabel('x')
ylabel('\phi (x,10)')
title('Centered time/Centered space scheme C=1, t=0.5, x=1, Time=10')
%%%%%%%%%%%%%%%%%%%%%%%%%%%%%%%%%%%%%%%%%%
```

其余组的 C、Δt、Δx 的设置运行模型，程序中只需要改变步骤 2 中关于 C、Δt、Δx 的赋值即可，其他的程序保持不变。

（2）使用时间前差 / 空间后差格式模拟情况 1

以第一组 $C=1$，$\Delta t=0.5$，$\Delta x=1$ 设置运行模型。

步骤 1：数值模拟前清除所有记录

同上。详解略。

步骤 2：设置 S、C、Δt、Δx 值

同上。详解略。

步骤 3：设置计算区域和初始条件

计算区域同上，设为 x 轴的 −100 至 100，由于 $\Delta x = 1$，因此计算区域共有 201 个位置点，从负至正分别在程序里标注为 1 至 201 号点。由于时间前差 / 空间后差格式只需要第 0 时刻的初始条件，程序如下：

```
for k=1:201
   f(k,1)=0;
end
for k=99:103
   f(k,1)=5;
end
```

步骤 4：编写式 (3.1.21) 和边界条件赋值内容

从第 1 时刻开始计算空间中所有位置点的值。

```
for n=1:10
   for k=2:201
   f(k,n+1)=(s(k,n+1)-c*(f(k,n)-f(k-1,n))/delta_x)*delta_t+f(k,n);  % 式 (3.1.21)
   end
   f(1,n+1)=f(2,n+1);  % 左边界点用相邻点数据赋值
end
```

步骤 5：画和的数值解

同上。详解略。

完整参考程序：

```
% Using the Forward time/Backward space Scheme
%%%%%%%%%%%%%%%%% Case1 %%%%%%%%%%%%%%%%%%
clc;
clear all;
close all;
for n=1:11
```

```
    for k=1:201
        s(k,n)=0;
    end
end
c=1;
delta_t=0.5;
delta_x=1;

for k=1:201
    f(k,1)=0;
end
for k=99:103
    f(k,1)=5;
end

for n=1:10
    for k=2:201
    f(k,n+1)=(s(k,n+1)-c*(f(k,n)-f(k-1,n))/delta_x)*delta_t+f(k,n);
end
    f(1,n+1)=f(2,n+1);
end

figure
plot(f(1:201,6))
axis([1,201,-3,7])
xlabel( 'x' )
ylabel( '\phi (x,5)' )
title( 'Forward time/Backward space Scheme C=1, t=0.5, x=1, Time=5' )

figure
plot(f(1:201,11))
```

```
axis([1,201,-3,7])
xlabel('x')
ylabel('\phi (x,10)')
title('Forward time/Backward space Scheme C=1, t=0.5, x=1, Time=10')
%%%%%%%%%%%%%%%%%%%%%%%%%%%%%%%%%%%%%%%%%%%
```

其余组的 C、Δt、Δx 的设置运行模型，程序中只需要改变步骤 2 中关于 C、Δt、Δx 的赋值即可，其他的程序保持不变。

（3）使用时间中央差 / 空间中央差格式模拟情况 2

步骤 1：数值模拟前清除所有记录

同上。详解略。

步骤 2：设置 S、C、Δt、Δx 值

情况 2 要求在平面上画出的等值线图，设置计算至第 20 时刻的数值解，即 $n=21$。

```
for n=1:21
   for k=1:201
      s(k,n)=0;
   end
end
for n=1:6
   for k=101:105
      s(k,n)=0.1;    % 设置在第 0–5 时刻，x 轴位置上 0 至 4 之间 S 值等于 0.1，其余情况上 S 值等于 0
   end
end
c=1;
delta_t=0.5;
delta_x=1;
```

步骤 3：设置计算区域和初始条件

计算区域同上，设为 x 轴的 −100 至 100，由于 $\Delta x=1$，因此计算区域共有 201 个位置点，从负至正分别在程序里标注为 1 至 201 号点。情况 2 的初始条件为在第 0 时刻，x 轴所有位置点上 ϕ 值等于 0，程序如下：

```
for k=1:201
   f(k,1)=0;
end
```

由于时间中央差 / 空间中央差格式还需要设置第 1 时刻为初始条件，需将第 0 时刻的初始条件直接赋值于第 1 时刻，程序如下：

```
for k=1:201
   f(k,2)=0;
end
```

步骤 4：编写式 (3.1.19) 和边界条件赋值内容

```
for n=2:20
   for k=2:200
      f(k,n+1)=(s(k,n+1)-c*(f(k+1,n)-f(k-1,n))/(2*delta_x))*2*delta_t+f(k,n-1);
   end
   f(1,n+1)=f(2,n+1);
   f(201,n+1)=f(200,n+1);
end
```

步骤 5：在平面上画出的等值线图

```
figure
contour(f’)    % 画等值线
colorbar
xlabel(‘x’)
ylabel(‘t’)
title(‘Contour: Centered time/Centered space scheme C=1, t=0.5, x=1’)
```

完整参考程序：

```
% Using the Centered time/Centered space scheme
%%%%%%%%%%%%%%%% Case2 %%%%%%%%%%%%%%%%
clc;
clear all;
close all;
for n=1:21
   for k=1:201
```

```
        s(k,n)=0;
    end
end
for n=1:6
    for k=101:105
        s(k,n)=0.1;
    end
end
c=1;
delta_t=0.5;
delta_x=1;

for k=1:201
    f(k,1)=0;
end
for k=1:201
    f(k,2)=0;
end

for n=2:20
    for k=2:200
        f(k,n+1)=(s(k,n+1)-c*(f(k+1,n)-f(k-1,n))/(2*delta_x))*2*delta_t+f(k,n-1);
    end
    f(1,n+1)=f(2,n+1);
    f(201,n+1)=f(200,n+1);
end

figure
contour(f’ )
colorbar
xlabel( ‘x’ )
```

```
ylabel('t')
title('Contour: Centered time/Centered space scheme C=1, t=0.5, x=1')
%%%%%%%%%%%%%%%%%%%%%%%%%%%%%%%%%%%%%%%%%%%%%%%
```

（4）使用时间前差 / 空间后差格式模拟情况 2

步骤 1：数值模拟前清除所有记录

同上。详解略。

步骤 2：设置 S、C、Δt、Δx 值

同上。详解略。

步骤 3：设置计算区域和初始条件

计算区域同上，设为 x 轴的 −100 至 100，由于 $\Delta x = 1$，因此计算区域共有 201 个位置点，从负至正分别在程序里标注为 1 至 201 号点。由于时间前差 / 空间后差格式只需要第 0 时刻的初始条件，程序如下：

```
for k=1:201
  f(k,1)=0;
end
```

步骤 4：编写式 (3.1.21) 和边界条件赋值内容

```
for n=1:20
  for k=2:201
    f(k,n+1)=(s(k,n+1)-c*(f(k,n)-f(k-1,n))/delta_x)*delta_t+f(k,n);
  end
  f(1,n+1)=f(2,n+1);
end
```

步骤 5：在平面上画出的等值线图

同上。详解略。

完整参考程序：

```
% Using the Forward time/Backward space Scheme
%%%%%%%%%%%%%%%%%%%% Case2 %%%%%%%%%%%%%%%%%%%%
clc;
clear all;
close all;
for n=1:21
```

```
  for k=1:201
    s(k,n)=0;
  end
end
for n=1:6
  for k=101:105
    s(k,n)=0.1;
  end
end
c=1;
delta_t=0.5;
delta_x=1;

for k=1:201
  f(k,1)=0;
end

for n=1:20
  for k=2:201
    f(k,n+1)=(s(k,n+1)-c*(f(k,n)-f(k-1,n))/delta_x)*delta_t+f(k,n);
  end
  f(1,n+1)=f(2,n+1);
end

figure
contour(f’)
colorbar
xlabel(‘x’)
ylabel(‘t’)
title(‘Contour: Forward time/Backward space Scheme C=1, t=0.5, x=1’)
%%%%%%%%%%%%%%%%%%%%%%%%%%%%%%%%%%%%%%%%
```

例题结果分析

（1）使用时间中央差 / 空间中央差和时间前差 / 空间后差格式模拟情况 1 结果

当 $C=1$，$\Delta t=0.5$，$\Delta x=1$ 时，时间中央差 / 空间中央差 Ø $(x, 5)$ 的数值解：

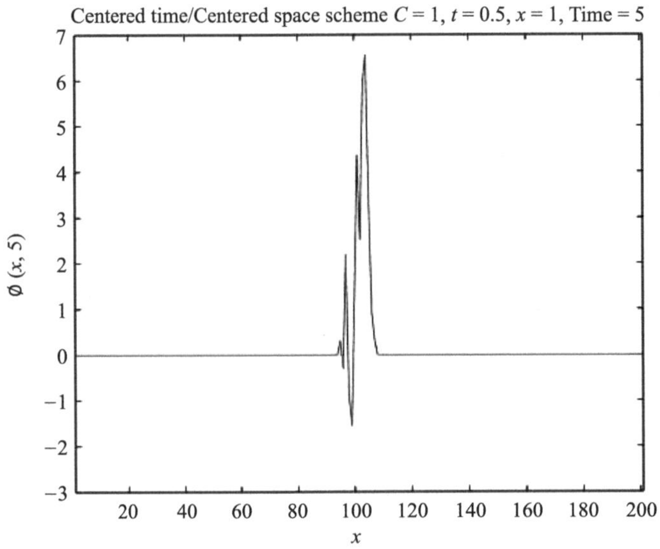

图3.1.3　当$C=1$，$\Delta t=0.5$，$\Delta x=1$时，时间中央差/空间中央差Ø$(x, 5)$的数值解

时间中央差 / 空间中央差 Ø$(x, 10)$ 的数值解：

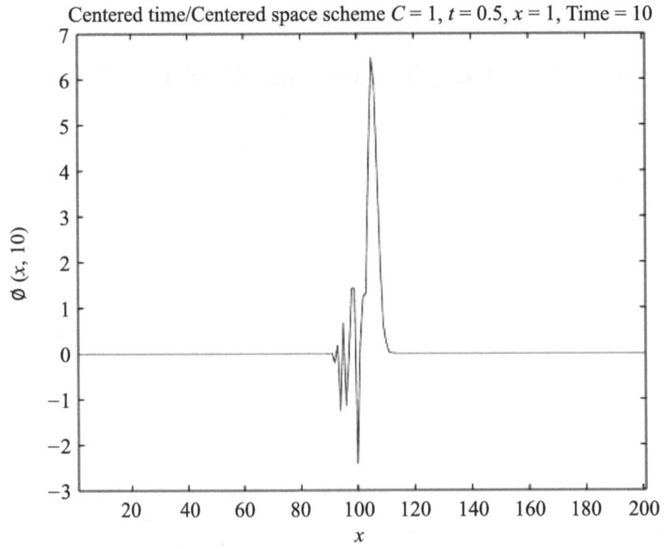

图3.1.4　当$C=1$，$\Delta t=0.5$，$\Delta x=1$时，时间中央差/空间中央差Ø$(x, 10)$的数值解

时间前差 / 空间后差 ∅(x, 5) 的数值解：

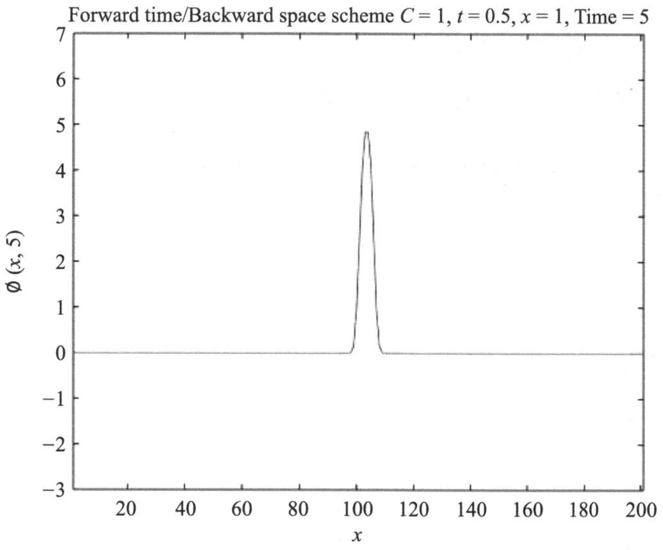

图3.1.5　当$C = 1$，$\Delta t = 0.5$，$\Delta x = 1$时，时间前差/空间后差∅(x, 5)的数值解

时间前差 / 空间后差 ∅(x, 10) 的数值解：

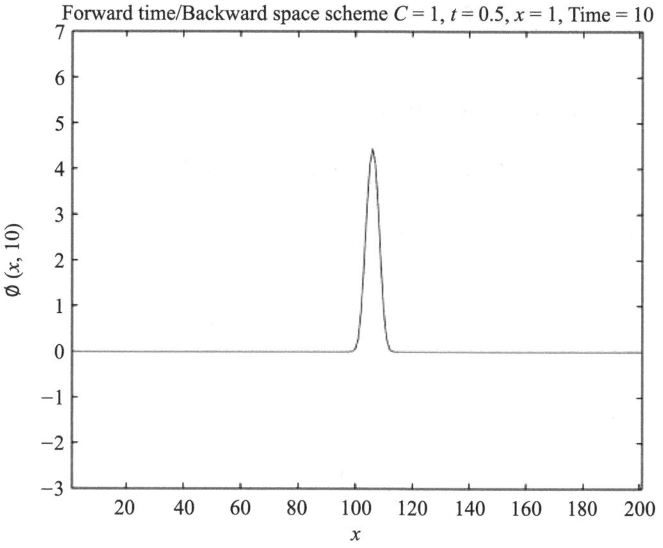

图3.1.6　当$C = 1$，$\Delta t = 0.5$，$\Delta x = 1$时，时间前差/空间后差∅(x, 10)的数值解

差异比较：使用时间中央差 / 空间中央差格式的数值模拟，波形发生振荡（图 3.1.3 和图 3.1.4），说明在该条件设置下，时间中央差 / 空间中央差格式对于一维平流方程

的模拟情况不好；而使用时间前差 / 空间后差格式的数值模拟，波形未发生振荡（图 3.1.5 和图 3.1.6），模拟效果较好。

当 $C=1$，$\Delta t=0.25$，$\Delta x=1$ 时

时间中央差 / 空间中央差 $\emptyset(x, 5)$ 的数值解：

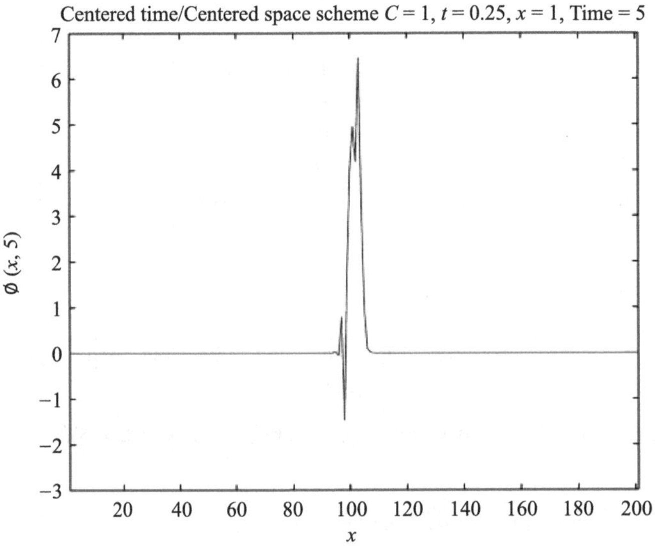

图3.1.7　当$C=1$，$\Delta t=0.25$，$\Delta x=1$时，时间中央差/空间中央差$\emptyset(x, 5)$的数值解

时间中央差 / 空间中央差 $\emptyset(x, 10)$ 的数值解：

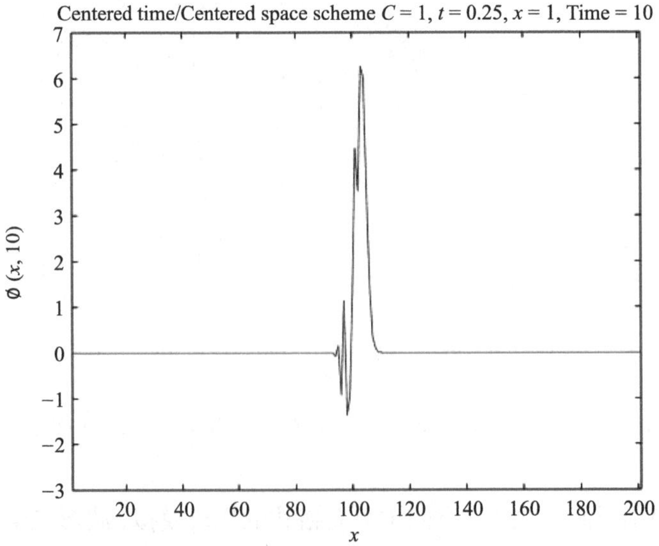

图3.1.8　当$C=1$，$\Delta t=0.25$，$\Delta x=1$时，时间中央差/空间中央差$\emptyset(x, 10)$的数值解

时间前差 / 空间后差 Ø(x, 5) 的数值解：

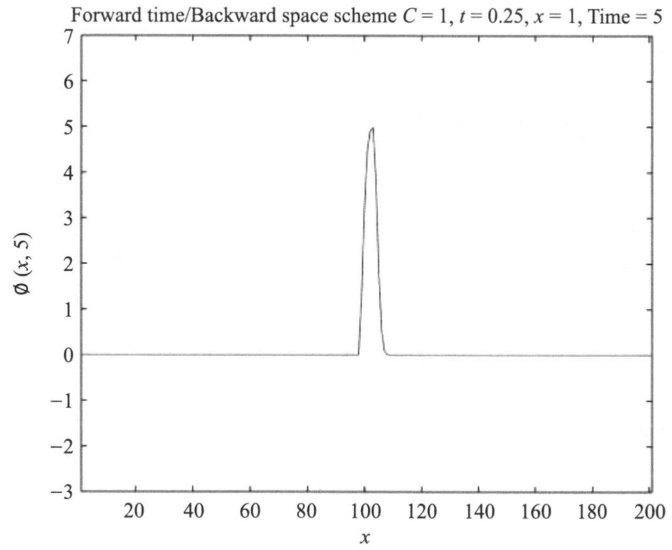

图3.1.9　当$C=1$，$\Delta t=0.25$，$\Delta x=1$时，时间前差/空间后差Ø(x, 5)的数值解

时间前差 / 空间后差 Ø(x, 10) 的数值解：

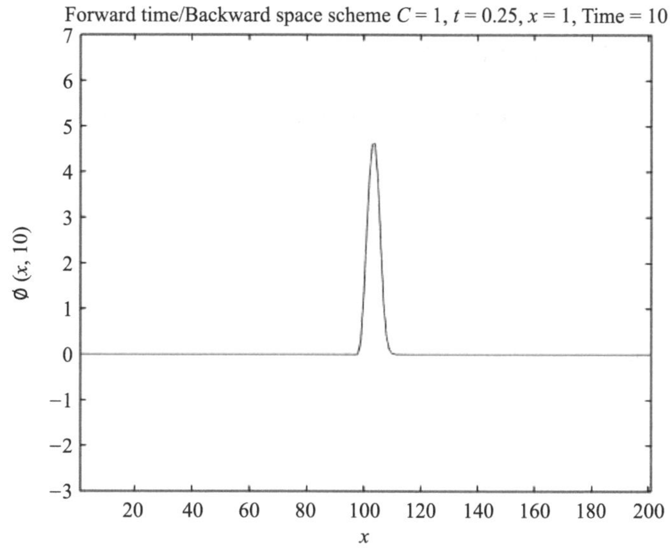

图3.1.10　当$C=1$，$\Delta t=0.25$，$\Delta x=1$时，时间前差/空间后差Ø(x, 10)的数值解

差异比较：在该条件设置下，使用时间中央差 / 空间中央差格式的数值模拟，波形依然发生振荡（图 3.1.7 和图 3.1.8）；而使用时间前差 / 空间后差格式的数值模拟，

波形未发生振荡（图 3.1.9 和图 3.1.10）。

当 $C=3$，$\Delta t=0.5$，$\Delta x=1$ 时

时间中央差 / 空间中央差 Ø(x, 5) 的数值解：

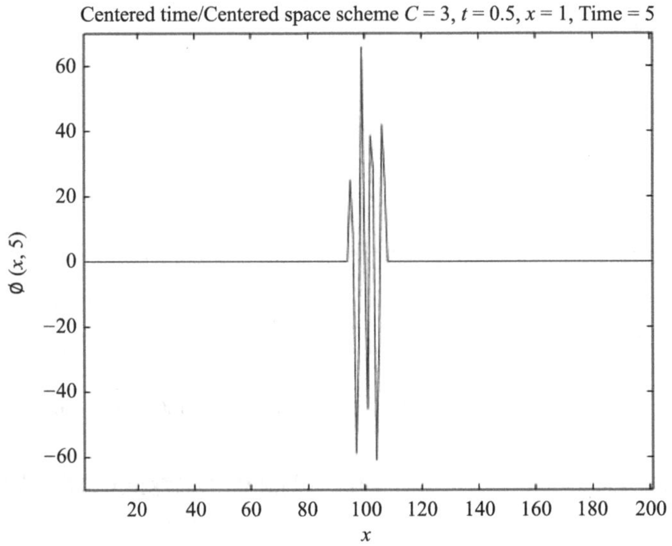

图3.1.11　当$C=3$，$\Delta t=0.5$，$\Delta x=1$时，时间中央差/空间中央差Ø(x, 5)的数值解

时间中央差 / 空间中央差 Ø(x, 10) 的数值解：

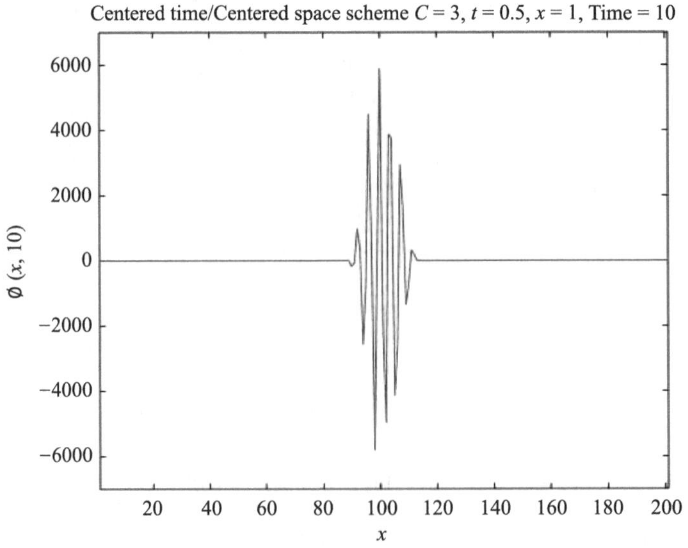

图3.1.12　当$C=3$，$\Delta t=0.5$，$\Delta x=1$，时间中央差/空间中央差Ø(x, 10)的数值解

时间前差 / 空间后差 Ø(x, 5) 的数值解：

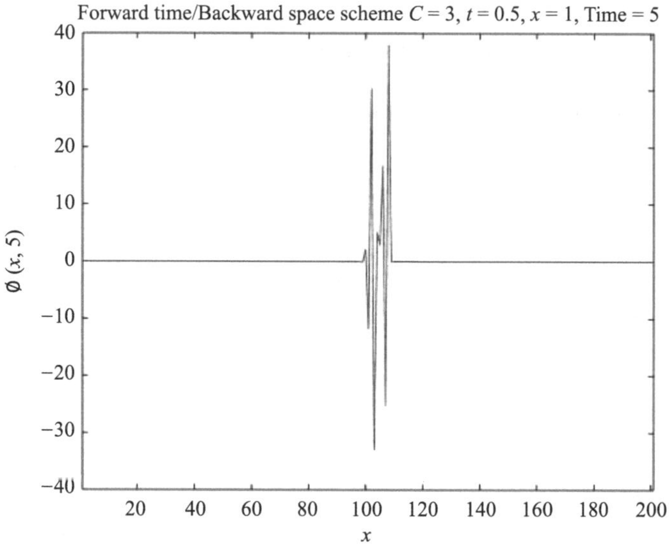

图3.1.13 当$C = 3$，$\Delta t = 0.5$，$\Delta x = 1$，时间前差/空间后差Ø(x, 5)的数值解

时间前差 / 空间后差 Ø(x, 10) 的数值解：

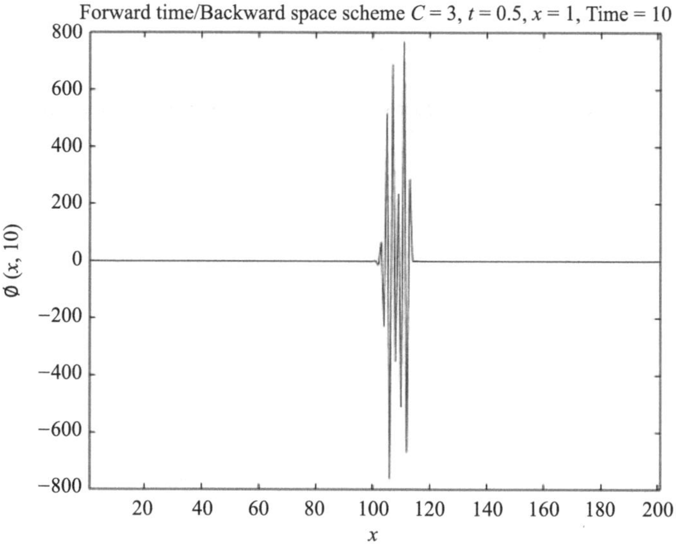

图3.1.14 当$C = 3$，$\Delta t = 0.5$，$\Delta x = 1$，时间前差/空间后差Ø(x, 10)的数值解

差异比较：使用时间中央差 / 空间中央差格式和时间前差 / 空间后差格式的数值模拟，波形均发生振荡（图 3.1.11 至图 3.1.14），并且随着时间推移，波形的值发生剧

烈变化，说明在该条件设置下，两种格式的数值模拟结果均不稳定，产生发散。

当 $C=-1$，$\Delta t=0.25$，$\Delta x=1$ 时

时间中央差 / 空间中央差 $\emptyset(x, 5)$ 的数值解：

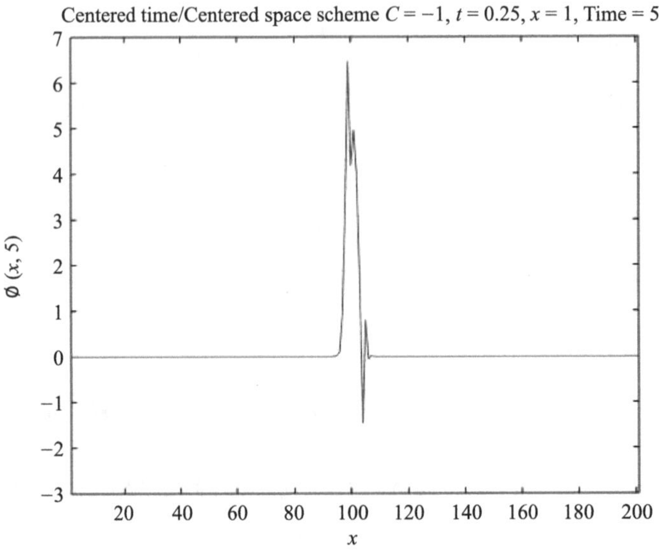

图3.1.15　当$C=-1$，$\Delta t=0.25$，$\Delta x=1$时，时间中央差/空间中央差$\emptyset(x, 5)$的数值解

时间中央差 / 空间中央差 $\emptyset(x, 10)$ 的数值解：

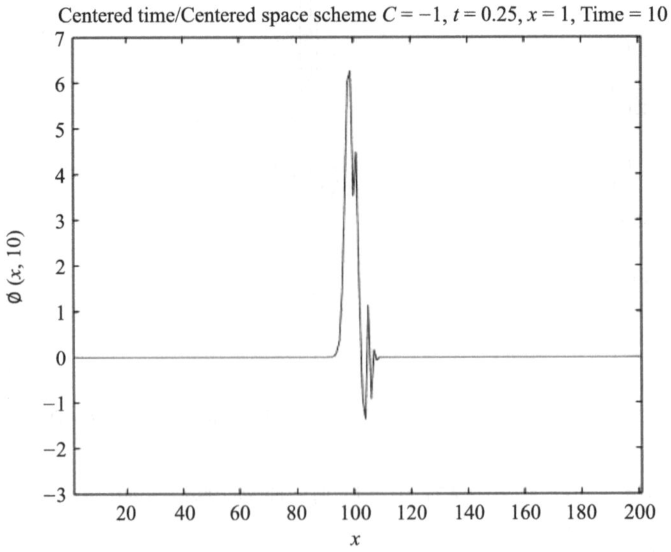

图3.1.16　当$C=-1$，$\Delta t=0.25$，$\Delta x=1$时，时间中央差/空间中央差$\emptyset(x, 10)$的数值解

时间前差 / 空间后差 Ø(x, 5) 的数值解：

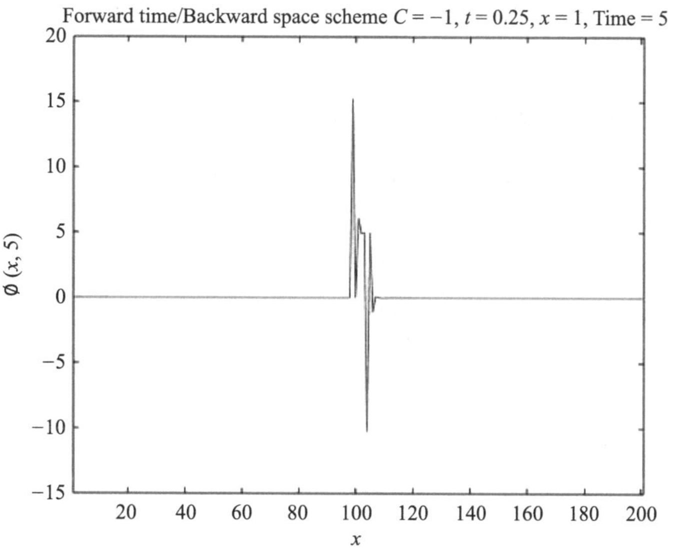

图3.1.17 当$C=-1$，$\Delta t=0.25$，$\Delta x=1$时，时间前差/空间后差Ø(x, 5)的数值解

时间前差 / 空间后差 Ø(x, 10) 的数值解：

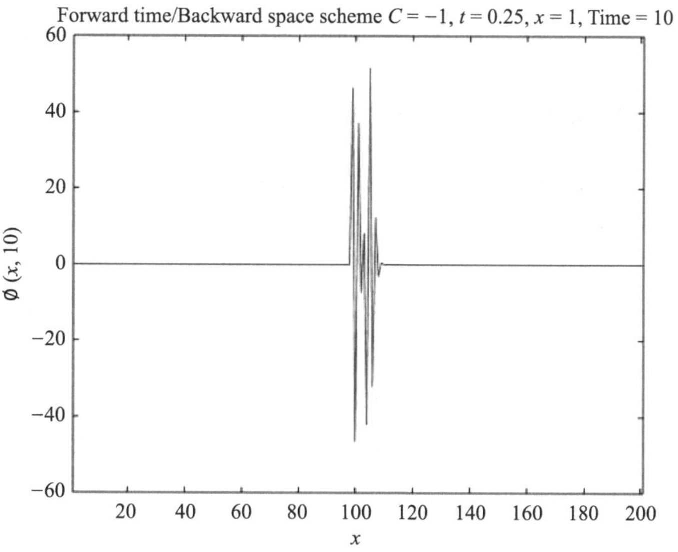

图3.1.18 当$C=-1$，$\Delta t=0.25$，$\Delta x=1$时，时间前差/空间后差Ø(x, 10)的数值解

差异比较：在该条件设置下，使用时间中央差 / 空间中央差格式和时间前差 / 空间后差格式的数值模拟，波形均发生振荡（图 3.1.15 至图 3.1.18），并且波形传播方向

沿 x 轴负方向，与之前显示的波形图的传播方向相反。

(2) 使用时间中央差 / 空间中央差和时间前差 / 空间后差格式模拟情况 2 结果

当 $C=1$，$\Delta t=0.5$，$\Delta x=1$ 时

时间中央差 / 空间中央差 $\varnothing(x, t)$ 的等值线图：

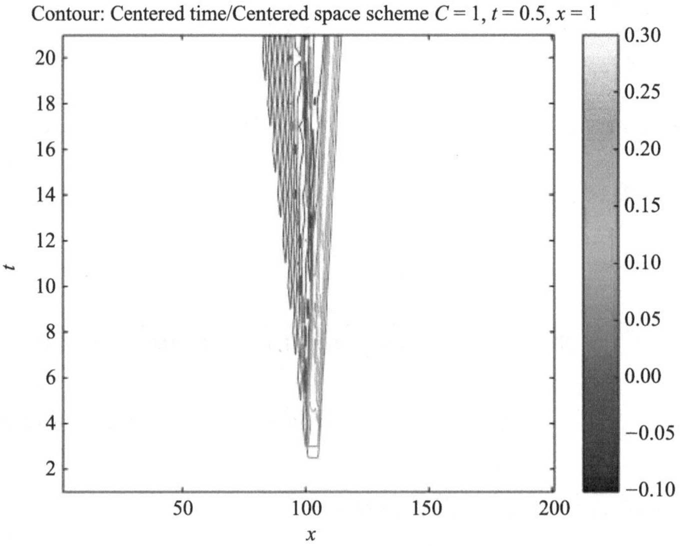

图3.1.19　当$C=1$，$\Delta t=0.5$，$\Delta x=1$时，时间中央差/空间中央差$\varnothing(x, t)$的等值线图

时间前差 / 空间后差 $\varnothing(x, t)$ 的等值线图：

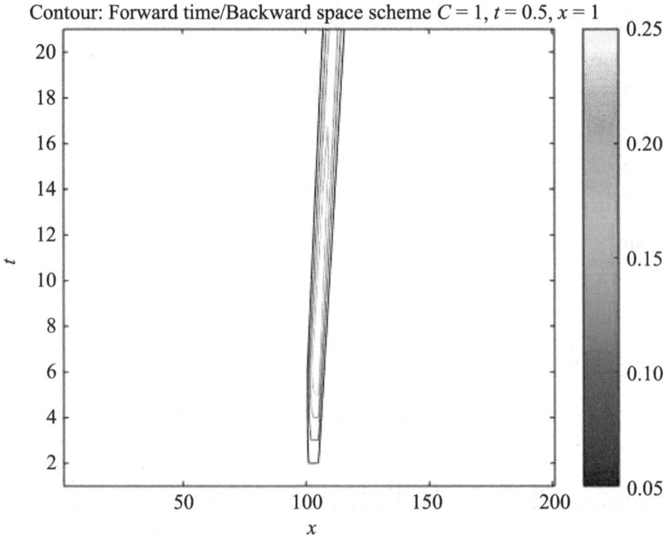

图3.1.20　当$C=1$，$\Delta t=0.5$，$\Delta x=1$时，时间前差/空间后差$\varnothing(x, t)$的等值线图

差异比较：在该条件设置下，使用时间中央差 / 空间中央差格式的数值模拟，波形的左侧发生振荡，并且随着时间的推移，该振荡的范围逐渐变大（图 3.1.19）；而使用时间前差 / 空间后差格式的数值模拟，波形未发生振荡（图 3.1.20）。

（3）情况 1 和情况 2 两种差分格式产生差异的原因

首先，不同的差分格式得到的解不同。不同的差分格式，即使在其他条件均相同的情况下，由于在差分计算中采用不同的算法，其得到数值解也会不同，造成图中波形产生的差异。其次，是稳定性。对于两种差格式，其稳定性由 C、Δt、Δx 的取值决定，当差分格式稳定时，即使波形出现振荡，也不会使得波形的值发生剧烈变化，当差分格式不稳定时，会造成数值模拟结果发散。

3.2 二维地形波问题数值模拟

3.2.1 例题内容

考虑二维地形波问题方程如下：

$$\xi_y + \frac{r}{fs}\xi_{xx} = 0 \tag{3.2.1}$$

$$\xi_x + \frac{Ff}{rg} \; at \; x = 0 \tag{3.2.2}$$

$$\xi = 0 \;\; at \; x \to \infty \tag{3.2.3}$$

其中，$r = 0.001$ m/sec，$s = 0.001$，$f = 10^{-4}\text{sec}^{-1}$。

解决以下两种情况：

1）$\text{F} = 0$，$\xi(x, 0) = \begin{cases} 10 \text{ cm} & 0 \leqslant x \leqslant 50 \text{ km} \\ 0 & \text{x} > 50 \text{ km} \end{cases}$ （3.2.4）

2）$\text{F} = -0.01 \text{ m}^2/\text{sec}^2$，$\xi(x, 0)=0$ （3.2.5）

使用对 y 方向空间前差的格式，求 ξ 在 $-500 \text{ km} < y < 0$ 的数值解。

3.2.2 例题分析

知识点提要

本实践例题的内容是使用差分方法求解空间二维地形波方程问题。式（3.2.1）是对空间 y 的一阶偏微分和对空间 x 的二阶偏微分方程，对于空间一阶偏微分方程的差分格式已在章节 3.1 的知识点提要中介绍过，此处省略。而二阶偏微分方程的差分格式固定且唯一，不存在前差、后差、中央差等格式，公式如下：

$$\left.\frac{\partial^2 f}{\partial x^2}\right|_k = \frac{f(x_{k+1}) - 2f(x_k) + f(x_{k-1})}{(\Delta x)^2} + O[(\Delta x)^2] \quad (3.2.6)$$

$O[(\Delta x)^2]$ 是式（3.2.6）的截断误差，为二阶精度误差。

例题思路详解

题目要求使用对 y 方向空间前差的格式，数值求解 ξ 在 $-500\ \text{km} < y < 0$ 的情况。

(1) *y* 方向空间前差格式

根据知识点提要，式（3.2.1）使用对 y 方向空间前差的格式如下：

$$\frac{\xi_x^{y+1} - \xi_x^y}{\Delta y} + \frac{r}{fs}\,\frac{\xi_{x+1}^y - 2\xi_x^y + \xi_{x-1}^y}{(\Delta x)^2} = 0 \quad (3.2.7)$$

式（3.2.7）各项中，须确定已知项和未知项，在本例题中，y 方向的值是需要求解的，因此 y 方向位置最大值应为未知项，即需要求解的项，因此 ξ_x^{y+1} 为需要求解的项。将式（3.2.7）进行变换，可得关于未知项的方程：

$$\xi_x^{y+1} = -\frac{r}{fs}\,\frac{\xi_{x+1}^y - 2\xi_x^y + \xi_{x-1}^y}{(\Delta x)^2}\,\Delta y + \xi_x^y \quad (3.2.8)$$

由式（3.2.8）可知，在位置点 $(x, y+1)$ 处，想要求解该位置点上的 ξ 值，首先需要知道该位置点上的 r、f、s、Δx、Δy 值。其中，$r = 0.001$ m/sec，$s = 0.001$，$f = 10^{-4}$sec 的值已给出，Δx、Δy 的值可自己设置，在此设置 $\Delta x = 5000$ m，$\Delta y = -1000$ m。

此外，还需要位置点 $(x+1, y)$、(x, y) 和 $(x-1, y)$ 总共三个位置点的 ξ 值，即想要求解任意位置点上的值，需要知道 y 方向上一位置点在 x 方向该位置点以及左右两边点的 ξ 值。

本实践例题为二维地形波方程数值模拟，在空间上为二维，在 x 轴和 y 轴方向上一旦确定左右和上下边界后，左右边界和上下边界位置点也需要求解，此时会出现一个问题，由式（3.2.8）可知，想要求解左右边界位置点上的值，原则上需要 y 方向上一位置点以及左右两边点的值，而左右位置点已是左右边界，其左边和右边已无任何位置点，因此，式（3.2.8）无法用于求解左边界和右边界位置点，需要另寻他法来合理求解。而例题中的式（3.2.2）和式（3.2.3）正是关于左右边界赋值的条件。式（3.2.2）可以写成：

$$\frac{\xi_2 - \xi_1}{\Delta x} = \frac{Ff}{rg} \quad at\ x = 0 \quad (3.2.9)$$

式（3.2.9）指的是在 $x=0$ 处的 ξ_1 值与相邻点 ξ_2 之间的关系，即左边界条件，可将式（3.2.9）进一步写成：

$$\xi_1=\xi_2-\frac{Ff}{rg}\Delta x \quad at\, x=0 \tag{3.2.10}$$

其中 r、f 值例题中已给出，g 取 9.8 m/s^2，F 值在情况 1 和情况 2 中也已给出。式（3.2.3）指的是在 x 趋于无穷大时，ξ 值等于 0，而 x 无穷大处即为计算区域的右边界，即右边界条件。至此，只需已知 $y=0$ 所有 x 位置点的 ξ 值，利用式（3.2.8），即可求解 $-500\text{ km}<y<0$ 每一个 y 位置点对应的所有 x 位置点的 ξ 值。

（2）初始条件

在开始数值模拟前，需要确定初始 $y=0$ 位置所有 x 位置点上的 ξ 值，即确定初始条件。本例题要求考虑两种情况。

对于情况 1，式（3.2.4）即为初始条件，意思为在 $y=0$ 时，x 轴位置上 0 至 50 km 之间 ξ 值等于 10 cm，其余位置上 ξ 值等于 0。

对于情况 2，式（3.2.5）即为初始条件，意思为在 $y=0$ 时，x 轴所有位置点上 ξ 值等于 0。

3.2.3　例题程序详解

（1）使用对 y 方向空间前差的格式模拟情况 1

步骤 1：数值模拟前清除所有记录

```
clc;         % 清除命令窗口的内容，对工作环境中的全部变量无任何影响
clear all;   % 清除工作空间的所有变量和函数
close all;   % 关闭所有的视图窗口
```

步骤 2：设置已知变量的值

```
F=0;
r=0.001;
s=0.001;
f=0.0001;
g=9.8;
c=r/(f*s);
delta_x=5000;
delta_y=-1000;
```

步骤 3：设置计算区域和初始条件

定义数组 $z(x, y)$ 代表 ξ 值，x 和 y 分别为空间 x 和 y 方向位置点。设定计算区域为 x 轴从 0 至 500 km，y 轴从 0 至 −500 km。由于 $\Delta x = 5000$ m，$\Delta y = -1000$ m，因此计算区域内 x 方向共有 101 个位置点，分别在程序里标注为 1 至 101 号点，1 号点对应 $x = 0$，2 号点对应 $x = 5$ km，依此类推，101 号点对应 $x = 500$ km。y 方向共有 501 个位置点，分别在程序里标注为 1 至 501 号点，1 号点对应 $y = 0$，2 号点对应 $y = -1$ km，依此类推，501 号点对应 $y = -500$ km。情况 1 的初始条件为在 $y = 0$ 时，x 轴位置上 0 至 50 km 之间 ξ 值等于 10 cm，其余位置上 ξ 值等于 0，因此在程序里，第 1 号点至第 11 号点的 ξ 值等于 10 cm，其余点等于 0。程序如下：

```
for x=1:101
  z(x,1)=0;
end
for x=1:11
  z(x,1)=10;
end
```

步骤 4：编写式（3.2.8）和边界条件赋值内容

从 y 方向第 2 个位置点开始计算空间中所有位置点的 ξ 值，程序如下：

```
for y=1:500
  for x=2:100
    z(x,y+1)=(-c*(z(x+1,y)-2*z(x,y)+z(x-1,y))/(delta_x)^2)*delta_y+z(x,y);
  end
  z(1,y+1)=z(2,y+1)-((F*f)/(r*g))*delta_x;
  z(101,y+1)=0.0;
end
```

步骤 5：画 ξ 在 $-500\ \text{km} < y < 0$ 的数值解

```
figure
xi=0:5:500;
yi=0:-1:-500;
zi=z;
[yi,xi]=meshgrid(yi,xi);
contour(xi,yi,zi)
```

```
colorbar
xlabel( 'X(km)' );
ylabel( 'Y(km)' );
title( 'Y axis Forward space Scheme Case 1' );
```

完整参考程序：

```
% Using the Y axis Forward space Scheme
%%%%%%%%%%%%%%%%%%% Case1%%%%%%%%%%%%%%%%%%%
clc;
clear all;
close all;
F=0;
r=0.001;
s=0.001;
f=0.0001;
g=9.8;
c=r/(f*s);
delta_x=5000;
delta_y=-1000;

for x=1:101
   z(x,1)=0;
end
for x=1:11
   z(x,1)=10;
end

for y=1:500
   for x=2:100
      z(x,y+1)=(-c*(z(x+1,y)-2*z(x,y)+z(x-1,y))/(delta_x)^2)*delta_y+z(x,y);
   end
   z(1,y+1)=z(2,y+1)-((F*f)/(r*g))*delta_x;
```

```
   z(101,y+1)=0.0;
end


figure
xi=0:5:500;
yi=0:-1:-500;
zi=z;
[yi,xi]=meshgrid(yi,xi);
contour(xi,yi,zi)
colorbar
xlabel('X(km)');
ylabel('Y(km)');
title('Y axis Forward space Scheme Case 1');
%%%%%%%%%%%%%%%%%%%%%%%%%%%%%%%%%%%%%%
```

（2）使用对 y 方向空间前差的格式模拟情况 2

步骤 1：数值模拟前清除所有记录

同上。详解略。

步骤 2：设置已知变量的值

除 $F=-0.01$ 之外，同上，详解略。

步骤 3：设置计算区域和初始条件

计算区域同上。初始条件为在 $y=0$ 时，x 轴所有位置点上 ξ 值等于 0，程序如下：

```
for x=1:101
   z(x,1)=0;
end
```

步骤 4：编写式（3.2.8）和边界条件赋值内容

同上。详解略。

步骤 5：画 ξ 在 $-500\ \text{km}<y<0$ 的数值解

同上。详解略。

完整参考程序：

```
% Using the Y axis Forward space Scheme
```

```
%%%%%%%%%%%%%%%%% Case2%%%%%%%%%%%%%%%%%
clc;
clear all;
close all;
F=-0.01;
r=0.001;
s=0.001;
f=0.0001;
g=9.8;
c=r/(f*s);
delta_x=5000;
delta_y=-1000;

for x=1:101
   z(x,1)=0;
end

for y=1:500
   for x=2:100
      z(x,y+1)=(-c*(z(x+1,y)-2*z(x,y)+z(x-1,y))/(delta_x)^2)*delta_y+z(x,y);
   end
   z(1,y+1)=z(2,y+1)-((F*f)/(r*g))*delta_x;
   z(101,y+1)=0.0;
end

figure
xi=0:5:500;
yi=0:-1:-500;
zi=z;
[yi,xi]=meshgrid(yi,xi);
```

```
contour(xi,yi,zi)
colorbar
xlabel('X(km)');
ylabel('Y(km)');
title('Y axis Forward space Scheme Case 2');
%%%%%%%%%%%%%%%%%%%%%%%%%%%%%%%%%%%%%%%%%
```

3.2.4 例题结果分析

（1）使用对 y 方向空间前差的格式模拟情况 1 结果

在情况 1 中，ξ 的最大值出现在图中左上角，即初始条件中的在 $y = 0$ 时，x 轴位置上 0 至 50 km 之间 ξ 值等于 10 cm，其余位置上 ξ 值等于 0。随着 x 轴和 y 轴向外延伸，ξ 值逐渐变小。

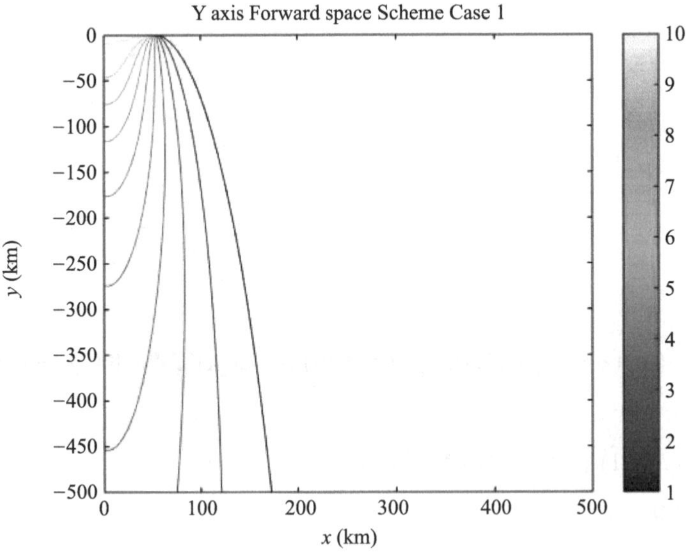

图3.2.1　使用对y方向空间前差的格式模拟情况1结果

（2）使用对 y 方向空间前差的格式模拟情况 2 结果

在情况 2 中，ξ 的最大值出现在图中左下角，随着 x 轴和 y 轴向外延伸，ξ 值逐渐变小。ξ 值的分布与情况 1 不同主要是由于不同的初始条件和不同的 F 值（即左边界条件不同）所致。

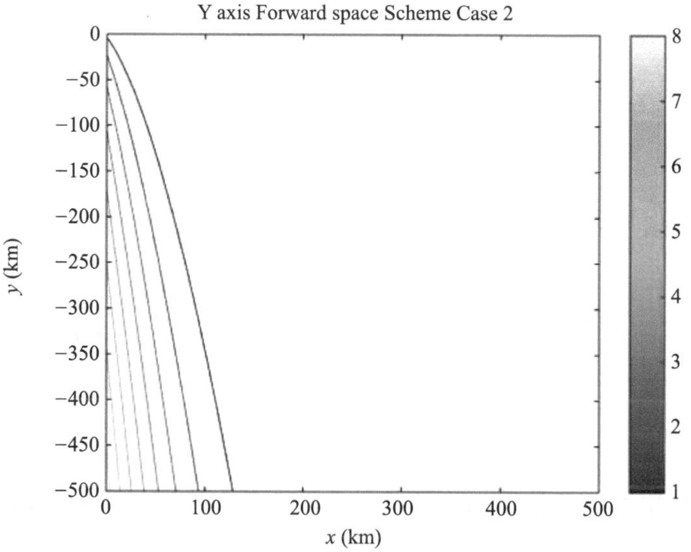

图3.2.2　使用对y方向空间前差的格式模拟情况2结果

(3) 尝试使用不同 Δx 和 Δy 值

本例题中，数值结果对不同的 Δx 和 Δy 值有显著敏感性，这是由于不同的空间步长会对数值结果的稳定性产生影响，不恰当的 Δx 和 Δy 值会使得数值模拟结果产生发散，可尝试设置不同的 Δx 和 Δy 值进行对比。值得提醒的是，当改变 Δx 和 Δy 值时，研究区域内 x 和 y 方向的位置点个数也会随之改变，在编写程序时需要注意。

3.3　二维平流和扩散问题数值模拟

3.3.1　例题内容

在一个矩形区域，二维海洋环流方程如下：

$$\psi = \mathrm{F}\sin\left(\frac{\pi y}{b}\right)(pe^{Ax} + qe^{-Bx} - 1) \tag{3.3.1}$$

其中，F=1 km^2/sec，b=5×10^3 km，p=0.05，q=0.95，A=2×10^{-4} km^{-1}，B=1.3×10^{-3} km^{-1}

流线方程定义如下：

$$u = \psi_y \tag{3.3.2}$$

$$v = -\psi_x \tag{3.3.3}$$

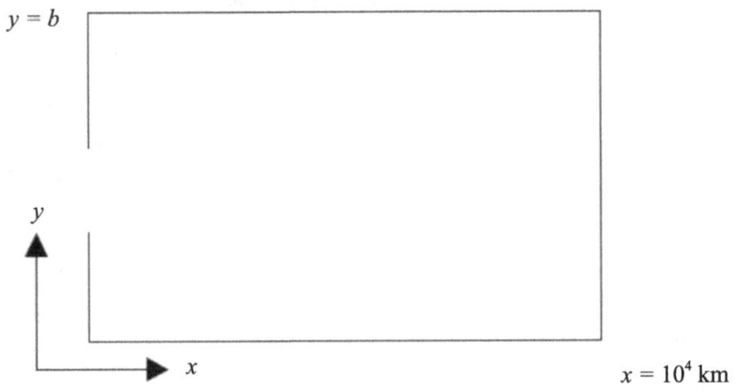

图3.3.1　区域示意图

在该区域流场中的一个位置加入示踪剂，示踪剂在该流场中的平流和扩散可用式（3.3.4）表示：

$$\emptyset_t + u\emptyset_x + v\emptyset_y = k\,(\emptyset_{xx} + \emptyset_{yy}) + S\,(x, y) \tag{3.3.4}$$

其中，$S\,(x, y)$ 是源项。示踪剂在边界上没有通量。完成以下 3 种情况。

1）假设 $k = 10^{-2}\ \mathrm{km^2/s}$，在 $x = 3000$ km，$y = 1000$ km 之处每小时添加 1 单位示踪剂，即 $S(x, y) = 1/\mathrm{hr}$。使用任一格式数值求解不同时间的示踪剂分布状况。

2）将添加示踪剂的位置移到 $x = 3000$ km，$y = 4000$ km 之处，描述示踪剂分布状况与之前的差异。

3）之后，将扩散系数 k 放大和缩小 10 倍，讨论此时示踪剂分布状况。

3.3.2　例题分析

知识点提要

本实践例题是综合使用差分方法求解实际海洋问题，内容主要是使用差分方法求解示踪剂在二维海洋环流场中平流和扩散问题。式（3.3.4）是对时间 t、空间 x 和 y 的一阶偏微分方程和对空间 x 和 y 的二阶偏微分方程，等价于：

$$\frac{\partial \emptyset}{\partial t} + u\frac{\partial \emptyset}{\partial x} + v\frac{\partial \emptyset}{\partial y} = k\left(\frac{\partial^2 \emptyset}{\partial x^2} + \frac{\partial^2 \emptyset}{\partial y^2}\right) = S(x, y) \tag{3.3.5}$$

对于时间一阶偏微分方程和空间一阶、二阶偏微分方程的差分格式已在章节 3.1 和 3.2 的知识点提要中介绍过，这里要提到的是本题由于是二维空间，需要有两个空间变量 x、y 来分别表示 x 和 y 方向。在式（3.3.5）中，平流项为$u\dfrac{\partial \emptyset}{\partial x} + v\dfrac{\partial \emptyset}{\partial y}$，扩散项为$k\left(\frac{\partial^2 \varnothing}{\partial x^2}+\frac{\partial^2 \varnothing}{\partial y^2}\right)$。

例题思路详解

题目要求使用任一格式数值求解不同时间的示踪剂在二维海洋环流场中的分布状况。对此，首先要做的是根据题目条件得到二维海洋环流场的具体信息，其次选取适当的差分格式，这里以迎风格式（时间前差 / 空间后差在 u 和 v 大于 0 时的格式）为例，最后再对例题中的 3 种情况进行数值模拟。

（1）二维海洋环流场信息

式（3.3.1）~式（3.3.3）描述了二维海洋环流的速度场u和v的表达式，u是ψ关于y的偏微分方程，v是ψ关于x的偏微分方程，式（3.3.2）和式（3.3.3）可进一步写为：

$$u=\psi_y=F\frac{\pi}{b}\cos\left(\frac{\pi y}{b}\right)(pe^{Ax}+qe^{-Bx}-1) \tag{3.3.6}$$

$$v=\psi_x=-F\sin\left(\frac{\pi y}{b}\right)(pAe^{Ax}-qBe^{-Bx}) \tag{3.3.7}$$

其中，F、b、p、q、A、B的值均已知，该题所给定的区域范围为$x=10^4$ km，$y=5\times10^3$ km，只要根据空间步长Δx和Δy把计算区域网格化，代入任一位置点(x, y)的坐标信息进式（3.3.6）和式（3.3.7），即可得到该位置点所对应的u和v值，并且u和v的表达式与时间无关，该海洋环流场始终固定不变。

（2）迎风格式

式（3.3.5）的迎风格式如下：

当$u>0$且$u>0$时，

$$\begin{aligned}&\frac{\varnothing_{x,y}^{n+1}-\varnothing_{x,y}^{n}}{\Delta t}+u\frac{\varnothing_{x,y}^{n}-\varnothing_{x-1,y}^{n}}{\Delta x}+v\frac{\varnothing_{x,y}^{n}-\varnothing_{x,y-1}^{n}}{\Delta y}\\&=k\left(\frac{\varnothing_{x+1,y}^{n}-2\varnothing_{x,y}^{n}+\varnothing_{x-1,y}^{n}}{(\Delta x)^2}+\frac{\varnothing_{x,y+1}^{n}-2\varnothing_{x,y}^{n}+\varnothing_{x,y-1}^{n}}{(\Delta y)^2}\right)+S(x,y)\end{aligned} \tag{3.3.8}$$

当$u>0$且$v<0$时，

$$\begin{aligned}&\frac{\varnothing_{x,y}^{n+1}-\varnothing_{x,y}^{n}}{\Delta t}+u\frac{\varnothing_{x,y}^{n}-\varnothing_{x-1,y}^{n}}{\Delta x}+v\frac{\varnothing_{x,y+1}^{n}-\varnothing_{x,y}^{n}}{\Delta y}\\&=k\left(\frac{\varnothing_{x+1,y}^{n}-2\varnothing_{x,y}^{n}+\varnothing_{x-1,y}^{n}}{(\Delta x)^2}+\frac{\varnothing_{x,y+1}^{n}-2\varnothing_{x,y}^{n}+\varnothing_{x,y-1}^{n}}{(\Delta y)^2}\right)+S(x,y)\end{aligned} \tag{3.3.9}$$

当 $u<0$ 且 $v>0$ 时，

$$\frac{\varnothing_{x,y}^{n+1}-\varnothing_{x,y}^{n}}{\Delta t}+u\frac{\varnothing_{x+1,y}^{n}-\varnothing_{x,y}^{n}}{\Delta x}+v\frac{\varnothing_{x,y}^{n}-\varnothing_{x,y-1}^{n}}{\Delta y}$$
$$=k\left(\frac{\varnothing_{x+1,y}^{n}-2\varnothing_{x,y}^{n}+\varnothing_{x-1,y}^{n}}{(\Delta x)^2}+\frac{\varnothing_{x,y+1}^{n}-2\varnothing_{x,y}^{n}+\varnothing_{x,y-1}^{n}}{(\Delta y)^2}\right)+S(x,y) \tag{3.3.10}$$

当 $u<0$ 且 $v<0$ 时，

$$\frac{\varnothing_{x,y}^{n+1}-\varnothing_{x,y}^{n}}{\Delta t}+u\frac{\varnothing_{x+1,y}^{n}-\varnothing_{x,y}^{n}}{\Delta x}+v\frac{\varnothing_{x,y+1}^{n}-\varnothing_{x,y}^{n}}{\Delta y}$$
$$=k\left(\frac{\varnothing_{x+1,y}^{n}-2\varnothing_{x,y}^{n}+\varnothing_{x-1,y}^{n}}{(\Delta x)^2}+\frac{\varnothing_{x,y+1}^{n}-2\varnothing_{x,y}^{n}+\varnothing_{x,y-1}^{n}}{(\Delta y)^2}\right)+S(x,y) \tag{3.3.11}$$

式（3.3.8）至式（3.3.11）分情况表述不同的差分格式的原因在于，迎风格式要求 u 和 v 必须大于 0，因此当 u 或 v 小于 0 时，平流项内对应的 x 或 y 方向的一阶偏微分方程的空间后差格式要反方向差分以满足迎风格式要求。

在式（3.3.8）至式（3.3.11）各项中，须确定已知项和未知项，式中时间最大项应为未知项，即需要求解的项，因此$\varnothing_{x,y}^{n+1}$为需要求解的项。将式进行变换，可得关于未知项的方程：

当 $u>0$ 且 $v>0$ 时，

$$\varnothing_{x,y}^{n+1}=\left[-\left(u\frac{\varnothing_{x,y}^{n}-\varnothing_{x-1,y}^{n}}{\Delta x}+v\frac{\varnothing_{x,y}^{n}-\varnothing_{x,y-1}^{n}}{\Delta y}\right)+\right.$$
$$\left.k\left(\frac{\varnothing_{x+1,y}^{n}-2\varnothing_{x,y}^{n}+\varnothing_{x-1,y}^{n}}{(\Delta x)^2}+\frac{\varnothing_{x,y+1}^{n}-2\varnothing_{x,y}^{n}+\varnothing_{x,y-1}^{n}}{(\Delta y)^2}\right)+S(x,y)\times\Delta t+\varnothing_{x,y}^{n}\right. \tag{3.3.12}$$

当 $u>0$ 且 $v<0$ 时，

$$\varnothing_{x,y}^{n+1}=\left[-\left(u\frac{\varnothing_{x,y}^{n}-\varnothing_{x-1,y}^{n}}{\Delta x}+v\frac{\varnothing_{x,y+1}^{n}-\varnothing_{x,y}^{n}}{\Delta y}\right)+\right.$$
$$\left.k\left(\frac{\varnothing_{x+1,y}^{n}-2\varnothing_{x,y}^{n}+\varnothing_{x-1,y}^{n}}{(\Delta x)^2}+\frac{\varnothing_{x,y+1}^{n}-2\varnothing_{x,y}^{n}+\varnothing_{x,y-1}^{n}}{(\Delta y)^2}\right)+S(x,y)\times\Delta t+\varnothing_{x,y}^{n}\right. \tag{3.3.13}$$

当 $u<0$ 且 $v>0$ 时，

$$\varnothing_{x,y}^{n+1}=\left[-\left(u\frac{\varnothing_{x+1,y}^{n}-\varnothing_{x,y}^{n}}{\Delta x}+v\frac{\varnothing_{x,y}^{n}-\varnothing_{x,y-1}^{n}}{\Delta y}\right)+\right.$$
$$\left.k\left(\frac{\varnothing_{x+1,y}^{n}-2\varnothing_{x,y}^{n}+\varnothing_{x-1,y}^{n}}{(\Delta x)^2}+\frac{\varnothing_{x,y+1}^{n}-2\varnothing_{x,y}^{n}+\varnothing_{x,y-1}^{n}}{(\Delta y)^2}\right)+S(x,y)\times\Delta t+\varnothing_{x,y}^{n}\right. \tag{3.3.14}$$

当 $u<0$ 且 $v<0$ 时，

$$\emptyset_{x,y}^{n+1}=\left[-\left(u\frac{\emptyset_{x+1,y}^{n}-\emptyset_{x,y}^{n}}{\Delta x}+v\frac{\emptyset_{x,y+1}^{n}-\emptyset_{x,y}^{n}}{\Delta y}\right)+\right.$$
$$\left.k\left(\frac{\emptyset_{x+1,y}^{n}-2\emptyset_{x,y}^{n}+\emptyset_{x-1,y}^{n}}{(\Delta x)^2}+\frac{\emptyset_{x,y+1}^{n}-2\emptyset_{x,y}^{n}+\emptyset_{x,y-1}^{n}}{(\Delta y)^2}\right)+S(x,y)\times\Delta t+\emptyset_{x,y}^{n}\right.\tag{3.3.15}$$

由式（3.3.12）至式（3.3.15）可知，在第 $n+1$ 时刻，想要求解位置点 (x, y) 上的 ∅ 值，首先需要知道该时刻该位置点上 $S(x, y)$、u、v、Δt、Δx、Δy 值。$S(x, y)$ 值在 3 种情况中均已给出，每小时在某一位置添加 1 单位示踪剂，每一个位置点的 u 和 v 在式（3.3.6）和式（3.3.7）中已给出，Δt 此处设置为 1 小时，即 3600 秒，正好与示踪剂添加的频率相同，Δx、Δy 值设置为 100 km。

此外，还需要第 n 时刻位置点 (x, y)、$(x-1, y)$、$(x+1, y)$、$(x, y-1)$ 和 $(x, y+1)$ 上的 ∅ 值，即需要知道上一时刻五个位置点的 ∅ 值。这表明想要求解任意时刻任意位置点上的 ∅ 值，需要知道上一时刻该位置点以及其左右上下四个点的值。

本题在空间上为二维，在 x 和 y 轴方向上一旦确定左右和上下边界后，左右边界和上下边界位置点也需要求解，此时，出现一个问题，想要求解左右边界和上下边界位置点上的 ∅ 值，原则上需要上一时刻该位置点左右上下四个点的 ∅ 值，而对于左边界位置点，其左边已无任何位置点，同理，右边界、上边界、下边界位置点，分别其右边、上边、下边已无任何位置点。因此，式（3.3.12）至式（3.3.15）无法用于求解左右边界和上下边界位置点，需要另寻信息来求解边界值。对于边界问题，例题中提到“示踪剂在边界上没有通量”，在此，可以设置左右边界点和上下边界点的 ∅ 值始终为 0。

至此，只需已知第 0 时刻（初始时刻）所有位置点的值，利用式（3.3.12）至式（3.3.15），即可求解第 1 时刻及以后每一时刻所有位置点的 ∅ 值。

（3）初始条件

在开始数值模拟前，整个计算区域并没有放入示踪剂，因此在初始时刻区域内所有位置点上的 ∅ 值均为 0，至此，初始条件已确定。

3.3.3　例题程序详解

（1）使用迎风格式模拟情况 1

步骤 1：数值模拟前清除所有记录

```
clc;          % 清除命令窗口的内容，对工作环境中的全部变量无任何影响
clear all;    % 清除工作空间的所有变量和函数
close all;    % 关闭所有的视图窗口
```

步骤 2：设置已知变量的值

```
F=1;
b=5*10^3;
p=0.05;
q=0.95;
A=2*10^-4;
B=1.3*10^-3;
PI=3.1415926;
k=10^-2;
dx=100;
dy=100;
dt=3600;
```

步骤 3：设置计算区域和初始条件

定义数组 $f(x, y, t)$ 代表 ø 值，x 和 y 分别为空间 x 和 y 方向位置点，t 为时间。计算区域为 x 轴从 0 至 10000 km，y 轴从 0 至 5000 km。由于 Δx=100 km，Δy=100 km，因此计算区域内 x 方向共有 101 个位置点，分别在程序里标注为 1 至 101 号点，1 号点对应 x = 0，2 号点对应 x = 100 km，依此类推，101 号点对应 x=10000 km。y 方向共有 51 个位置点，分别在程序里标注为 1 至 51 号点，1 号点对应 y=0，2 号点对应 y = 100 km，依此类推，51 号点对应 y = 5000 km。初始第 0 时刻在程序中 t=1。情况 1 的初始条件为全场所有位置点 ø 值等于 0。程序如下：

```
f(1:101,1:51,1)=0.0;
```

步骤 4：编写二维海洋环流场相关内容

```
for x=1:101
  for y=1:51
 u(x,y)=F*(PI/b)*cos(PI*(y-1)*dy/b)*(p*exp(A*(x-1)*dx)+q*exp(-B*(x-1)*dx)-1);
 v(x,y)=-F*sin(PI*(y-1)*dy/b)*(p*A*exp(A*(x-1)*dx)-q*B*exp(-B*(x-1)*dx));
  end
```

```
end
xi=0:100:10000;
yi=0:100:5000;
figure
[yi,xi]=meshgrid(yi,xi);
quiver(xi,yi,u,v,2)
axis([0 10000 0 5000])
xlabel('X(km)');
ylabel('Y(km)');
title('Current Field')
```

步骤 5：编写示踪剂源项

```
for x=1:101
  for y=1:51
    S(x,y)=0.0;
  end
end
S(31,11)=1.0;     % 示踪剂添加在 x=3000km, y=1000km 处，即为 x 方向第 31、y 方向第 11 个位置点处
```

步骤 6：编写式（3.3.12）至式（3.3.15）和边界条件赋值内容

为了便于式（3.3.12）至式（3.3.15）的编写，将方程中的平流项和扩散项单独列出来表达，以简化最终方程的表达式。

```
t1=0;
for t=1:8760   % 共运行 8760 个小时（1 年），即共 8760 步时间步长
  for x=2:100
    for y=2:50
     if(u(x,y)>=0 && v(x,y)>=0)
       advection=-u(x,y)*(f(x,y,t)-f(x-1,y,t))/dx*dt ...
              -v(x,y)*(f(x,y,t)-f(x,y-1,t))/dy*dt;   %u>0 且 v>0 时的平流项
     end
     if(u(x,y)>0 && v(x,y)<0)
```

```
                advection=-u(x,y)*(f(x,y,t)-f(x-1,y,t))/dx*dt ...
                    -v(x,y)*(f(x,y+1,t)-f(x,y,t))/dy*dt;   %u>0 且 v<0 时的平流项
            end
            if(u(x,y)<0 && v(x,y)>0)
                advection=-u(x,y)*(f(x+1,y,t)-f(x,y,t))/dx*dt ...
                    -v(x,y)*(f(x,y,t)-f(x,y-1,t))/dy*dt;   %u<0 且 v>0 时的平流项
            end
            if(u(x,y)<0 && v(x,y)<0)
                advection=-u(x,y)*(f(x+1,y,t)-f(x,y,t))/dx*dt ...
                    -v(x,y)*(f(x,y+1,t)-f(x,y,t))/dy*dt;   %u<0 且 v<0 时的平流项
            end

            diffusion=k*(f(x+1,y,t)-2*f(x,y,t)+f(x-1,y,t))/(dx^2)*dt ...
                +k*(f(x,y+1,t)-2*f(x,y,t)+f(x,y-1,t))/(dy^2)*dt;  % 扩散项

            f(x,y,t+1)= advection+diffusion+S(x,y)*dt/3600+f(x,y,t);
        end
    end
    f(1,:,t+1)=0;       % 左边界条件赋值
    f(101,:,t+1)=0;     % 右边界条件赋值
    f(:,1,t+1)=0;       % 下边界条件赋值
    f(:,51,t+1)=0;      % 上边界条件赋值

    if (mod(t,24)==0)
      t1=t1+1;
      ff(:,:,t1)=f(:,:,t+1);  % 每隔 24 小时选取一个值作为某一天值的代表
    end
end
```

步骤 7：画不同时间的示踪剂分布状况

可根据需要，画出需要的时间的示踪剂分布状况，以第 60 天为例。

```
figure
xi=0:100:10000;
yi=0:100:5000;
fi=ff(:,:,60);              % 将第 60 天的值用于绘图
[yi,xi]=meshgrid(yi,xi);

contour(xi,yi,fi,20)    % 画第 60 天示踪剂分布状况
colorbar
xlabel( ‘X(km)’ );
ylabel( ‘Y(km)’ );
title( ‘Days=60’ );
```

完整参考程序：

```
% Using upwind Scheme
%%%%%%%%%%%%%%%%% Case 1%%%%%%%%%%%%%%%%%
clc;
clear all;
close all;

F=1;
b=5*10^3;
p=0.05;
q=0.95;
A=2*10^-4;
B=1.3*10^-3;
PI=3.1415926;
k=10^-2;
dx=100;
dy=100;
dt=3600;
```

```
f(1:101,1:51,1)=0.0;

for x=1:101
   for y=1:51
  u(x,y)=F*(PI/b)*cos(PI*(y-1)*dy/b)*(p*exp(A*(x-1)*dx)+q*exp(-B*(x-1)*dx)-1);
  v(x,y)=-F*sin(PI*(y-1)*dy/b)*(p*A*exp(A*(x-1)*dx)-q*B*exp(-B*(x-1)*dx));
   end
end
xi=0:100:10000;
yi=0:100:5000;
figure
[yi,xi]=meshgrid(yi,xi);
quiver(xi,yi,u,v,2)
axis([0 10000 0 5000])
xlabel( 'X(km)' );
ylabel( 'Y(km)' );
title( 'Current Field' )

for x=1:101
   for y=1:51
       S(x,y)=0.0;
   end
end
S(31,11)=1.0;

t1=0;
for t=1:8760
  for x=2:100
      for y=2:50
        if(u(x,y)>=0 && v(x,y)>=0)
```

```
      advection=-u(x,y)*(f(x,y,t)-f(x-1,y,t))/dx*dt ...
            -v(x,y)*(f(x,y,t)-f(x,y-1,t))/dy*dt;
    end
    if(u(x,y)>0 && v(x,y)<0)
      advection=-u(x,y)*(f(x,y,t)-f(x-1,y,t))/dx*dt ...
            -v(x,y)*(f(x,y+1,t)-f(x,y,t))/dy*dt;
    end
    if(u(x,y)<0 && v(x,y)>0)
      advection=-u(x,y)*(f(x+1,y,t)-f(x,y,t))/dx*dt ...
            -v(x,y)*(f(x,y,t)-f(x,y-1,t))/dy*dt;
    end
    if(u(x,y)<0 && v(x,y)<0)
      advection=-u(x,y)*(f(x+1,y,t)-f(x,y,t))/dx*dt ...
            -v(x,y)*(f(x,y+1,t)-f(x,y,t))/dy*dt;
    end

    diffusion=k*(f(x+1,y,t)-2*f(x,y,t)+f(x-1,y,t))/(dx^2)*dt ...
          +k*(f(x,y+1,t)-2*f(x,y,t)+f(x,y-1,t))/(dy^2)*dt;

    f(x,y,t+1)=f(x,y,t)+advection+diffusion+S(x,y)*dt/3600;
   end
end
f(1,:,t+1)=0;
f(101,:,t+1)=0;
f(:,1,t+1)=0;
f(:,51,t+1)=0;

if (mod(t,24)==0)
  t1=t1+1;
  ff(:,:,t1)=f(:,:,t+1);
```

```
  end
end

figure
xi=0:100:10000;
yi=0:100:5000;
fi=ff(:,:,60);
[yi,xi]=meshgrid(yi,xi);

contour(xi,yi,fi,20)
colorbar
xlabel('X(km)');
ylabel('Y(km)');
title('Upwind Scheme Case 1 Days=60');
%%%%%%%%%%%%%%%%%%%%%%%%%%%%%%%%%%%%%%%%
```

（2）使用迎风格式模拟情况 2

步骤 1：数值模拟前清除所有记录

同上。详解略。

步骤 2：设置已知变量的值

同上。详解略。

步骤 3：设置计算区域和初始条件

同上。详解略。

步骤 4：编写二维海洋环流场相关内容

同上。详解略。

步骤 5：编写示踪剂源项

```
for x=1:101
   for y=1:51
      S(x,y)=0.0;
   end
end
```

S(31,41)=1.0;　　% 示踪剂添加在 x=3000km, y=4000km 处，即为 x 方向第 31、y 方向第 41 个位置点处

步骤 6：编写式（3.3.12）至式（3.3.15）和边界条件赋值内容

同上。详解略。

步骤 7：画不同时间的示踪剂分布状况

同上。详解略。

完整参考程序：

```
% Using upwind Scheme
%%%%%%%%%%%%%%%%%%% Case 2%%%%%%%%%%%%%%%%%%%
clc;
clear all;
close all;

F=1;
b=5*10^3;
p=0.05;
q=0.95;
A=2*10^-4;
B=1.3*10^-3;
PI=3.1415926;
k=10^-2;
dx=100;
dy=100;
dt=3600;

f(1:101,1:51,1)=0.0;

for x=1:101
    for y=1:51
  u(x,y)=F*(PI/b)*cos(PI*(y-1)*dy/b)*(p*exp(A*(x-1)*dx)+q*exp(-B*(x-1)*dx)-1);
```

```
 v(x,y)=-F*sin(PI*(y-1)*dy/b)*(p*A*exp(A*(x-1)*dx)-q*B*exp(-B*(x-1)*dx));
  end
end
xi=0:100:10000;
yi=0:100:5000;
figure
[yi,xi]=meshgrid(yi,xi);
quiver(xi,yi,u,v,2)
axis([0 10000 0 5000])
xlabel( 'X(km)' );
ylabel( 'Y(km)' );
title( 'Current Field' )

for x=1:101
   for y=1:51
      S(x,y)=0.0;
   end
end
S(31,41)=1.0;

t1=0;
for t=1:8760
  for x=2:100
     for y=2:50
      if(u(x,y)>=0 && v(x,y)>=0)
        advection=-u(x,y)*(f(x,y,t)-f(x-1,y,t))/dx*dt ...
               -v(x,y)*(f(x,y,t)-f(x,y-1,t))/dy*dt;
      end
      if(u(x,y)>0 && v(x,y)<0)
        advection=-u(x,y)*(f(x,y,t)-f(x-1,y,t))/dx*dt ...
```

```
                -v(x,y)*(f(x,y+1,t)-f(x,y,t))/dy*dt;
        end
        if(u(x,y)<0 && v(x,y)>0)
            advection=-u(x,y)*(f(x+1,y,t)-f(x,y,t))/dx*dt ...
                -v(x,y)*(f(x,y,t)-f(x,y-1,t))/dy*dt;
        end
        if(u(x,y)<0 && v(x,y)<0)
            advection=-u(x,y)*(f(x+1,y,t)-f(x,y,t))/dx*dt ...
                -v(x,y)*(f(x,y+1,t)-f(x,y,t))/dy*dt;
        end

        diffusion=k*(f(x+1,y,t)-2*f(x,y,t)+f(x-1,y,t))/(dx^2)*dt ...
            +k*(f(x,y+1,t)-2*f(x,y,t)+f(x,y-1,t))/(dy^2)*dt;

        f(x,y,t+1)=f(x,y,t)+advection+diffusion+S(x,y)*dt/3600;
      end
   end
   f(1,:,t+1)=0;
   f(101,:,t+1)=0;
   f(:,1,t+1)=0;
   f(:,51,t+1)=0;

   if (mod(t,24)==0)
     t1=t1+1;
     ff(:,:,t1)=f(:,:,t+1);
   end
end

figure
xi=0:100:10000;
```

```
yi=0:100:5000;
fi=ff(:,:,60);
[yi,xi]=meshgrid(yi,xi);

contour(xi,yi,fi,20)
colorbar
xlabel('X(km)');
ylabel('Y(km)');
title('Upwind Scheme Case 2 Days=60');
%%%%%%%%%%%%%%%%%%%%%%%%%%%%%%%%%%%%%%%%%%%
```

(3) 使用迎风格式模拟情况 3

步骤 1：数值模拟前清除所有记录

同上。详解略。

步骤 2：设置已知变量的值

除了将 k 放大和缩小 10 倍，其余同章节 1）步骤 2。详解略。

```
k=10^-1;    % k 放大 10 倍
k=10^-3;    % k 缩小 10 倍
```

步骤 3：设置计算区域和初始条件

同上。详解略。

步骤 4：编写二维海洋环流场相关内容

同上。详解略。

步骤 5：编写示踪剂源项

同上。详解略。

步骤 6：编写式（3.3.12）至式（3.3.15）和边界条件赋值内容

同上。详解略。

步骤 7：画不同时间的示踪剂分布状况

同上。详解略。

完整参考程序：

```
% Using upwind Scheme
%%%%%%%%%%%%%%%%%%% Case 3 (k*10)%%%%%%%%%%%%%%%%%%%
```

```
clc;
clear all;
close all;

F=1;
b=5*10^3;
p=0.05;
q=0.95;
A=2*10^-4;
B=1.3*10^-3;
PI=3.1415926;
k=10^-1;
dx=100;
dy=100;
dt=3600;

f(1:101,1:51,1)=0.0;

for x=1:101
   for y=1:51
  u(x,y)=F*(PI/b)*cos(PI*(y-1)*dy/b)*(p*exp(A*(x-1)*dx)+q*exp(-B*(x-1)*dx)-1);
  v(x,y)=-F*sin(PI*(y-1)*dy/b)*(p*A*exp(A*(x-1)*dx)-q*B*exp(-B*(x-1)*dx));
   end
end
xi=0:100:10000;
yi=0:100:5000;
figure
[yi,xi]=meshgrid(yi,xi);
quiver(xi,yi,u,v,2)
axis([0 10000 0 5000])
```

```
xlabel( 'X(km)' );
ylabel( 'Y(km)' );
title( 'Current Field' )

for x=1:101
   for y=1:51
      S(x,y)=0.0;
   end
end
S(31,41)=1.0;

t1=0;
for t=1:8760
  for x=2:100
     for y=2:50
       if(u(x,y)>=0 && v(x,y)>=0)
          advection=-u(x,y)*(f(x,y,t)-f(x-1,y,t))/dx*dt ...
                 -v(x,y)*(f(x,y,t)-f(x,y-1,t))/dy*dt;
       end
       if(u(x,y)>0 && v(x,y)<0)
          advection=-u(x,y)*(f(x,y,t)-f(x-1,y,t))/dx*dt ...
                 -v(x,y)*(f(x,y+1,t)-f(x,y,t))/dy*dt;
       end
       if(u(x,y)<0 && v(x,y)>0)
          advection=-u(x,y)*(f(x+1,y,t)-f(x,y,t))/dx*dt ...
                 -v(x,y)*(f(x,y,t)-f(x,y-1,t))/dy*dt;
       end
       if(u(x,y)<0 && v(x,y)<0)
          advection=-u(x,y)*(f(x+1,y,t)-f(x,y,t))/dx*dt ...
                 -v(x,y)*(f(x,y+1,t)-f(x,y,t))/dy*dt;
```

```
        end

        diffusion=k*(f(x+1,y,t)-2*f(x,y,t)+f(x-1,y,t))/(dx^2)*dt ...
             +k*(f(x,y+1,t)-2*f(x,y,t)+f(x,y-1,t))/(dy^2)*dt;

        f(x,y,t+1)=f(x,y,t)+advection+diffusion+S(x,y)*dt/3600;
      end
    end
    f(1,:,t+1)=0;
    f(101,:,t+1)=0;
    f(:,1,t+1)=0;
    f(:,51,t+1)=0;

    if (mod(t,24)==0)
      t1=t1+1;
      ff(:,:,t1)=f(:,:,t+1);
    end
end

figure
xi=0:100:10000;
yi=0:100:5000;
fi=ff(:,:,60);
[yi,xi]=meshgrid(yi,xi);

contour(xi,yi,fi,20)
colorbar
xlabel('X(km)');
ylabel('Y(km)');
title('Upwind Scheme Case 3 (k*10) Days=60');
```

```
%%%%%%%%%%%%%%%%%%%%%%%%%%%%%%%%%%%%%

%%%%%%%%%%%%%%%%%%% Case 3 (k/10)%%%%%%%%%%%%%%%%%%%
clc;
clear all;
close all;

F=1;
b=5*10^3;
p=0.05;
q=0.95;
A=2*10^-4;
B=1.3*10^-3;
PI=3.1415926;
k=10^-3;
dx=100;
dy=100;
dt=3600;

f(1:101,1:51,1)=0.0;

for x=1:101
   for y=1:51
  u(x,y)=F*(PI/b)*cos(PI*(y-1)*dy/b)*(p*exp(A*(x-1)*dx)+q*exp(-B*(x-1)*dx)-1);
  v(x,y)=-F*sin(PI*(y-1)*dy/b)*(p*A*exp(A*(x-1)*dx)-q*B*exp(-B*(x-1)*dx));
   end
end
xi=0:100:10000;
yi=0:100:5000;
figure
```

```
[yi,xi]=meshgrid(yi,xi);
quiver(xi,yi,u,v,2)
axis([0 10000 0 5000])
xlabel( 'X(km)' );
ylabel( 'Y(km)' );
title( 'Current Field' )

for x=1:101
   for y=1:51
      S(x,y)=0.0;
   end
end
S(31,41)=1.0;

t1=0;
for t=1:8760
  for x=2:100
     for y=2:50
       if(u(x,y)>=0 && v(x,y)>=0)
         advection=-u(x,y)*(f(x,y,t)-f(x-1,y,t))/dx*dt ...
                -v(x,y)*(f(x,y,t)-f(x,y-1,t))/dy*dt;
       end
       if(u(x,y)>0 && v(x,y)<0)
          advection=-u(x,y)*(f(x,y,t)-f(x-1,y,t))/dx*dt ...
                -v(x,y)*(f(x,y+1,t)-f(x,y,t))/dy*dt;
       end
       if(u(x,y)<0 && v(x,y)>0)
          advection=-u(x,y)*(f(x+1,y,t)-f(x,y,t))/dx*dt ...
                -v(x,y)*(f(x,y,t)-f(x,y-1,t))/dy*dt;
       end
```

```
        if(u(x,y)<0 && v(x,y)<0)
            advection=-u(x,y)*(f(x+1,y,t)-f(x,y,t))/dx*dt ...
                    -v(x,y)*(f(x,y+1,t)-f(x,y,t))/dy*dt;
        end

        diffusion=k*(f(x+1,y,t)-2*f(x,y,t)+f(x-1,y,t))/(dx^2)*dt ...
                +k*(f(x,y+1,t)-2*f(x,y,t)+f(x,y-1,t))/(dy^2)*dt;

        f(x,y,t+1)=f(x,y,t)+advection+diffusion+S(x,y)*dt/3600;
      end
    end
    f(1,:,t+1)=0;
    f(101,:,t+1)=0;
    f(:,1,t+1)=0;
    f(:,51,t+1)=0;

    if (mod(t,24)==0)
      t1=t1+1;
      ff(:,:,t1)=f(:,:,t+1);
    end
end

figure
xi=0:100:10000;
yi=0:100:5000;
fi=ff(:,:,60);
[yi,xi]=meshgrid(yi,xi);

contour(xi,yi,fi,20)
```

```
colorbar
xlabel( 'X(km)' );
ylabel( 'Y(km)' );
title( 'Upwind Scheme Case 3 (k/10) Days=60' );
%%%%%%%%%%%%%%%%%%%%%%%%%%%%%%%%%%%%%%%%%%%%
```

3.3.4　例题结果分析

（1）二维海洋环流场分布

图 3.3.2 显示，本题的二维海洋环流场分布特征主要为顺时针环流场，在西边界处形成一股强劲的西边界流。

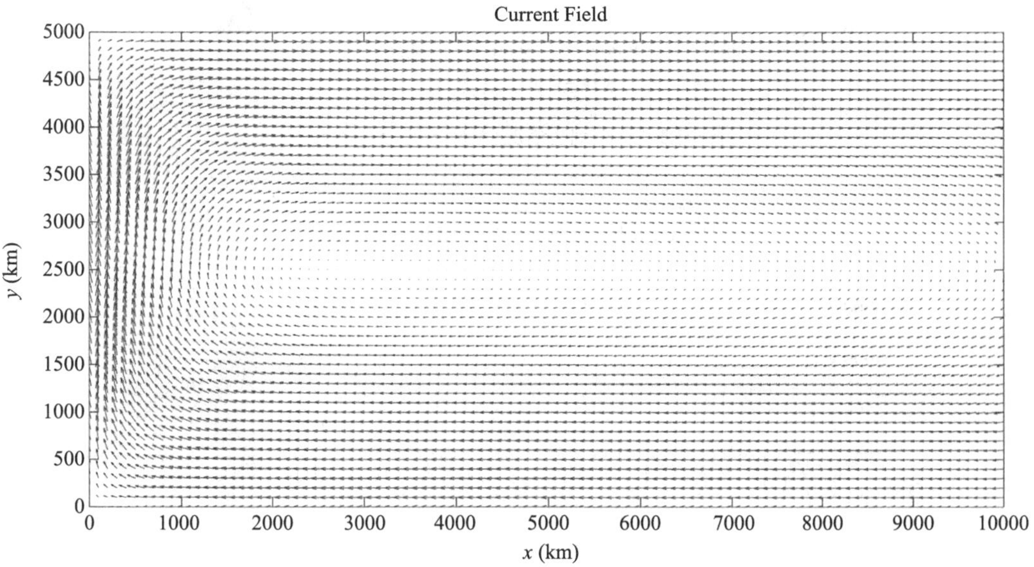

图3.3.2　二维海洋环流场分布图

（2）使用迎风格式模拟情况 1 结果

在 x = 3000 km，y = 1000 km 之处每小时添加 1 单位示踪剂，进行一年的数值模拟，并选取第 60、120、180、240、300、365 天的结果（图 3.3.3 至图 3.3.8），分布状况显示，示踪剂随着二维海洋环流场的平流项和扩散项不断向外运动，首先向西到达西边界，接着向北扩散，随后再向东扩散。

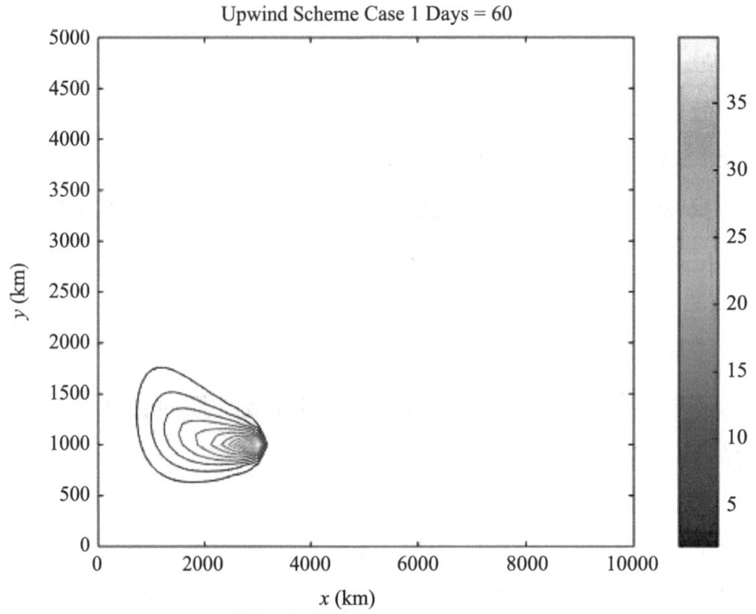

图3.3.3　示踪剂在情况1第60天的分布状况

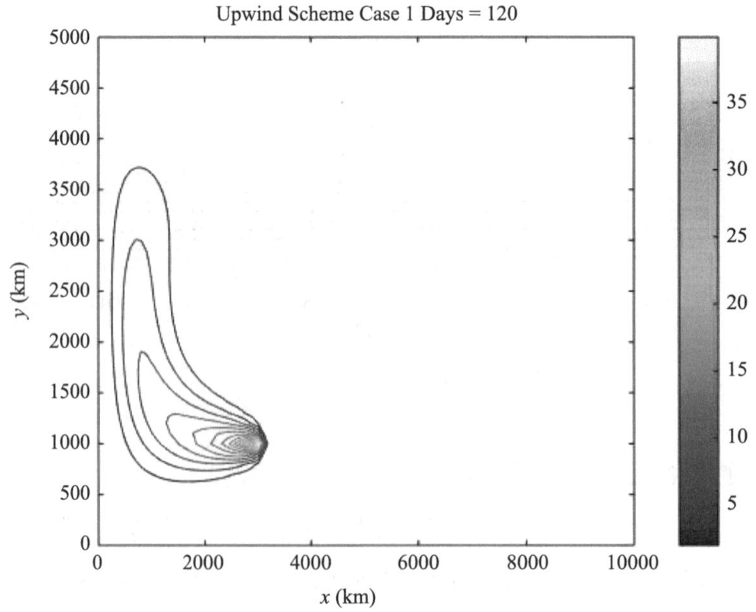

图3.3.4　示踪剂在情况1第120天的分布状况

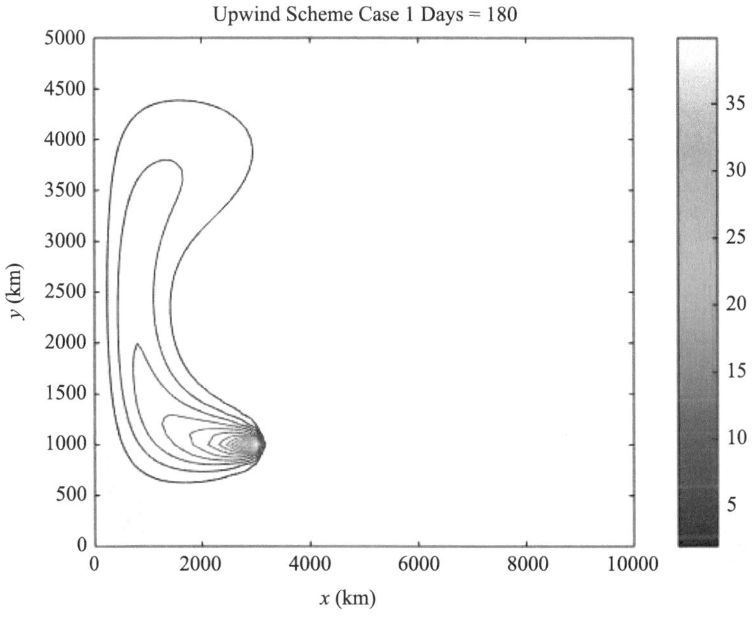

图3.3.5　示踪剂在情况1第180天的分布状况

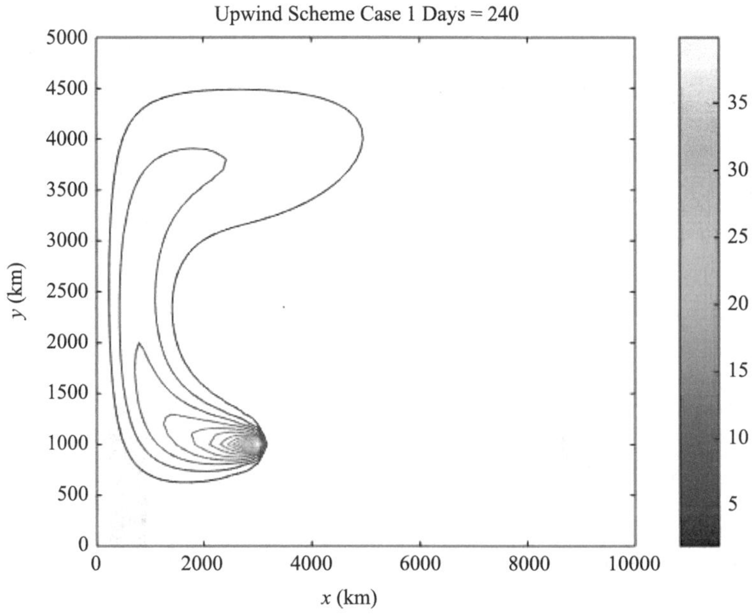

图3.3.6　示踪剂在情况1第240天的分布状况

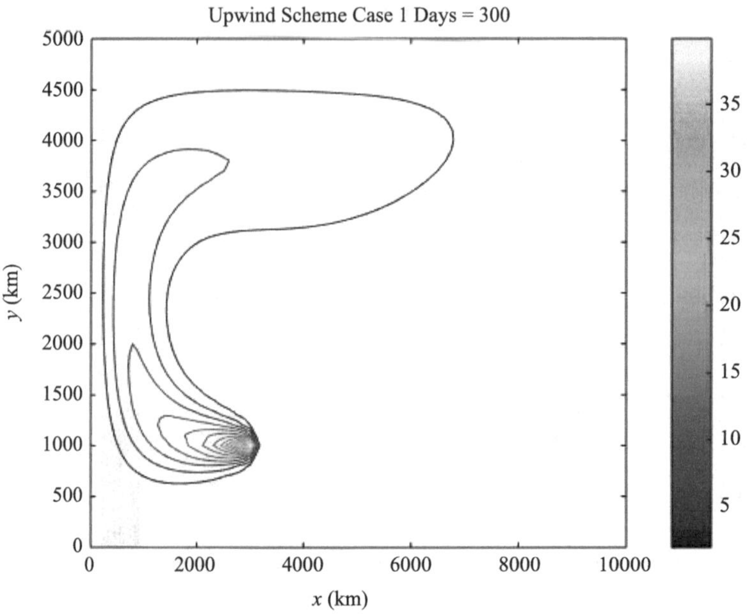

图3.3.7　示踪剂在情况1第300天的分布状况

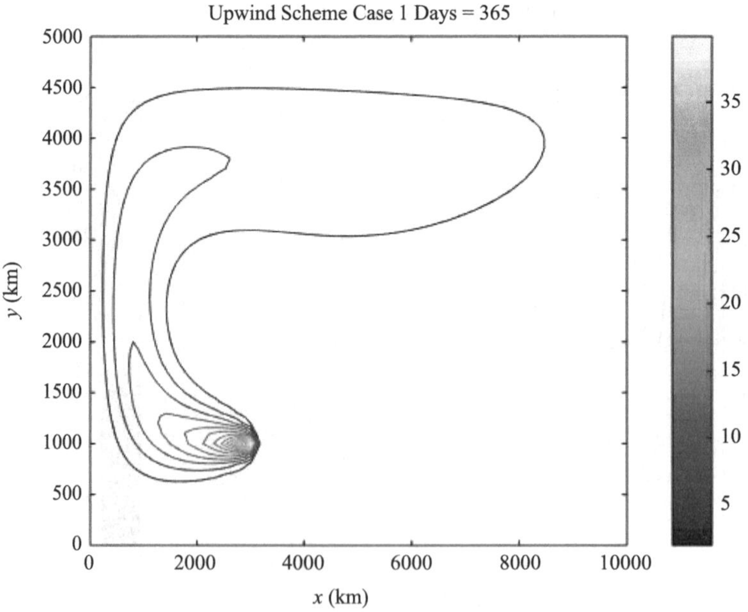

图3.3.8　示踪剂在情况1第365天的分布状况

（3）使用迎风格式模拟情况 2 结果

在 x = 3000 km，y = 4000 km 之处每小时添加 1 单位示踪剂，进行一年的数值模拟，并选取第 60、120、180、240、300、365 天的结果（图 3.3.9 至图 3.3.14），分布状况显示，示踪剂随着二维海洋环流场的平流项和扩散项不断向外运动，首先向东到达东边界，接着向南扩散。

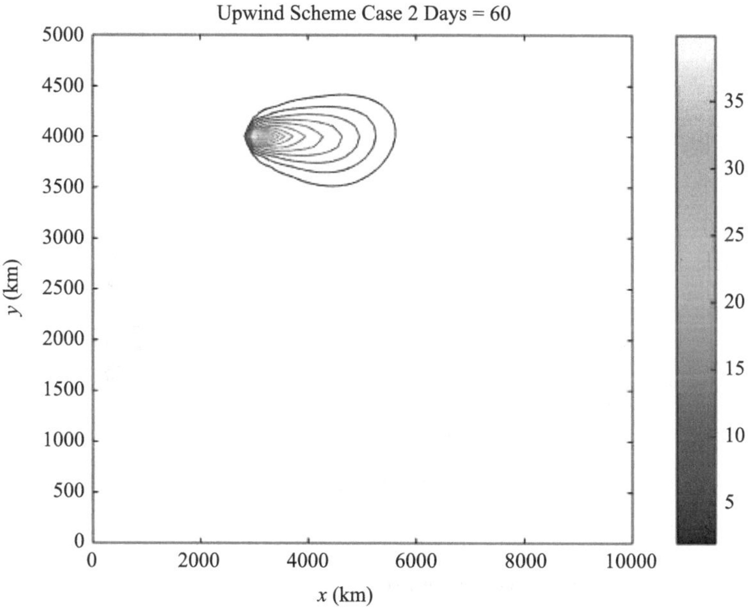

图3.3.9　示踪剂在情况2第60天的分布状况

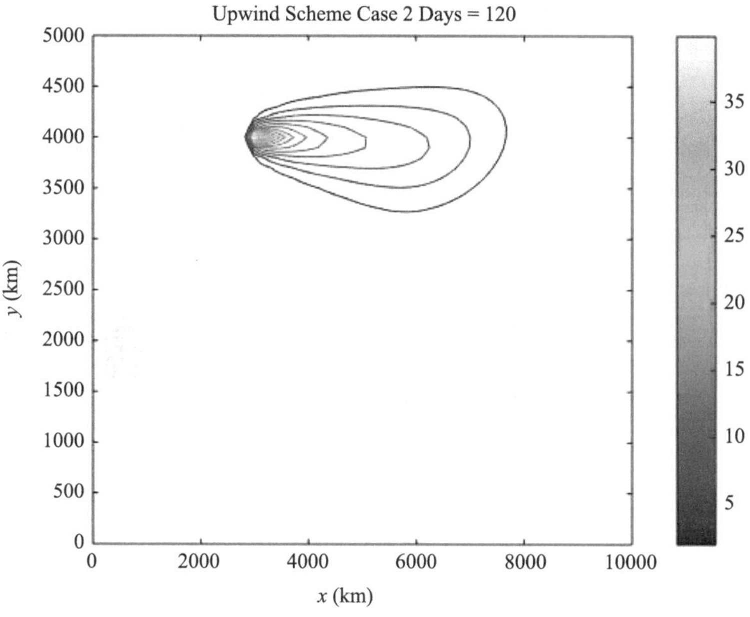

图3.3.10　示踪剂在情况2第120天的分布状况

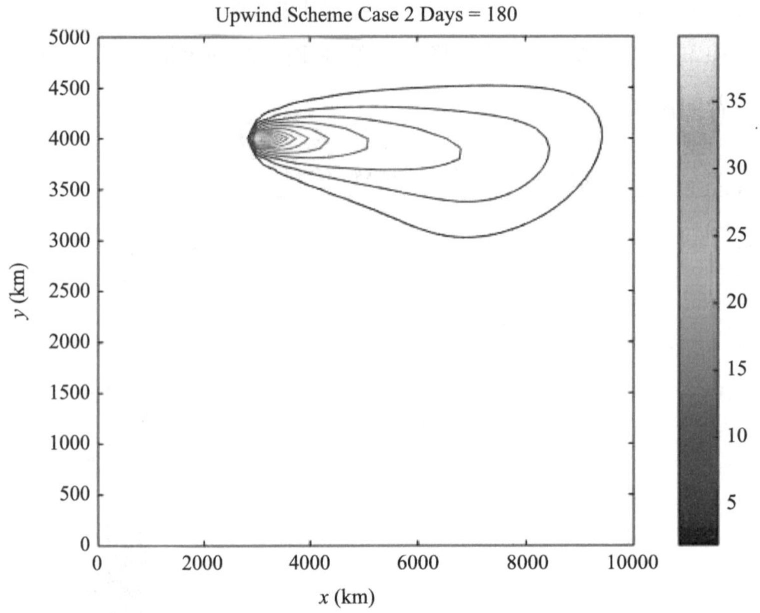

图3.3.11　示踪剂在情况2第180天的分布状况

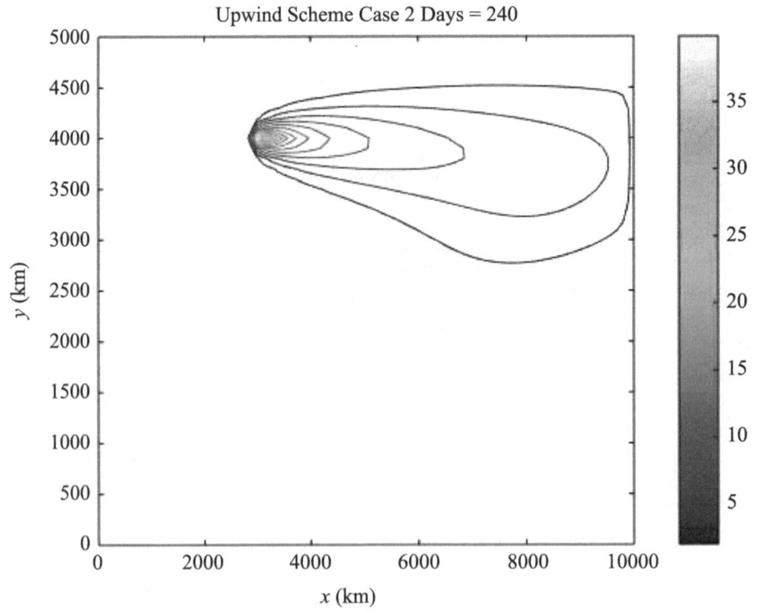

图3.3.12　示踪剂在情况2第240天的分布状况

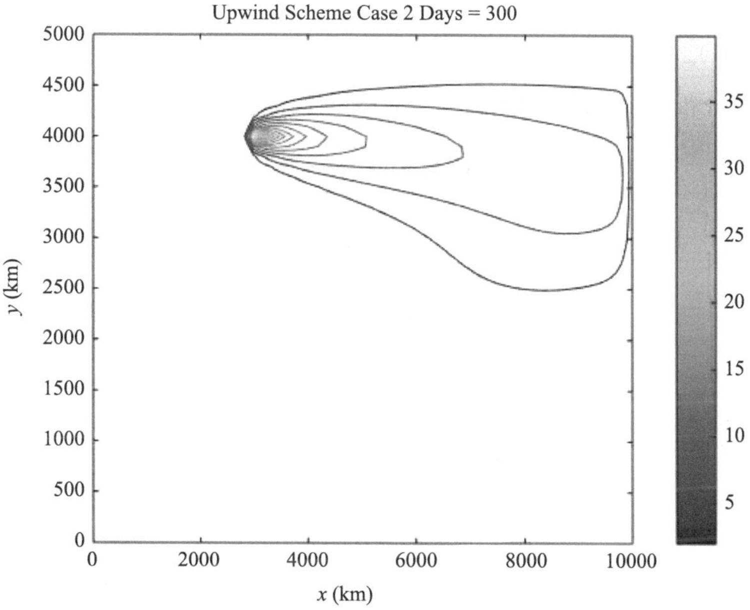

图3.3.13　示踪剂在情况2第300天的分布状况

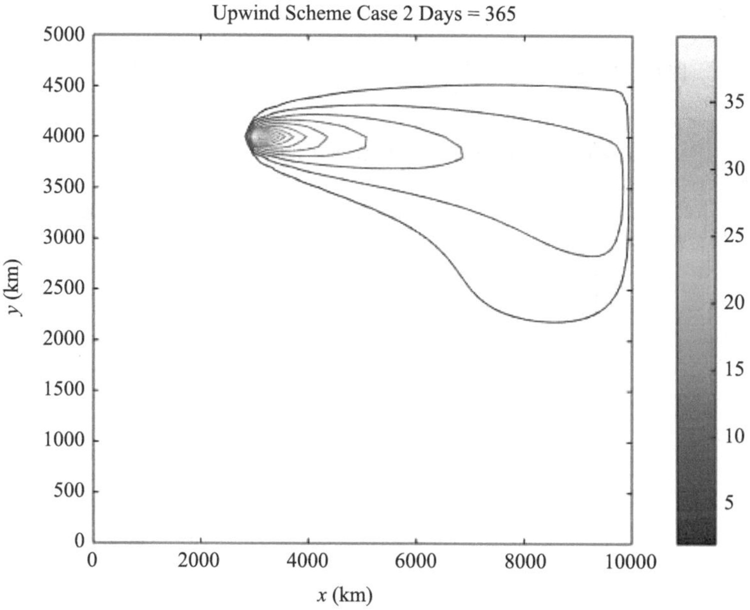

图3.3.14　示踪剂在情况2第365天的分布状况

（4）使用迎风格式模拟情况 3 结果

在 $x = 3000$ km，$y = 4000$ km 之处每小时添加 1 单位示踪剂，首先将扩散系数 k

扩大 10 倍，进行一年的数值模拟，并选取第 60、120、180、240、300、365 天的结果（图 3.3.15 至图 3.3.20），分布状况显示，示踪剂随着二维海洋环流场的平流项和扩散项不断向外运动，其分布特征与情况 2 相比，示踪剂向周围扩散的速度变得更快。

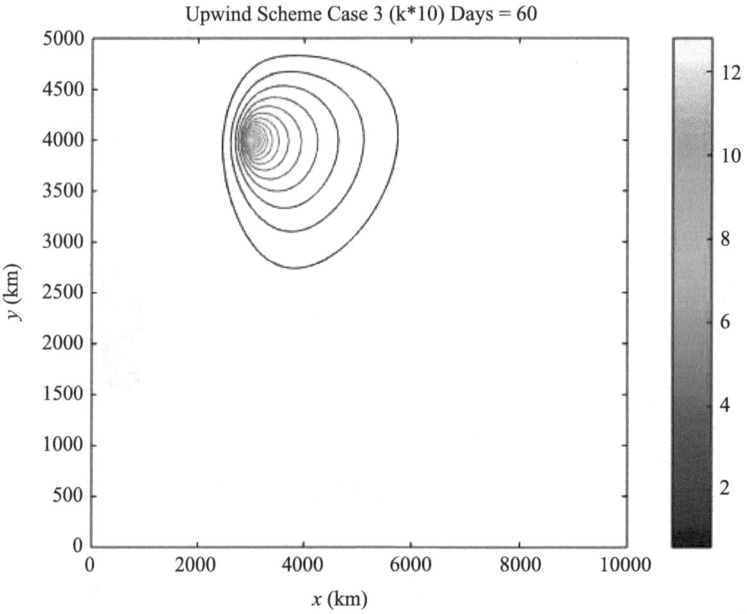

图3.3.15　示踪剂在情况3系数扩大10倍第60天的分布状况

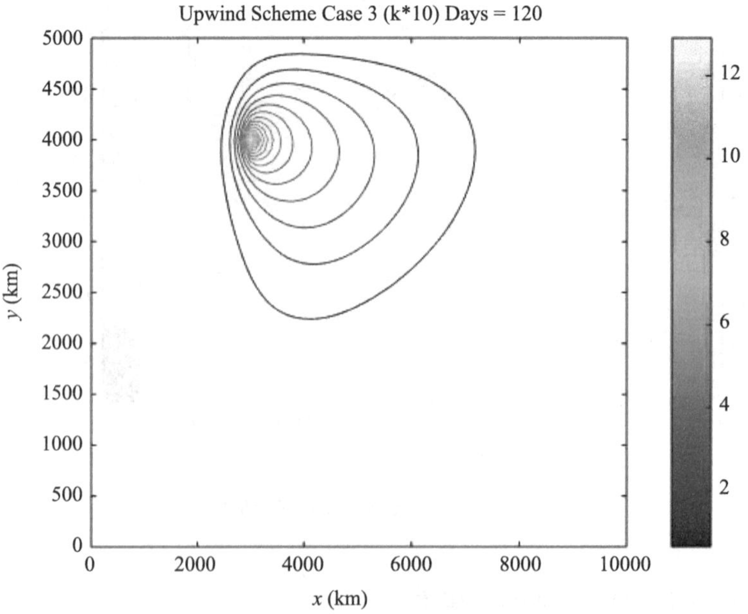

图3.3.16　示踪剂在情况3系数扩大10倍第120天的分布状况

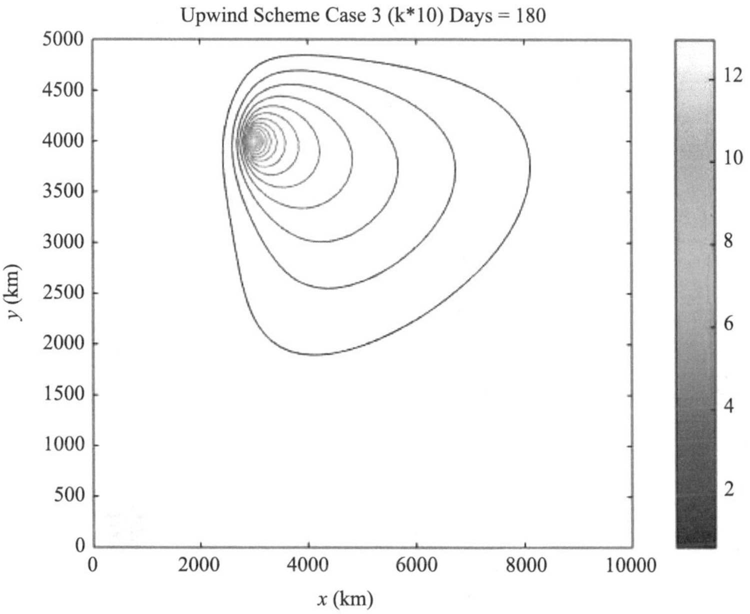

图3.3.17　示踪剂在情况3系数扩大10倍第180天的分布状况

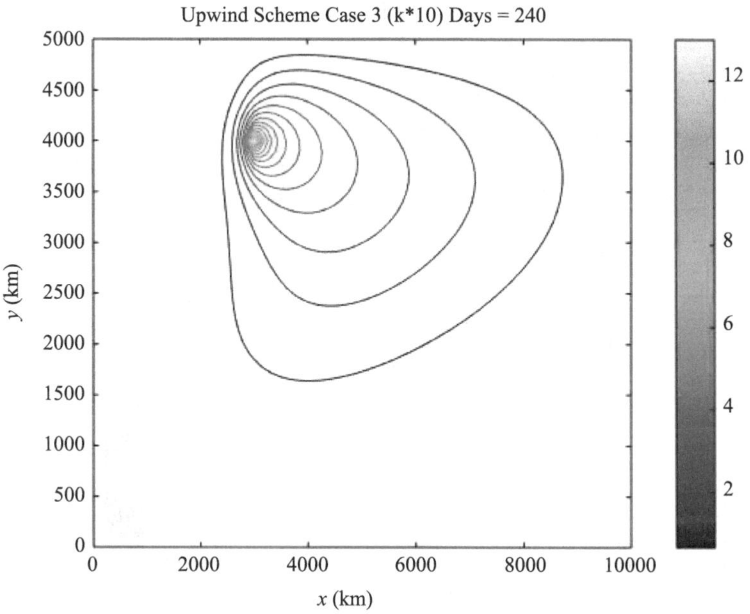

图3.3.18　示踪剂在情况3系数扩大10倍第240天的分布状况

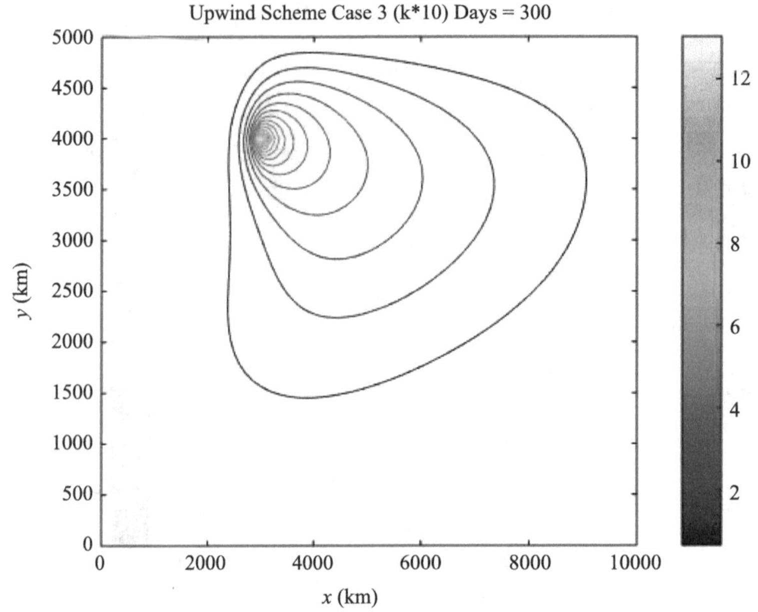

图3.3.19　示踪剂在情况3系数扩大10倍第300天的分布状况

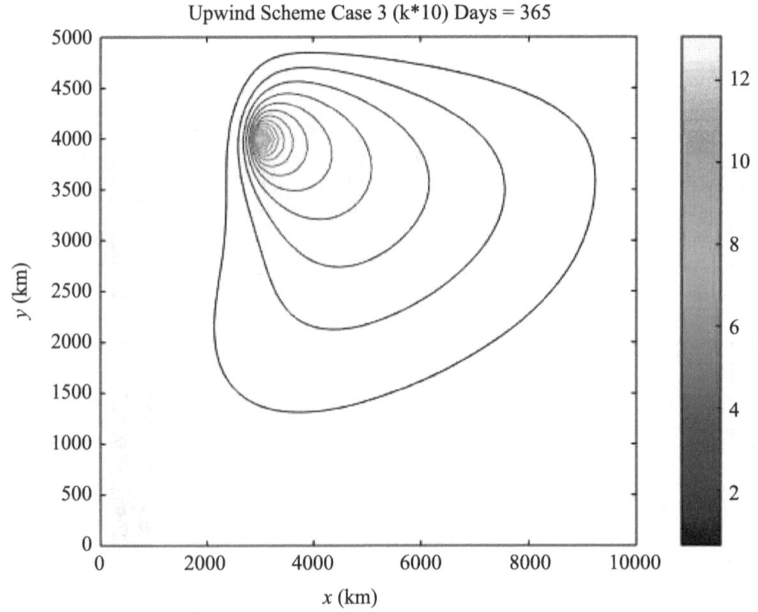

图3.3.20　示踪剂在情况3系数扩大10倍第365天的分布状况

而当扩散系数 k 缩小 10 倍，示踪剂在第 60、120、180、240、300、365 天的分布状况显示（图 3.3.21 至图 3.3.26），与情况 2 相比，示踪剂向周围扩散的速度变得更慢。

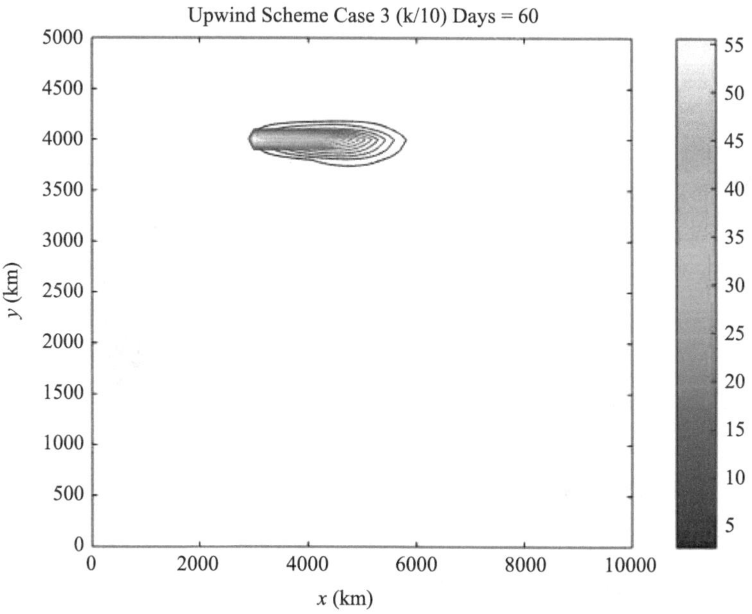

图3.3.21　示踪剂在情况3系数缩小10倍第60天的分布状况

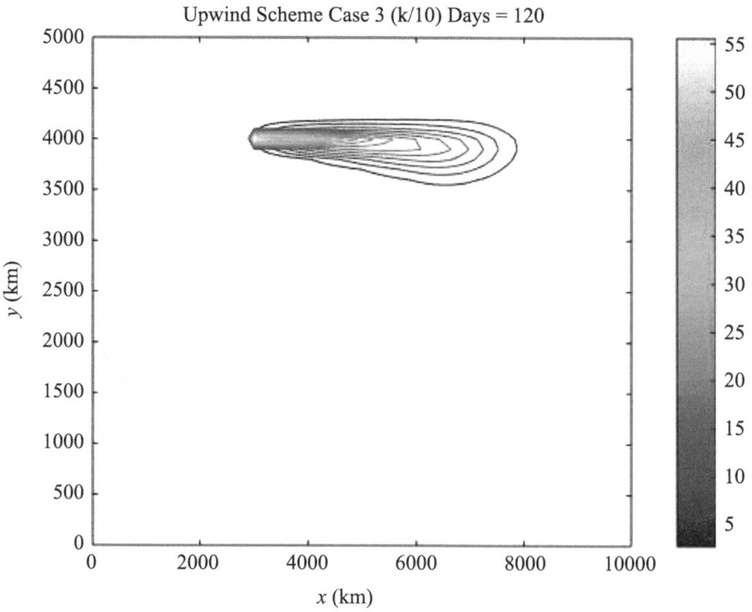

图3.3.22　示踪剂在情况3系数缩小10倍第120天的分布状况

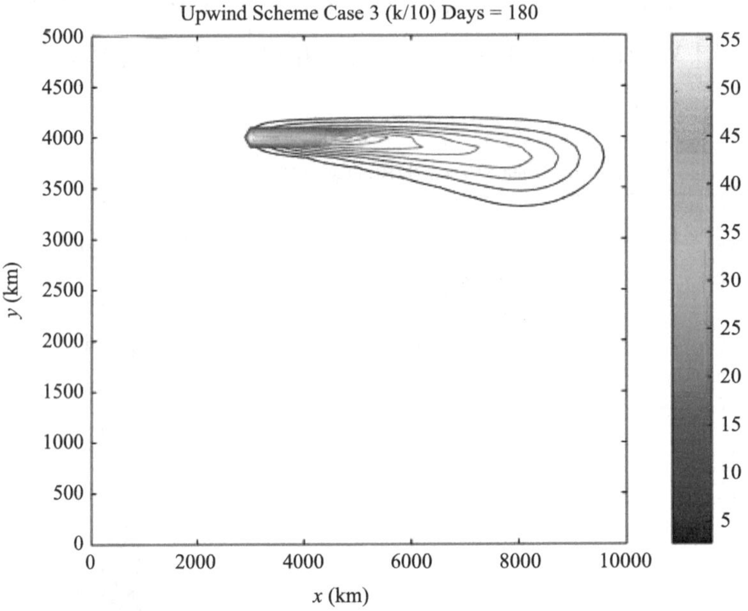

图3.3.23　示踪剂在情况3系数缩小10倍第180天的分布状况

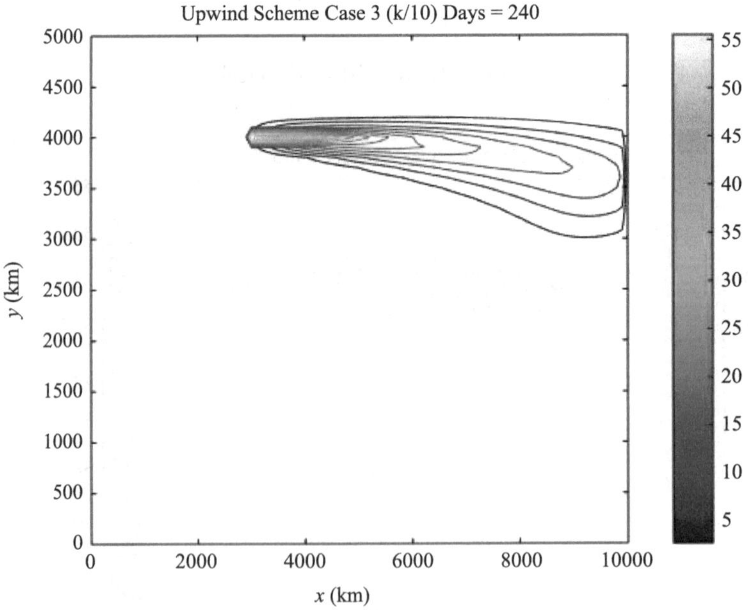

图3.3.24　示踪剂在情况3系数缩小10倍第240天的分布状况

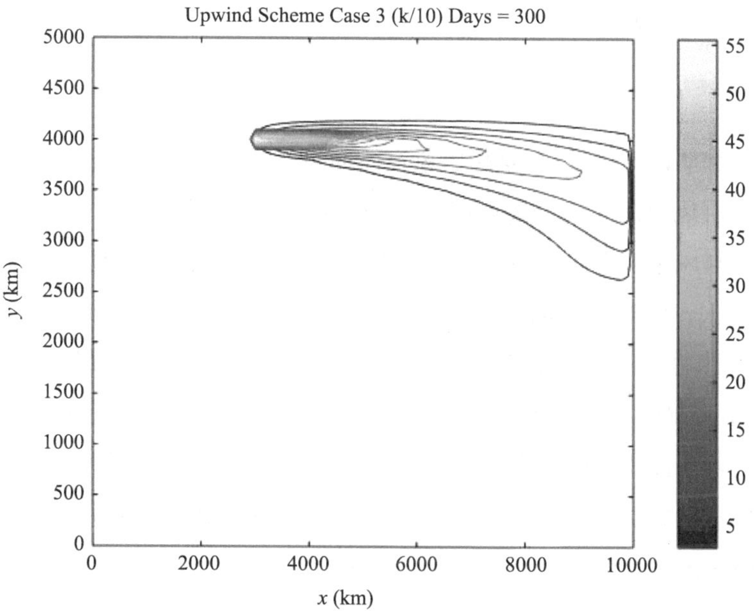

图3.3.25　示踪剂在情况3系数缩小10倍第300天的分布状况

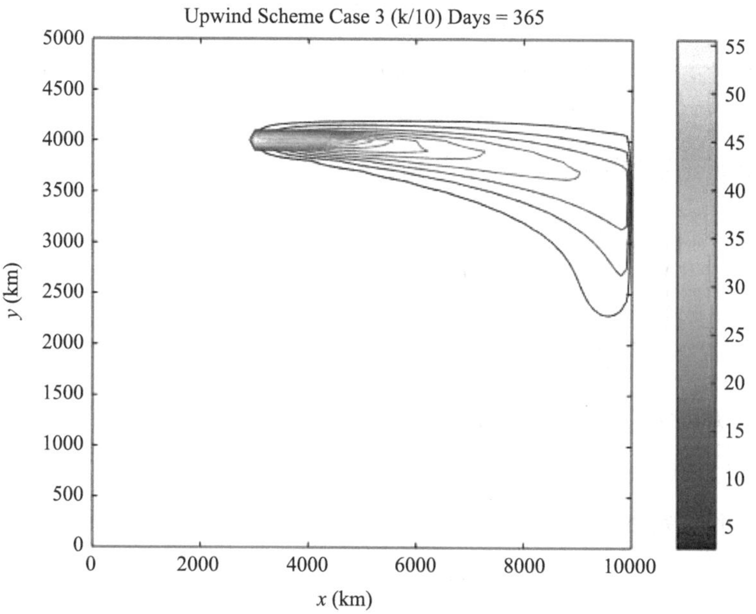

图3.3.26　示踪剂在情况3系数缩小10倍第365天的分布状况

3.4 风海流问题数值模拟

3.4.1 例题内容

风海流，亦称“风生洋流”，是指由风在海面生成的切向力作用引起的水体流动。在深海地区，表层风海流流向偏离风向 45°，在科氏力的作用下，北半球偏右、南半球偏左。流速则与风速大小、垂向涡动黏滞系数及地理纬度有关。随着深度增加，流向的偏离逐渐加大，流速则逐渐减小，到某一深度处，流速为表层流速的 4% 左右，这一深度称为“摩擦深度”。而在浅海地区，表层风海流流向偏离风向的角度小于 45°，且水深越小，偏离角度也越小。在水深很小的海区，流向几乎与风向一致。

假定无限均匀海洋（密度为常数），海面无起伏（忽略水平压强梯度力），在风场作用下，只考虑垂向涡动黏滞引起的水平方向摩擦力，科氏力不随纬度变化，则海水运动方程可以简化为如下形式：

$$
\begin{cases}
\dfrac{\partial u}{\partial t} - fv = \dfrac{\partial}{\partial z}\left(A\dfrac{\partial u}{\partial z}\right) \\
\dfrac{\partial v}{\partial t} + fu = \dfrac{\partial}{\partial z}\left(A\dfrac{\partial v}{\partial z}\right)
\end{cases}
\tag{3.4.1}
$$

其中，u 和 v 分别为流速分量，f 为科氏力系数，t 为时间，z 为垂直坐标，A 为垂向涡动黏滞系数。

海面边界条件给定如下：

$$
\begin{cases}
A\dfrac{\partial u}{\partial t}\bigg|_{z=0} = \dfrac{\tau_x^{wind}}{\rho_w} = \dfrac{\rho_a C_d\sqrt{u_w^2+v_w^2}\cdot u_w}{\rho_w} \\
A\dfrac{\partial v}{\partial t}\bigg|_{z=0} = \dfrac{\tau_y^{wind}}{\rho_w} = \dfrac{\rho_a C_d\sqrt{u_w^2+v_w^2}\cdot u_w}{\rho_w}
\end{cases}
\tag{3.4.2}
$$

其中，τ^{wind} 为风应力矢量，ρ_w 为海水密度，ρ_a 为空气密度，u_w 和 v_w 分别为风速分量，C_d 为风应力拖曳系数。

海底边界条件给定如下：

$$
\begin{cases}
A\dfrac{\partial u}{\partial t}\bigg|_{z=-H} = 0 \\
A\dfrac{\partial v}{\partial t}\bigg|_{z=-H} = 0
\end{cases}
\tag{3.4.3}
$$

其中 H 为 Ekman 深度。

问题一：如何利用 Crank-Nicholson 差分格式求解上述风海流的数值解？

问题二：假定风速不变，对垂向涡动黏滞系数和风应力拖曳系数进行量级的改变，会如何影响风海流的流速？

问题三：假定垂向涡动黏滞系数分布不变，风速大小、方向的改变，会如何影响风海流的流速？

问题四：将科氏力项改为全隐或者全显格式，会对风海流计算产生何种影响？

问题五：与 Crank-Nicholson 差分格式相比，改用其他差分格式计算风海流，则不同差分格式在计算稳定性、计算效率、计算结果上会有何种差异？

3.4.2　例题分析

设 $\varphi=45°N$ 处，某点水深为 100 m，垂向分为 50 层，网格划分形式如图 3.4.1 所示，假定 z 轴向上为正，则 $\Delta z=-2$ m。设时间间隔 $\Delta t=1800$ s，海水密度 $\rho_w=1025\ kg/m^3$，空气密度 $\rho_a=1.293\ kg/m^3$，风应力拖曳系数 $C_d=0.002$，垂向涡动黏滞系数 $A(z)=0.01\sim0.001\ m^2/s$ 且随深度线性减小，科氏力 $f=2\Omega\sin\phi$，其中 $\Omega=7.292\times10^{-5}$ rad/s。

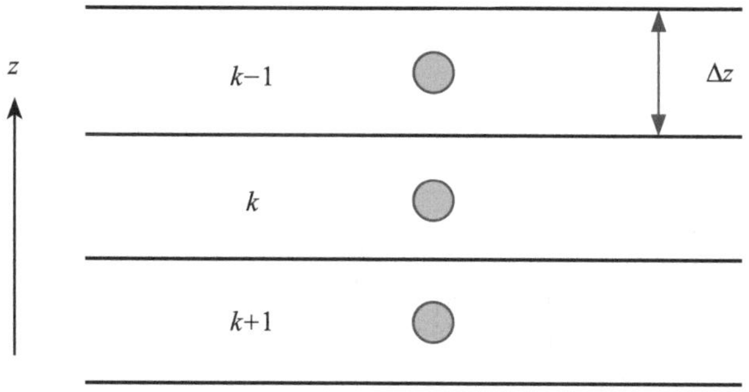

图3.4.1　垂向网格设置

式（3.4.1）在第 k 层的 Crank-Nicholson 差分格式可以写为：

$$\frac{u_k^{n+1}-u_k^n}{\Delta t}-f\cdot\frac{v_k^{n+1}+v_k^n}{2}=\alpha\cdot\frac{\left(\frac{A_{k+1}+A_k}{2}\cdot\frac{u_{k+1}^{n+1}-u_k^{n+1}}{\Delta z}-\frac{A_k+A_{k-1}}{2}\cdot\frac{u_k^{n+1}-u_{k-1}^{n+1}}{\Delta z}\right)}{\Delta z}+(1-\alpha)\cdot\frac{\left(\frac{A_{k+1}+A_k}{2}\cdot\frac{u_{k+1}^{n}-u_k^{n}}{\Delta z}-\frac{A_k+A_{k-1}}{2}\cdot\frac{u_k^{n}-u_{k-1}^{n}}{\Delta z}\right)}{\Delta z} \quad (3.4.4)$$

$$\frac{v_k^{n+1}-v_k^n}{\Delta t}+f\cdot\frac{u_k^{n+1}+u_k^n}{2}$$

$$=\alpha\cdot\frac{\left(\frac{A_{k+1}+A_k}{2}\cdot\frac{v_{k+1}^{n+1}-v_k^{n+1}}{\Delta z}-\frac{A_k+A_{k-1}}{2}\cdot\frac{v_k^{n+1}-v_{k-1}^{n+1}}{\Delta z}\right)}{\Delta z}+(1-\alpha)\cdot\frac{\left(\frac{A_{k+1}+A_k}{2}\cdot\frac{v_{k+1}^{n}-v_k^{n}}{\Delta z}-\frac{A_k+A_{k-1}}{2}\cdot\frac{v_k^{n}-v_{k-1}^{n}}{\Delta z}\right)}{\Delta z} \tag{3.4.5}$$

其中，$\alpha=0.5$ 为 Crank-Nicholson 差分格式。

海面 $k=1$ 处式（3.4.4）和式（3.4.5）可分别写为：

$$\frac{u_1^{n+1}-u_1^n}{\Delta t}-f\cdot\frac{v_1^{n+1}+v_1^n}{2}$$

$$=-\frac{\rho_a C_d\sqrt{u_w^2+v_w^2}\cdot u_w}{\rho_w\cdot\Delta z}+\alpha\cdot\frac{\left(\frac{A_2+A_1}{2}\cdot\frac{u_2^{n+1}-u_1^{n+1}}{\Delta z}\right)}{\Delta z}+(1-\alpha)\cdot\frac{\left(\frac{A_2+A_1}{2}\cdot\frac{u_2^{n}-u_1^{n}}{\Delta z}\right)}{\Delta z} \tag{3.4.6}$$

$$\frac{v_1^{n+1}-v_1^n}{\Delta t}+f\cdot\frac{u_1^{n+1}+u_1^n}{2}$$

$$=-\frac{\rho_a C_d\sqrt{u_w^2+v_w^2}\cdot v_w}{\rho_w\cdot\Delta z}+\alpha\cdot\frac{\left(\frac{A_2+A_1}{2}\cdot\frac{v_2^{n+1}-v_1^{n+1}}{\Delta z}\right)}{\Delta z}+(1-\alpha)\cdot\frac{\left(\frac{A_2+A_1}{2}\cdot\frac{v_2^{n}-v_1^{n}}{\Delta z}\right)}{\Delta z} \tag{3.4.7}$$

海底 $k=kb$ 处式（3.4.4）和式（3.4.5）可分别写为：

$$\frac{u_{kb}^{n+1}-u_{kb}^n}{\Delta t}-f\cdot\frac{v_{kb}^{n+1}+v_{kb}^n}{2}$$

$$=-\alpha\cdot\frac{\left(\frac{A_{kb}+A_{kb-1}}{2}\cdot\frac{u_{kb}^{n+1}-u_{kb-1}^{n+1}}{\Delta z}\right)}{\Delta z}-(1-\alpha)\cdot\frac{\left(\frac{A_{kb}+A_{kb-1}}{2}\cdot\frac{u_{kb}^{n}-u_{kb-1}^{n}}{\Delta z}\right)}{\Delta z} \tag{3.4.8}$$

$$\frac{v_{kb}^{n+1}-v_{kb}^{n}}{\Delta t}+f\cdot\frac{u_{kb}^{n+1}+u_{kb}^{n}}{2}$$

$$=-\alpha\cdot\frac{\left(\frac{A_{kb}+A_{kb-1}}{2}\cdot\frac{v_{kb}^{n+1}-v_{kb-1}^{n+1}}{\Delta z}\right)}{\Delta z}-(1-\alpha)\cdot\frac{\left(\frac{A_{kb}+A_{kb-1}}{2}\cdot\frac{v_{kb}^{n}-v_{kb-1}^{n}}{\Delta z}\right)}{\Delta z} \tag{3.4.9}$$

令：

$$a_k=\frac{\alpha\Delta t}{2(\Delta z)^2}(A_k+A_{k-1})$$

$$b_k=\frac{(1-\alpha)\Delta t}{2(\Delta z)^2}(A_k+A_{k-1})$$

$$c=\frac{f}{2}\Delta t$$

则式（3.4.4）和式（3.4.5）可简化为：

$$\begin{aligned}&-a_k u_{k-1}^{n+1}+(1+a_k+a_{k+1})u_k^{n+1}-a_{k+1}u_{k+1}^{n+1}-cv_k^{n+1}\\&=b_k u_{k-1}^{n}+(1-b_k-b_{k+1})u_k^{n}+b_{k+1}u_{k+1}^{n}+cv_k^{n}\end{aligned} \tag{3.4.10}$$

$$\begin{aligned}&-a_k v_{k-1}^{n+1}+(1+a_k+a_{k+1})v_k^{n+1}-a_{k+1}v_{k+1}^{n+1}+cu_k^{n+1}\\&=b_k v_{k-1}^{n}+(1-b_k-b_{k+1})v_k^{n}+b_{k+1}v_{k+1}^{n}-cu_k^{n}\end{aligned} \tag{3.4.11}$$

考虑将式（3.4.1）在 $k=1$，2，…，kb 的表达式（3.4.10）和式（3.4.11）写成矩阵形式，则流速变量的矩阵可表示为：

$$W_n=\begin{cases}\begin{bmatrix}u_1^n\\u_2^n\\u_3^n\\\vdots\\u_{kb-1}^n\\u_{kb}^n\end{bmatrix}\\\begin{bmatrix}v_1^n\\v_2^n\\v_3^n\\\vdots\\v_{kb-1}^n\\v_{kb}^n\end{bmatrix}\end{cases}$$

开边界条件写为：

$$F_n=\left\{\begin{array}{l}\begin{bmatrix}\tau_x\\0\\0\\\vdots\\0\\0\end{bmatrix}\\ \begin{bmatrix}\tau_y\\0\\0\\\vdots\\0\\0\end{bmatrix}\end{array}\right.$$

其中，

$$\tau_x=\frac{\Delta t}{\Delta z}\cdot\frac{\rho_a C_d\sqrt{u_w^2+v_w^2}\cdot u_w}{\rho_w}$$

$$\tau_y=\frac{\Delta t}{\Delta z}\cdot\frac{\rho_a C_d\sqrt{u_w^2+v_w^2}\cdot v_w}{\rho_w}$$

系数 a 和 b 的矩阵分别写为：

$$M_a=\left\{\begin{array}{cc}
\begin{bmatrix}1+a_2 & -a_2 & 0 & 0 & \cdots & 0\\ -a_2 & 1+a_2+a_3 & -a_3 & 0 & \cdots & 0\\ 0 & -a_3 & 1+a_3+a_4 & -a_4 & \cdots & 0\\ \vdots & \ddots & \ddots & \ddots & \ddots & \vdots\\ 0 & \cdots & 0 & -a_{kb-1} & 1+a_{kb-1}+a_{kb} & -a_{kb}\\ 0 & \cdots & 0 & 0 & -a_{kb} & 1+a_{kb}\end{bmatrix} &
\begin{bmatrix}-c & & & & & \\ & -c & & & & \\ & & -c & & & \\ & & & \ddots & & \\ & & & & -c & \\ & & & & & -c\end{bmatrix}\\
\begin{bmatrix}c & & & & & \\ & c & & & & \\ & & c & & & \\ & & & \ddots & & \\ & & & & c & \\ & & & & & c\end{bmatrix} &
\begin{bmatrix}1+a_2 & -a_2 & 0 & 0 & \cdots & 0\\ -a_2 & 1+a_2+a_3 & -a_3 & 0 & \cdots & 0\\ 0 & -a_3 & 1+a_3+a_4 & -a_4 & \cdots & 0\\ \vdots & \ddots & \ddots & \ddots & \ddots & \vdots\\ 0 & \cdots & 0 & -a_{kb-1} & 1+a_{kb-1}+a_{kb} & -a_{kb}\\ 0 & \cdots & 0 & 0 & -a_{kb} & 1+a_{kb}\end{bmatrix}
\end{array}\right.$$

$$M_b=\left\{\begin{array}{cc}
\begin{bmatrix}1-b_2 & b_2 & 0 & 0 & \cdots & 0\\ b_2 & 1-b_2-b_3 & b_3 & 0 & \cdots & 0\\ 0 & b_3 & 1-b_3-b_4 & b_4 & \cdots & 0\\ \vdots & \ddots & \ddots & \ddots & \ddots & \vdots\\ 0 & \cdots & 0 & b_{kb-1} & 1-b_{kb-1}-b_{kb} & b_{kb}\\ 0 & \cdots & 0 & 0 & b_{kb} & 1-b_{kb}\end{bmatrix} &
\begin{bmatrix}c & & & & & \\ & c & & & & \\ & & c & & & \\ & & & \ddots & & \\ & & & & c & \\ & & & & & c\end{bmatrix}\\
\begin{bmatrix}-c & & & & & \\ & -c & & & & \\ & & -c & & & \\ & & & \ddots & & \\ & & & & -c & \\ & & & & & -c\end{bmatrix} &
\begin{bmatrix}1-b_2 & b_2 & 0 & 0 & \cdots & 0\\ b_2 & 1-b_2-b_3 & b_3 & 0 & \cdots & 0\\ 0 & b_3 & 1-b_3-b_4 & b_4 & \cdots & 0\\ \vdots & \ddots & \ddots & \ddots & \ddots & \vdots\\ 0 & \cdots & 0 & b_{kb-1} & 1-b_{kb-1}-b_{kb} & b_{kb}\\ 0 & \cdots & 0 & 0 & b_{kb} & 1-b_{kb}\end{bmatrix}
\end{array}\right.$$

那么式（3.4.3）可以通过下列递归方程式求解：

$M_a W_{n+1} = M_b W_n + F_n$，

其初始条件为 $u = 0$，$v = 0$。

假定风速恒定为向东，例如 $u_w = 20$ m/s，$v_w = 0$ m/s，则在 $n = 480$ 时刻，其结果如图 3.4.2 和图 3.4.3 所示。流速右偏于风向约 45°，呈现经典的螺旋结构。由于式（3.4.1）中加速度项的存在，该流速结构并不是稳定的，而是呈现波动形态（图 3.4.4）。

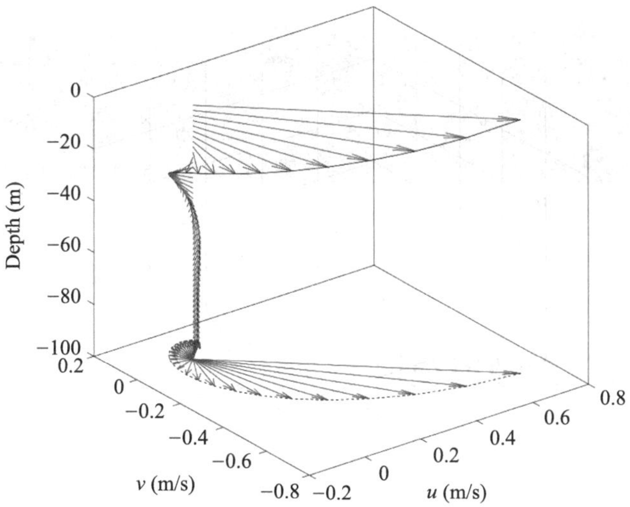

图3.4.2　风海流流速的三维结构

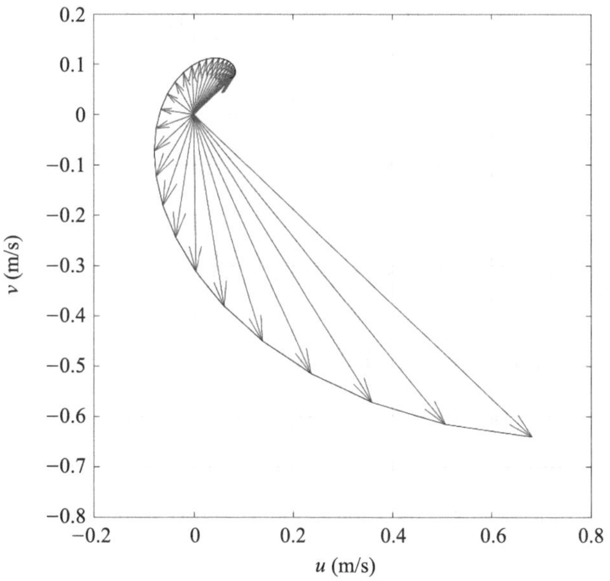

图3.4.3　风海流流速在海底的投影

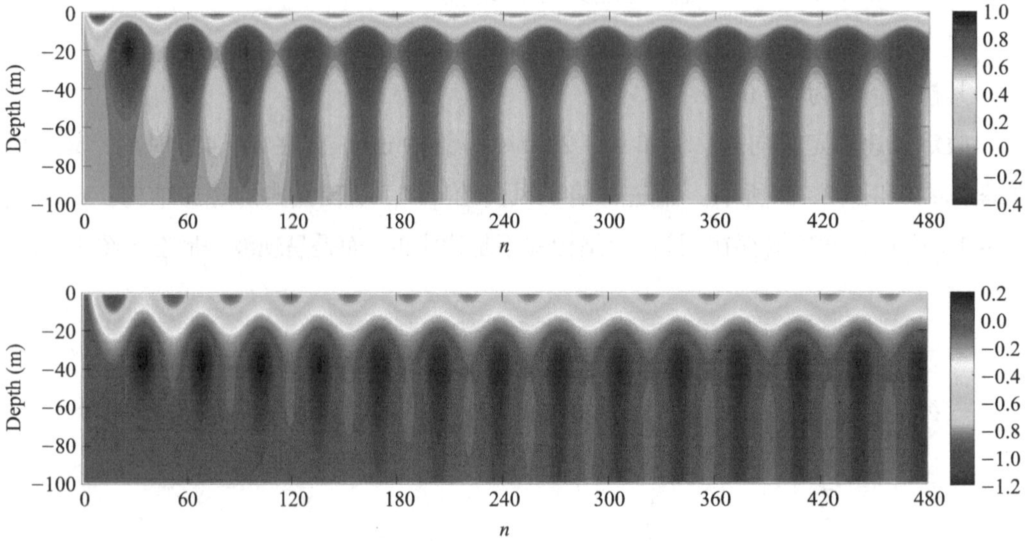

图3.4.4 风海流流速分量 u（上图）和 v（下图）垂向分布随时间的变化

3.5 二维潮波问题数值模拟

3.5.1 例题内容

二维潮波运动方程表示为连续式（3.5.1）和 x、y 方向的运动式（3.5.2）、式（3.5.3）的组合：

$$\frac{\partial \zeta}{\partial t}+\frac{\partial[(h+\zeta)u]}{\partial x}+\frac{\partial[(h+\zeta)v]}{\partial y}=0 \tag{3.5.1}$$

$$\frac{\partial u}{\partial t}+u\frac{\partial u}{\partial x}+v\frac{\partial u}{\partial y}-fv=-g\frac{\partial \zeta}{\partial x}-\frac{ku\sqrt{u^2+v^2}}{h+\zeta}+A\left(\frac{\partial^2 u}{\partial x^2}+\frac{\partial^2 u}{\partial y^2}\right) \tag{3.5.2}$$

$$\frac{\partial v}{\partial t}+u\frac{\partial v}{\partial x}+v\frac{\partial v}{\partial y}+fu=-g\frac{\partial \zeta}{\partial y}-\frac{kv\sqrt{u^2+v^2}}{h+\zeta}+A\left(\frac{\partial^2 v}{\partial x^2}+\frac{\partial^2 v}{\partial y^2}\right) \tag{3.5.3}$$

其中（x，y）为笛卡尔坐标，分别取向东和向北为正；t 为时间；$u\ (x, y, t)$ 和 $v\ (x, y, t)$ 分别为流速在 x 和 y 方向的分量；$h\ (x, y)$ 为静水水深；$\zeta\ (x, y, t)$ 为海面波动；科氏力 $f=2\Omega\sin\phi$，其中 $\Omega=7.292\times10^{-5}$ rad/s，ϕ 为地理纬度；$k=0.002$ 为底摩擦系数；$A=1000\ \mathrm{m^2/s}$ 为侧向涡动黏滞系数；$g=9.81\ \mathrm{m/s^2}$ 为重力加速度。

设定计算范围为 117.5°—127.0°E、34.0°—41.5°N 的黄渤海区域，网格分辨率为 $\Delta x = \Delta y = 1/6°$，则 x 方向共有 $im = 58$ 个网格点，y 方向共有 $jm = 46$ 个网格点。此区域东、北、西三侧均为陆地边界，仅南侧为开边界。

问题一：给定黄渤海水深（图 3.5.1）和开边界强迫，如何在 Arakawa C 网格上求二维潮波运动方程的数值解？

问题二：可选择以下情景之一进行二维潮波数值模拟：

① 海平面变化情景：上升 2 m 或者下降 20 m；

② 岸线变化情景：渤海湾 / 辽东湾 / 莱州湾变成陆地或者山东半岛 / 辽东半岛变成海洋；

③ 水深变化情景：模拟区域变成平底 50 m 或者 20 m；

④ 参数变化情景：改变底摩擦系数或者水平黏滞系数；

⑤ 地理位置变化情景：假如模拟区域是在南半球。

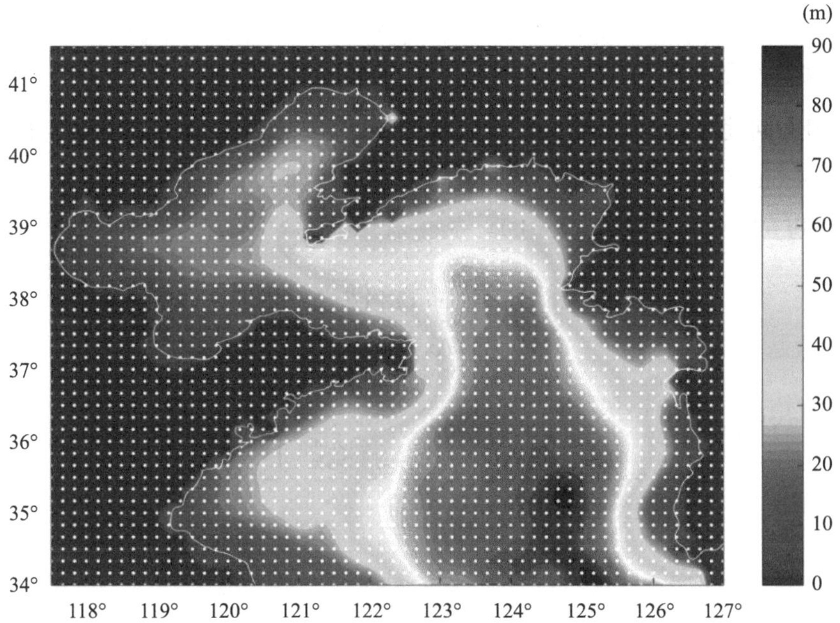

图3.5.1　黄渤海网格设置和水深

3.5.2　例题分析

根据 Arakawa C 网格的特点，水位点设置在网格中央，流速点设置在网格边缘，具体如图 3.5.2 所示。

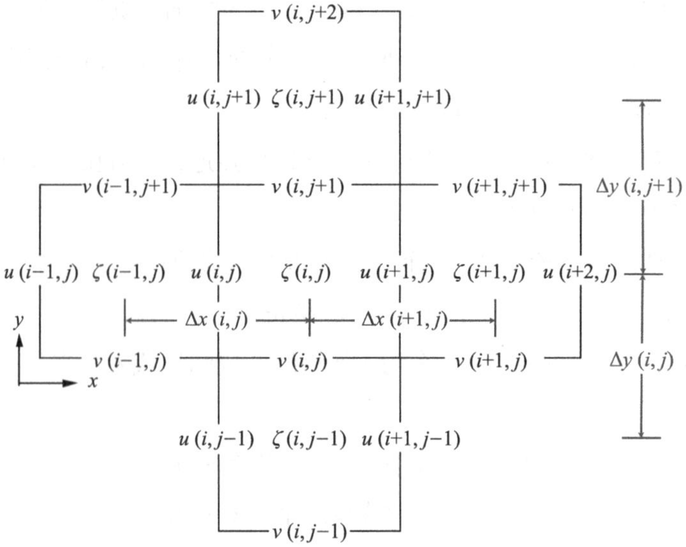

图3.5.2　Arakawa C网格设置

（1）数值离散

可采用不同差分格式对式（3.5.1）至式（3.5.3）进行数值离散，这里推荐采用Crank-Nicholson差分格式的交替步法进行。具体步骤如下：

① 求解 $t=2n+1$ 时刻式（3.5.1）

$$\frac{\zeta_{i,j}^{n+1}-\zeta_{i,j}^{2n}}{\Delta t}+\frac{\left(h_{i+\frac{1}{2},j}+\zeta_{i+\frac{1}{2},j}^{2n}\right)u_{i+1,j}^{2n}-\left(h_{i-\frac{1}{2},j}+\zeta_{i-\frac{1}{2},j}^{2n}\right)u_{i,j}^{2n}}{\dfrac{(\Delta x_{i+1,j}+\Delta x_{i,j})}{2}}+$$

$$\frac{\left(h_{i,j+\frac{1}{2}}+\zeta_{i,j+\frac{1}{2}}^{2n}\right)v_{i,j+1}^{2n}-\left(h_{i,j-\frac{1}{2}}+\zeta_{i,j-\frac{1}{2}}^{2n}\right)v_{i,j}^{2n}}{\dfrac{(\Delta y_{i,j+1}+\Delta y_{i,j})}{2}}=0$$

其中，

$$h_{i+\frac{1}{2},j}=\frac{1}{2}(h_{i+1,j}+h_{i,j});\ h_{i,j+\frac{1}{2}}=\frac{1}{2}(h_{i,j+1}+h_{i,j})$$

$$h_{i-\frac{1}{2},j}=\frac{1}{2}(h_{i,j}+h_{i-1,j});\ h_{i,j-\frac{1}{2}}=\frac{1}{2}(h_{i,j}+h_{i,j-1})$$

$$\zeta_{i+\frac{1}{2},j}^{2n}=\frac{1}{2}(\zeta_{i+1,j}^{2n}+\zeta_{i,j}^{2n});\ \zeta_{i,j+\frac{1}{2}}^{2n}=\frac{1}{2}(\zeta_{i,j+1}^{2n}+\zeta_{i,j}^{2n})$$

$$\zeta_{i-\frac{1}{2},j}^{2n}=\frac{1}{2}(\zeta_{i,j}^{2n}+\zeta_{i-1,j}^{2n});\ \zeta_{i,j-\frac{1}{2}}^{2n}=\frac{1}{2}(\zeta_{i,j}^{2n}+\zeta_{i,j-1}^{2n})$$

Δx 和 Δy 分别为 x 和 y 方向的网格间距，单位：m。

② 求解 $t=2n+1$ 时刻式（3.5.3）

$$\frac{v_{i,j}^{2n+1}-v_{i,j}^{2n}}{\Delta t}+\bar{u}_{i,j}^{2n}\frac{v_{i+1,j}^{2n}-v_{i-1,j}^{2n}}{2\Delta x_{i,j}}+v_{i,j}^{2n}\frac{v_{i,j+1}^{2n}-v_{i,j-1}^{2n}}{2\Delta y_{i,j}}+f_{i,j}\bar{u}_{i,j}^{2n}$$
$$=-\frac{g\left(\zeta_{i,j}^{2n+1}-\zeta_{i,j-1}^{2n+1}\right)}{\Delta y_{i,j}}-\frac{k_{i,j-\frac{1}{2}}s_{i,j}^{2n}\left[av_{i,j}^{2n+1}+(1-a)\,v_{i,j}^{2n}\right]}{h_{i,j-\frac{1}{2}}+\zeta_{i,j-\frac{1}{2}}^{2n}}+$$
$$\frac{A\left(v_{i+1,j}^{2n}-2v_{i,j}^{2n}+v_{i-1,j}^{2n}\right)}{\Delta x_{i,j}^{2}}+\frac{A\left(v_{i,j+1}^{2n}-2v_{i,j}^{2n}+v_{i,j-1}^{2n}\right)}{\Delta y_{i,j}^{2}}$$

其中，$\alpha=0.5$ 为 Crank-Nicholson 差分格式；用四点平均方法求得 $v_{i,j}$ 所对应的 u 方向平均流速：

$$\bar{u}_{i,j}^{2n}=\frac{1}{4}\left(u_{i,j}^{2n}+u_{i+1,j}^{2n}+u_{i+1,j-1}^{2n}+u_{i,j-1}^{2n}\right)$$

$$s_{i,j}^{2n}=\sqrt{\left(\bar{u}_{i,j}^{2n}\right)^{2}+\left(v_{i,j}^{2n}\right)^{2}}$$

③ 求解 $t=2n+1$ 时刻式（3.5.2）

$$\frac{u_{i,j}^{2n+1}-u_{i,j}^{2n}}{\Delta t}+u_{i,j}^{2n}\frac{u_{i+1,j}^{2n}-u_{i-1,j}^{2n}}{2\Delta x_{i,j}}+\bar{v}_{i,j}^{2n+1}\frac{u_{i,j+1}^{2n}-u_{i,j-1}^{2n}}{2\Delta y_{i,j}}-f_{i,j}\bar{v}_{i,j}^{2n+1}$$
$$=-\frac{g\left(\zeta_{i,j}^{2n+1}-\zeta_{i-1,j}^{2n+1}\right)}{\Delta x_{i,j}}-\frac{k_{i-\frac{1}{2},j}r_{i,j}^{2n}\left[au_{i,j}^{2n+1}+(1-a)\,u_{i,j}^{2n}\right]}{h_{i-\frac{1}{2},j}+\zeta_{i-\frac{1}{2},j}^{2n}}+$$
$$\frac{A\left(u_{i+1,j}^{2n}-2u_{i,j}^{2n}+u_{i-1,j}^{2n}\right)}{\Delta x_{i,j}^{2}}+\frac{A\left(u_{i,j+1}^{2n}-2u_{i,j}^{2n}+u_{i,j-1}^{2n}\right)}{\Delta y_{i,j}^{2}}$$

同样用四点平均方法求得 $u_{i,j}$ 所对应的 v 方向平均流速：

$$\bar{v}_{i,j}^{2n+1}=\frac{1}{4}\left(v_{i,j}^{2n+1}+v_{i-1,j}^{2n+1}+v_{i-1,j+1}^{2n+1}+v_{i,j+1}^{2n+1}\right)$$

$$r_{i,j}^{2n}=\sqrt{\left(u_{i,j}^{2n}\right)^{2}+\left(\bar{v}_{i,j}^{2n+1}\right)^{2}}$$

④ 求解 $t=2n+2$ 时刻式（3.5.1）

$$\frac{\zeta_{i,j}^{2n+2}-\zeta_{i,j}^{2n+1}}{\Delta t}+\frac{\left(h_{i+\frac{1}{2},j}+\zeta_{i+\frac{1}{2},j}^{2n+1}\right)u_{i+1,j}^{2n+1}-\left(h_{i-\frac{1}{2},j}+\zeta_{i-\frac{1}{2},j}^{2n+1}\right)u_{i,j}^{2n+1}}{\frac{(\Delta x_{i+1,j}+\Delta x_{i,j})}{2}}+$$

$$\frac{\left(h_{i,j+\frac{1}{2}}+\zeta_{i,j+\frac{1}{2}}^{2n+1}\right)v_{i,j+1}^{2n+1}-\left(h_{i,j-\frac{1}{2}}+\zeta_{i,j-\frac{1}{2}}^{2n+1}\right)v_{i,j}^{2n+1}}{\frac{(\Delta y_{i,j+1}+\Delta y_{i,j})}{2}}=0$$

其中，

$$\zeta_{i+\frac{1}{2},j}^{2n+1}=\frac{1}{2}(\zeta_{i+1,j}^{2n+1}+\zeta_{i,j}^{2n+1});\ \zeta_{i,j+\frac{1}{2}}^{2n+1}=\frac{1}{2}(\zeta_{i,j+1}^{2n+1}+\zeta_{i,j}^{2n+1})$$

$$\zeta_{i-\frac{1}{2},j}^{2n+1}=\frac{1}{2}(\zeta_{i,j}^{2n+1}+\zeta_{i-1,j}^{2n+1});\ \zeta_{i,j-\frac{1}{2}}^{2n+1}=\frac{1}{2}(\zeta_{i,j}^{2n+1}+\zeta_{i,j-1}^{2n+1})$$

⑤ 求解 $t=2n+2$ 时刻式（3.5.2）

$$\frac{u_{i,j}^{2n+2}-u_{i,j}^{2n+1}}{\Delta t}+u_{i,j}^{2n+1}\frac{u_{i+1,j}^{2n+1}-u_{i-1,j}^{2n+1}}{2\Delta x_{i,j}}+\bar{v}_{i,j}^{2n+1}\frac{u_{i,j+1}^{2n+1}-u_{i,j-1}^{2n+1}}{2\Delta y_{i,j}}-f_{i,j}\bar{v}_{i,j}^{2n+1}$$

$$=-\frac{g\left(\zeta_{i,j}^{2n+2}-\zeta_{i-1,j}^{2n+2}\right)}{\Delta x_{i,j}}-\frac{k_{i-\frac{1}{2},j}r_{i,j}^{2n+1}\left[au_{i,j}^{2n+2}+(1-a)u_{i,j}^{2n+1}\right]}{h_{i-\frac{1}{2},j}+\zeta_{i-\frac{1}{2},j}^{2n+1}}+$$

$$\frac{A\left(u_{i+1,j}^{2n+1}-2u_{i,j}^{2n+1}+u_{i-1,j}^{2n+1}\right)}{\Delta x_{i,j}^{2}}+\frac{A\left(u_{i,j+1}^{2n+1}-2u_{i,j}^{2n+1}+u_{i,j-1}^{2n+1}\right)}{\Delta y_{i,j}^{2}}$$

其中，

$$\bar{v}_{i,j}^{2n+1}=\frac{1}{4}\left(v_{i,j}^{2n+1}+v_{i-1,j}^{2n+1}+v_{i-1,j+1}^{2n+1}+v_{i,j+1}^{2n+1}\right)$$

$$r_{i,j}^{2n+1}=\sqrt{\left(u_{i,j}^{2n+1}\right)^{2}+\left(\bar{v}_{i,j}^{2n+1}\right)^{2}}$$

⑥ 求解 $t=2n+2$ 时刻式（3.5.3）

$$\frac{v_{i,j}^{2n+2}-v_{i,j}^{2n+!}}{\Delta t}+\bar{u}_{i,j}^{2n+2}\frac{v_{i+1,j}^{2n+1}-v_{i-1,j}^{2n+1}}{2\Delta x_{i,j}}+v_{i,j}^{2n+1}\frac{v_{i,j+1}^{2n+1}-v_{i,j-1}^{2n+1}}{2\Delta y_{i,j}}+f_{i,j}\bar{u}_{i,j}^{2n+2}$$

$$=-\frac{g\left(\zeta_{i,j}^{2n+2}-\zeta_{i,j-1}^{2n+2}\right)}{\Delta x_{i,j}}-\frac{k_{i,j-\frac{1}{2}}s_{i,j}^{2n+1}\left[av_{i,j}^{2n+2}+(1-a)v_{i,j}^{2n+1}\right]}{h_{i,j-\frac{1}{2}}+\zeta_{i,j-\frac{1}{2}}^{2n+1}}+$$

$$\frac{A\left(v_{i+1,j}^{2n+1}-2v_{i,j}^{2n+1}+v_{i-1,j}^{2n+1}\right)}{\Delta x_{i,j}^{2}}+\frac{A\left(v_{i,j+1}^{2n+1}-2v_{i,j}^{2n+1}+v_{i,j-1}^{2n+1}\right)}{\Delta y_{i,j}^{2}}$$

其中，

$$\bar{u}_{i,j}^{2n+2}=\frac{1}{4}\left(u_{i,j}^{2n+2}+u_{i+1,j}^{2n+2}+u_{i+1,j-1}^{2n+2}+u_{i,j-1}^{2n+2}\right)$$

$$s_{i,j}^{2n+1}=\sqrt{\left(\bar{u}_{i,j}^{2n+1}\right)^2+\left(v_{i,j}^{2n+1}\right)^2}$$

需要注意的是，在求解 (i,j) 点连续方程时，用到了 $(i-1,j)$ 和 $(i+1,j)$ 的 ζ，而在求解动量方程时用到了四点平均法，所以实际循环过程是 $i=2:im-1$ 而不是 $i=1:im$。同理 $j=2:jm-1$。

（2）干湿网格

由于计算区域内既存在海洋点（湿点），也存在陆地点（干点），所以在计算过程中需要对不同性质的网格点进行区分。通常根据水深来判断网格点的性质，静水水深 $h>0$ 的点视为湿点，$h=0$ 的点视为干点。分别利用 C_ζ、C_u、C_v 三个数组来标记 ζ、u 和 v 网格点的干湿性质（=0 干点，=1 湿点）。如图 2.3 所示，网格点 $\zeta(i,j)$、$\zeta(i+1,j)$ 和 $\zeta(i,j-1)$ 在海洋中，记为

$C_\zeta(i,j)=1$，$C_\zeta(i+1,j)=1$，$C_\zeta(i,j-1)=1$；

而 $\zeta(i,j+1)$ 和 $\zeta(i-1,j)$ 在陆地上，记为：

$C_\zeta(i,j+1)=0$，$C_\zeta(i-1,j)=0$。

网格点 u 和 v 的干湿性质则由其两侧的 C_ζ 确定，如下：

$C_u(i,j)=C_\zeta(i-1,j)\times C_\zeta(i,j)=0$

$C_u(i+1,j)=C_\zeta(i,j)\times C_\zeta(i+1,j)=1$

$C_v(i,j+1)=C_\zeta(i,j+1)\times C_\zeta(i,j)=0$

$C_v(i,j)=C_\zeta(i,j)\times C_\zeta(i,j-1)=1$

即海陆边界处的法向流速为 0。

对于 C_ζ、C_u、C_v 三个数组的利用有两种思路：第一，先判断网格点的干湿性质，干点不进行计算，湿点进行计算；第二，无论网格点干湿，先进行计算，再对干点的计算结果进行 0 赋值（$\zeta=\zeta\times C_\zeta$、$u=u\times C_u$、$v=v\times C_v$）。

（3）开边界处理

黄渤海半封闭海区，其东、北、西边界均为陆地，此类边界可令 $\zeta=0$，$u=0$，$v=0$。其南边界为开边界，如果仅考虑 M_2 分潮作用，此处令湿点 $\zeta(i,1)=\zeta(i,2)=\zeta_{M_2}$：

$\zeta_{M_2}=a_{M_2}\cos(\omega_{M_2}t-\varphi_{M_2})$，

其中，ω_{M_2} 为 M_2 分潮的频率（单位：s^{-1}），a_{M_2} 和 φ_{M_2} 分别为 M_2 分潮在该点的振幅和迟角。相对应的流速开边界条件则表示为：

$u(i, 1) = 0$

$v(i, 1) = v(i, 2)$

需要注意的是，开边界赋值应当在每一个时间步长该变量的内区计算结束后立即执行。

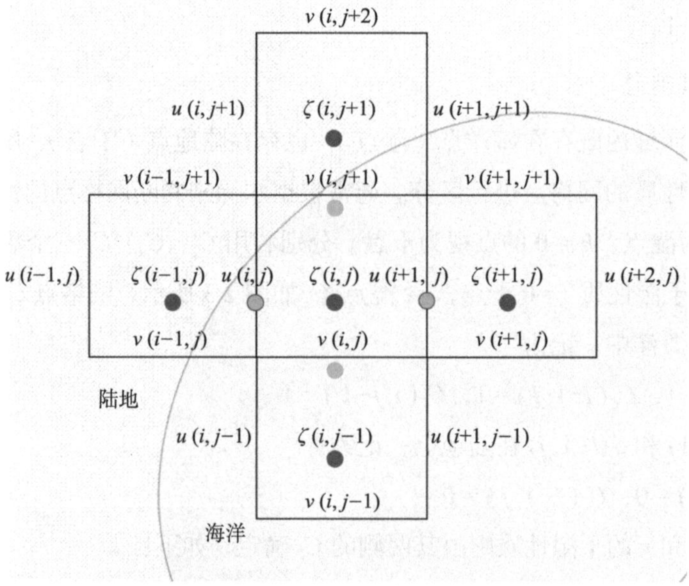

图3.5.3　海陆边界处干湿网格点示意图（红点：ζ计算点；蓝点：u计算点；绿点：v计算点）

（4）数据的获取

潮汐调和常数可以从下述网站获取：

① 美国发布的 TPXO（Tidal Prediction eXchange-Ocean）全球潮汐同化模型数据

http://volkov.oce.orst.edu/tides/noserv.html

② 日本发布的全球及区域潮汐同化模型数据

https://www.miz.nao.ac.jp/staffs/nao99/index_En.html

全球水深数据可以从下述网站获取：

① 美国国家海洋和大气管理局（NOAA）发布的 ETOPO1（Earth Topography 1）

https://ngdc.noaa.gov/mgg/global/global.html

② 英国海洋数据中心（BODC）发布的 GEBCO (General Bathymetric Chart of the Oceans) https://www.gebco.net/data_and_products/gridded_bathymetry_data/

（5）计算步骤

布置网格，确定水位、流速点位置。

进行二维潮波运动方程的数值离散。

处理固边界问题，海陆划分。

处理开边界问题，调和常数需转换为水位数据。

给入初始场（一般取 0 初始场）和参数。

读取水深数据和开边界调和常数。

确定合适的时间步长。根据 Courant-Friedrisch-Lewy 准则，自由表面重力波，时间步长 Δt 应满足如下表达式：

$$\Delta t \leqslant \frac{\Delta x_{\min}}{\sqrt{2gh_{\max}}}$$

进行数值模拟计算，模拟时长满足调和分析要求即可。

将水位模拟结果进行调和分析，画出如下同潮图。

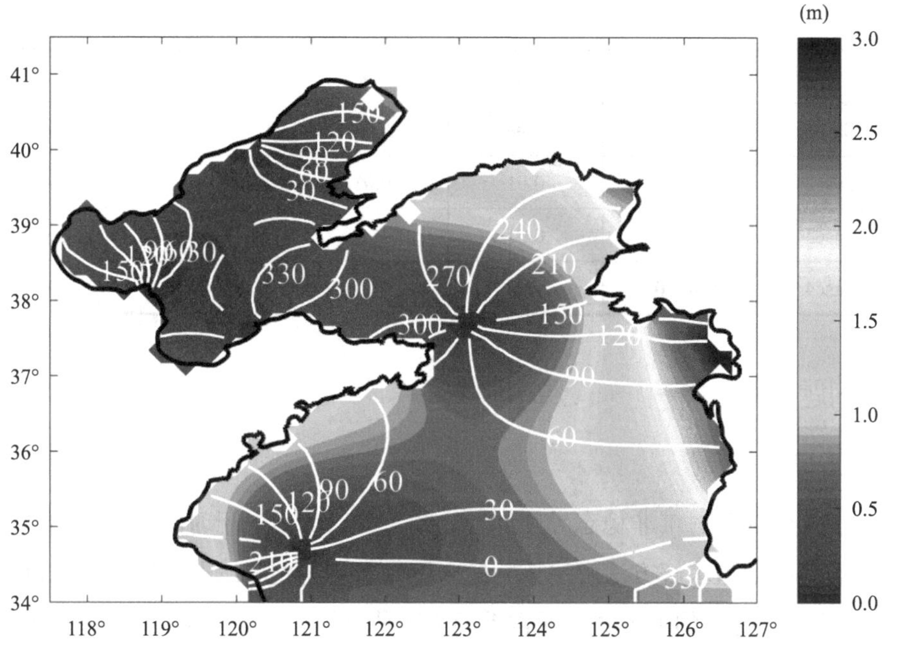

图3.5.4　黄渤海M_2分潮同潮图：色彩代表潮汐振幅 (m)、白线代表相对于北京时间的迟角 (°)

3.6 一维非稳态导热问题数值模拟

3.6.1 例题内容

考虑一各向同性长度为 1 的均质细杆，杆内无热源 / 汇，杆的侧面绝热，沿细杆建立 x 轴并令向右为正，则任意垂直于 x 轴的截面上温度相同，杆的初始温度为 100℃，采用某手段将杆两端温度骤变至 T_1、T_2 并保持不变，试求细杆各处温度随时间的变化。

该情形可处理为一维非稳态导热问题，其控制方程为：

$$\frac{\partial t}{\partial \tau}=a\frac{\partial^2 t}{\partial x^2} \tag{3.6.1}$$

$$t\,|_{x=0}=T_1,\ t\,|_{x=1}=T_2 \tag{3.6.2}$$

式（3.6.1）中，t 为温度，τ 为时间，$a=K/\rho C$, K、ρ、C 依次为细杆构成材质的热传导系数、密度、比热，x 为细杆上某处位置。式（3.6.2）中 T_1 和 T_2 分别为细杆起端和终端的温度值。

使用以下设置对该物理问题进行数值求解，并绘制结果，分析不同实验结果差异的原因。

	a	$\Delta\tau$	Δx	T_1	T_2
Case1	5×10^{-4}	0.01	0.01	300	300
Case2	5×10^{-4}	0.01	0.01	300	500
Case3	5×10^{-4}	0.01	0.1	300	300
Case4	5×10^{-4}	0.5	0.01	300	300

3.6.2 例题分析

知识点提要

本实验是经典的一维非稳态导热问题，式（3.6.1）是关于时间、空间的二阶偏微分方程。若基于数值求解方法解决该问题，则首先要得到一维非稳态导热控制方程在时间、空间上离散化后的关系式。通常借助于泰勒级数展开法以及控制容积平衡法（热平衡法）来获得该问题的离散方程，两种方法各有优缺点，本实验核心问题简单，仅以泰勒级数展开法为例示范。

用 n（$n=1,\ 2,\ 3\cdots\cdots N-1,\ N$）表示空间离散点、$i$（$i=1,\ 2,\ 3\cdots\cdots \mathrm{I}-1,\ \mathrm{I}$）

表示时间离散层，示意图参见图 3.6.1。

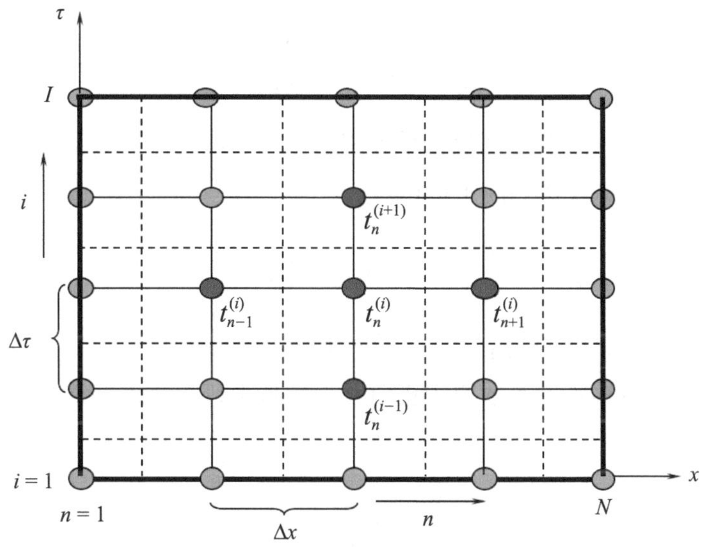

图3.6.1　一维非稳态热传导问题时间、空间离散结构示意图

则 t_n^{i+1} 的对时间的泰勒级数展开可表示为：

$$t_n^{i+1} = t_n^i + \Delta\tau \left.\frac{\partial t}{\partial \tau}\right|_{n,i} + \frac{\Delta\tau^2}{2!}\left.\frac{\partial^2 t}{\partial \tau^2}\right|_{n,i} + \cdots \tag{3.6.3}$$

根据式（3.6.3）可得到式（3.6.1）中非稳态项的离散方程：

$$\left.\frac{\partial t}{\partial \tau}\right|_{n,i} = \frac{t_n^{i+1} - t_n^i}{\Delta\tau} + O(\Delta\tau) \tag{3.6.4}$$

式（3.6.4）即非稳态项的时间向前差分格式，类似地，当取 $-\Delta\tau$ 以及 $2\Delta\tau$ 时也可容易得到该项的向后、中央差分格式。

同理，对 t_{n+1}^i，t_{n-1}^i 在空间上进行泰勒级数展开：

$$t_{n+1}^i = t_n^i + \Delta x \left.\frac{\partial t}{\partial x}\right|_{n,i} + \frac{\Delta x^2}{2!}\left.\frac{\partial^2 t}{\partial x^2}\right|_{n,i} + \frac{\Delta x^2}{3!}\left.\frac{\partial^3 t}{\partial x^3}\right|_{n,i} \cdots \tag{3.6.5}$$

$$t_{n-1}^i = t_n^i - \Delta x \left.\frac{\partial t}{\partial x}\right|_{n,i} + \frac{\Delta x^2}{2!}\left.\frac{\partial^2 t}{\partial x^2}\right|_{n,i} - \frac{\Delta x^2}{3!}\left.\frac{\partial^3 t}{\partial x^3}\right|_{n,i} \cdots \tag{3.6.6}$$

将式（3.6.5）、式（3.6.6）相加、移项并两端同除以 Δx^2 可得：

$$\left.\frac{\partial^2 t}{\partial x^2}\right|_{n,i} = \frac{t_{n+1}^i - 2t_n^i + t_{n-1}^i}{\Delta x^2} + O(\Delta x^2) \tag{3.6.7}$$

式（3.6.7）为稳态项的空间中央差分格式，结合式（3.6.1）、式（3.6.4）、式（3.6.7）并略去截断误差 $O(\Delta\tau)$、$O(\Delta x^2)$，可得：

$$\frac{t_n^{i+1}-t_n^i}{\Delta\tau}=a\frac{t_{n+1}^i-2t_n^i+t_{n-1}^i}{\Delta x^2} \tag{3.6.8}$$

式（3.6.8）即为一维非稳态热传导方程的时间向前差分、空间中央差分、显式的离散格式，进一步整理式（3.6.8）可得：

$$t_n^{i+1}=a\frac{\Delta\tau}{\Delta x^2}(t_{n+1}^i+t_{n-1}^i)+\left(1-2a\frac{\Delta\tau}{\Delta x^2}\right)t_n^i \tag{3.6.9}$$

需要注意的是，物理上 t_{n+1}^i、t_{n-1}^i、t_n^i 对下一时刻的温度 t_n^{i+1} 影响应该都是“正向”的，即式（3.6.9）右端各项系数应为正值，否则将不符合物理规律，故存在差分方程的稳定判据条件：

$$1-2a\frac{\Delta\tau}{\Delta x^2}>0 \tag{3.6.10}$$

这表明根据式（3.6.9）这一显式差分格式求解时，时间及空间步长 $\Delta\tau$、Δx 的取值并非任意的，两者需相互制约。

例题求解思路

对于一维非稳态热传导问题的数值求解可参考如下步骤：

1）分析物理问题，根据泰勒级数展开法或控制容积平衡法得到控制方程中每一项的离散关系式，对离散关系式进行整理（移项、加减、除等），得到差分方程，最终导出待求变量与已知变量的数学关系式；

2）针对物理问题建立合适的空间坐标系，选取合适的空间步长 Δx；

3）若第（1）步导出的是显式差分方程，根据方程的稳定性判据，选取合适的时间步长 $\Delta\tau$，一般而言，在满足稳定性判据前提下 $\Delta\tau$ 越大，计算量越小，但对物理问题的时间维的演变解析度会越差，对于一维非稳态导热问题，$a\frac{\Delta\tau}{\Delta x^2}$ 于区间 [0.25,0.5] 内取值较合适。若第（1）步中导出的是隐式差分方程，Δx、$\Delta\tau$ 选取要求相对宽松，合理即可；

4）根据已知初始条件，得到各空间计算节点的温度初值 t_n^0；

5）编写程序，根据第（1）步中的待求变量与已知变量的数学关系式以及给定的边界条件迭代求解最新的温度分布，直至物理状态达到稳定。注意，这里物理状态达到稳定指细杆上任意点处的温度都不再随时间而变化，是物理概念，与差分方程的数学上的稳定性是两个不同的概念；

6）根据程序计算值进行绘图，并分析结果。

3.6.3 例题程序详解

本部分仍以式（3.6.9）这一时间向前、空间中央差分的显式差分方程为例，详细介绍利用 MATLAB 软件进行编程求解的过程。

步骤 1：初始化程序，清空内存，关闭图片，清空命令窗口。

```
clc;                % 清除命令窗口的内容，对工作环境中的全部变量无任何影响
clear all;          % 清除工作空间的所有变量和函数
close all;          % 关闭所有的视图窗口
```

步骤 2:将已知初始、边界条件，物理方程系数，时间、空间步长等信息加以定义。

```
d_tau   = 0.01;     % 时间步长
d_x     = 0.01;     % 空间步长
X       = 1;        % 细杆总长度
temp_x_0= 100;      % 初始温度（根据给定初始条件确定）
temp_0  = 300;      % 细杆起端边界条件
temp_X  = 300;      % 细杆终端边界条件
A       = 5e-4;     % 物理系数（根据材质热传导系数、密度、比热得到）
skip    = 1e3;      % 绘图间隔（每多少个时间步长绘制 1 次）
epsilon = 1e-3;     % 跳出循环判据 1---> 相邻两次最大温度差
Tloop_max= 1e6;     % 跳出循环判据 2---> 最大循环数
```

步骤 3：计算稳定性判据 a Δ τ /(Δx^2)，并输出提示选取的时间、空间步长组合是否合理（注：仅适用于显式差分格式）。

```
Fod   = A*d_tau/d_x^2;
if Fod<=0.5
   disp('===== Good, being stable =====');
else
   disp('===== Bad, check the configuration =====');
end
```

步骤 4：对细杆进行空间离散，确定计算格点数及确切位置。

```
N   = X/d_x;        % 细杆分段（分为整数段）
```

xloc = 0:d_x:X; % 格点位置

步骤 5：根据初始、边界条件，构造温度数组并赋值，做迭代计算前的最后准备。

```
temp = ones(N+1,1).*temp_x_0; % 细杆上初始温度
temp(1) = temp_0; % 细杆起端温度（由边界条件确定）
temp(N+1) = temp_X; % 细杆终端温度（由边界条件确定）
temp_ni_old = temp; % 旧（本步）温度值
temp_ni_new = ones(N+1,1).*max(temp_0,temp_X); % 新（下一步）温度值
```

步骤 6：根据已知数据，对式（3.6.9）进行迭代求解，每隔 skip 步（skip 为定义正整数）以随机颜色绘制当下时刻的细杆温度分布。设置了两个跳出循环的判据：一是相邻两个时刻下细杆上温度之差的最大值是否小于允许的温差判据（或理解为误差）；二是循环次数是否达到设定的最大循环数。

```
Tloop = 0; % 循环计数器
figure;
p1=plot(xloc,temp','r--','linewidth',3); % 绘制初始状态
hold on;
while(max(abs(temp_ni_new-temp_ni_old))>epsilon)||(Tloop<=Tloop_max) % 循环判据
  for n = 2:N; % the time loop
    temp(n) = Fod*(temp(n+1)+temp(n-1))+(1-2*Fod)*temp(n);
  end
  temp(1) = temp_0; % 边界条件
  temp(N+1) = temp_X; % 终端边界条件
  temp_ni_old = temp_ni_new; % 更新旧（本步）的温度值
  temp_ni_new = temp; % 更新新（下一步）的温度值
  Tloop = Tloop+1; % 循环计数器
  if (mod(Tloop,skip)==0); % 每隔 skip 步以随机颜色绘制一次细杆温度分布
plot(xloc,temp','color',[rand(1,1),rand(1,1),rand(1,1)],'linewidth',0.01);
  end
end
p2 = plot(xloc,temp','b--','linewidth',3); % 突出绘制最终温度分布
```

```
lh = legend([p1,p2],' 初值 ',' 终值 ');
set(lh,' fontsize ',13);
xlabel( 'x ',' fontsize ',15);
ylabel( '温度 ',' fontsize ',15);
title( 'Case1 ',' fontsize ',17);
```

步骤 7：对得到的结果进行绘图保存，分析。

```
set(gcf,' color ',' w ');
export_fig( './heat_trans_1.tiff ',' -dtiff ',' -r300 ');
```

完整参考程序：

```
%% 1. 初始化程序
clc;                % 清除命令窗口的内容，对工作环境中的全部变量无任何影响
clear all;          % 清除工作空间的所有变量和函数
close all;          % 关闭所有的视图窗口
%% 2. 定义计算、绘图有关常数
d_tau   = 0.01;     % 时间步长
d_x     = 0.01;     % 空间步长
X       = 1;        % 细杆总长度
temp_x_0= 100;      % 初始温度（根据给定初始条件确定）
temp_0  = 300;      % 细杆起端边界条件
temp_X  = 300;      % 细杆终端边界条件
A       = 5e-4;     % 物理系数（根据材质热传导系数、密度、比热得到）
skip    = 1e3;      % 绘图间隔（每多少个时间步长绘制 1 次）
epsilon = 1e-3;     % 跳出循环判据 1---> 相邻两次最大温度差
Tloop_max= 1e6;     % 跳出循环判据 2---> 最大循环数
%% 3. 稳定性判据（提示）
Fod   = A*d_tau/d_x^2;
if Fod<=0.5
   disp( '===== Good, being stable ===== ');
else
   disp( '===== Bad, check the configuration ===== ');
```

```
end
%% 4. 确定空间计算格点及位置
N    = X/d_x;       % 细杆分段（分为整数段）
xloc = 0:d_x:X;     % 格点位置
%% 5. 代入初始及边界条件
temp     = ones(N+1,1).*temp_x_0;     % 细杆上初始温度
temp(1)   = temp_0;             % 细杆起端温度（由边界条件确定）
temp(N+1) = temp_X;             % 细杆终端温度（由边界条件确定）
temp_ni_old = temp;             % 旧（本步）温度值
temp_ni_new = ones(N+1,1).*max(temp_0,temp_X); % 新（下一步）温度值
%% 6. 迭代计算
Tloop  = 0; % 循环计数器
figure;
p1=plot(xloc,temp','r--','linewidth',3); % 绘制初始状态
hold on;
while(max(abs(temp_ni_new-temp_ni_old))>epsilon)||(Tloop<=Tloop_max)  % 循环判据
   for n = 2:N; % the time loop
      temp(n) = Fod*(temp(n+1)+temp(n-1))+(1-2*Fod)*temp(n);
   end
   temp(1)   = temp_0;        % 边界条件
   temp(N+1) = temp_X;        % 终端边界条件
   temp_ni_old = temp_ni_new; % 更新旧（本步）的温度值
   temp_ni_new = temp;        % 更新新（下一步）的温度值
   Tloop    = Tloop+1;        % 循环计数器
   if (mod(Tloop,skip)==0); % 每隔 skip 步以随机颜色绘制一次细杆温度分布
plot(xloc,temp','color',[rand(1,1),rand(1,1),rand(1,1)],'linewidth',0.01);
   end
end
p2 = plot(xloc,temp','b--','linewidth',3); % 突出绘制最终温度分布
```

```
lh = legend([p1,p2],'初值','终值');
set(lh,'fontsize',13);
xlabel('x','fontsize',15);
ylabel('温度','fontsize',15);
title('Case1','fontsize',17);
%% 7. 保存图片
set(gcf,'color','w');
export_fig('./heat_trans_1.tiff','-dtiff','-r300');
```

3.6.4　例题结果分析

实验 Case1 至 Case4 配置下细杆的温度分布数值解结果依次展示于图 3.6.2 至图 3.6.5 中。

Case1 可以视为本实验的控制实验，在给定的物理背景下，细杆内部的温度逐渐升高，根据细杆上温度变化形态可以推测有热流由杆两端向中心输入，同时细杆温度变化的速率整体呈由快变慢的趋势，最终整个细杆温度达到 300 后进入稳态。

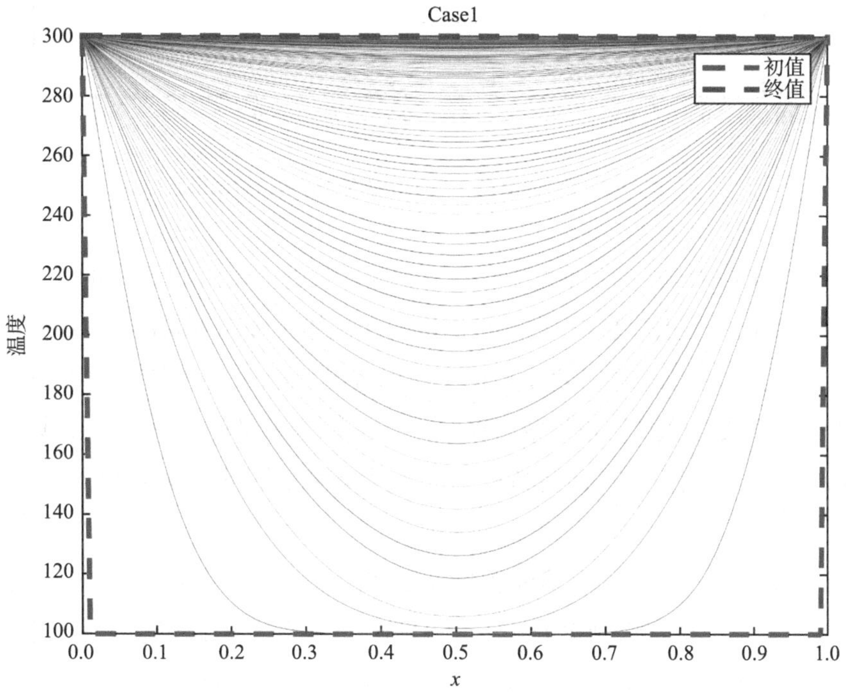

图3.6.2　Case1配置下细杆上温度分布数值解结果

相较于 Case1，Case2 的数值配置仅在于在细杆终端的边界条件的变化：由 Case1 的 300 变为 500。根据图 3.6.2 和图 3.6.3，两者实际上变化规律是大致相同的，但 Case2 的细杆最终温度分布是一条斜线，即细杆起端与终端间这两点间温度梯度等于细杆上任意两点间的温度梯度。事实上，Case1 也可视作 Case2 的一种特殊形态。

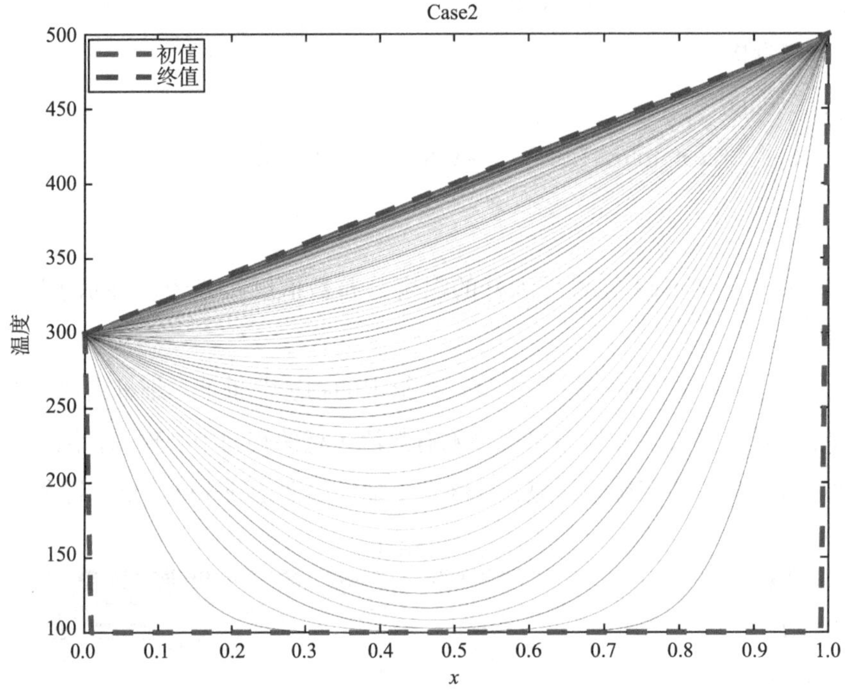

图3.6.3　Case2配置下细杆上温度分布数值解结果

相较于 Case1，Case3 的数值配置仅在于空间步长的变化：由 Case1 的 0.01 变为 0.1。图 3.6.2 和图 3.6.4 表明两者求得的细杆温度变化规律一致，不同在于 Case3 选取的空间步长大，故其求解的空间分辨率也低（曲线有显著弯折）。在实际的数值求解应用过程中（如海洋数值模拟），模拟精细程度（特别是模拟空间分辨率）与计算效率（或计算资源）之间永远存在不可调和的矛盾，绝大多数情况下要根据计算资源的限制来压制模拟分辨率。

相较于 Case1，Case4 的数值配置仅在于在时间步长的变化：由 Case1 的 0.01 变为 0.5，此配置下，稳定性判据 $a\dfrac{\Delta\tau}{\Delta x^2}=2.5>0.5$，差分方程物理意义缺失且不稳定。将程序中最大循环数 Tloop_max 设置为 100，且每个时间步都绘制计算结果（skip=1），结果如图 3.6.5 所示，可以看到计算所得的细杆上温度分布是荒谬的，这表明利用数值模拟的方法求解实际问题时一定要立足于物理本身，并谨慎选择时间、空间步长。

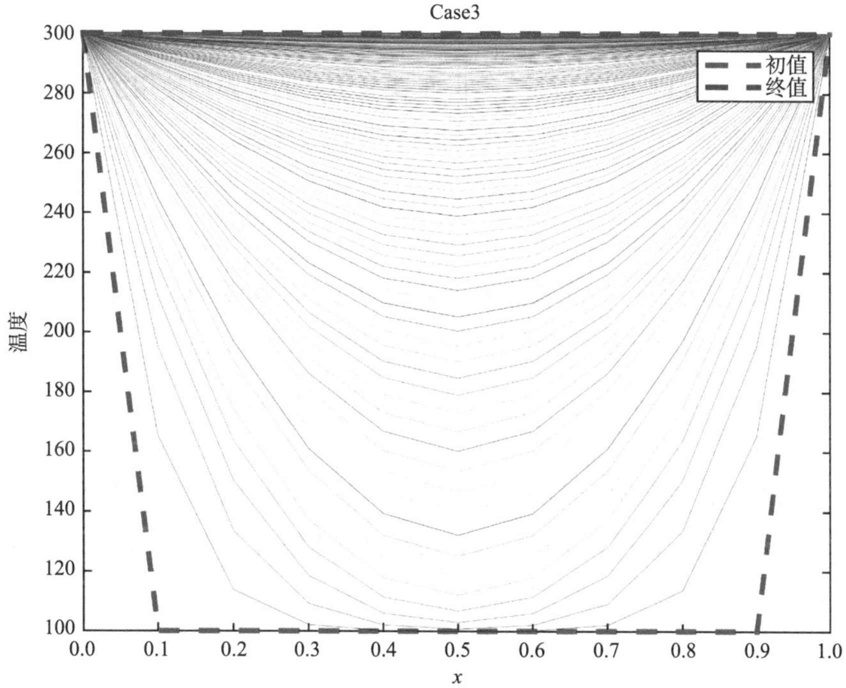

图3.6.4 Case3配置下细杆上温度分布数值解结果

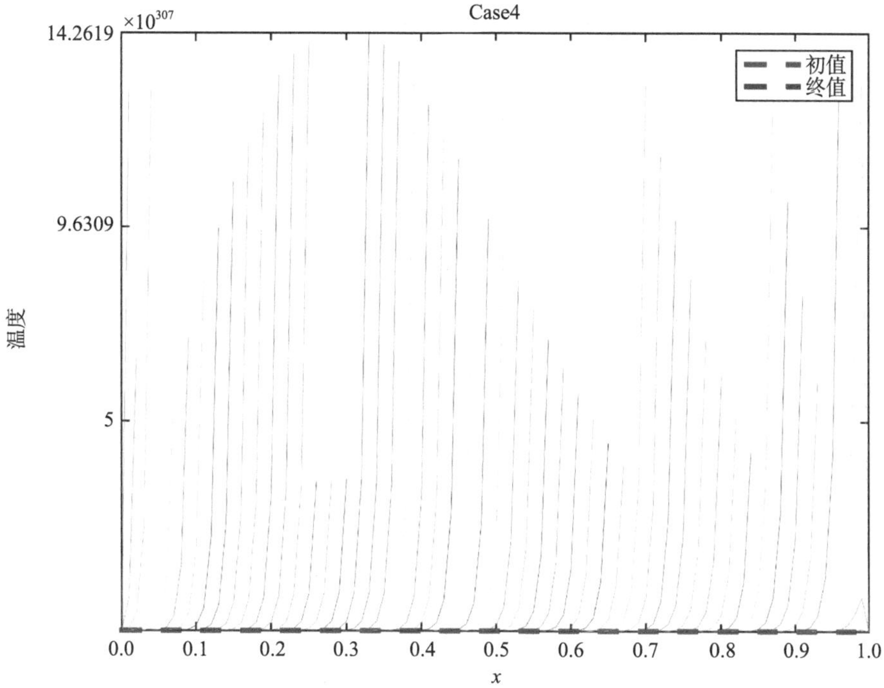

图3.6.5 Case4配置下细杆上温度分布数值解结果

拓展

在获取方程（3.6.1）中稳态项$\left.\frac{\partial^2 t}{\partial x^2}\right|_{n,i}$的离散格式的时候均使用了第 i 个时间层上不同空间点的温度值（t_{n+1}^i、t_n^i、t_{n-1}^i），类似地，也可以得到

$$\left.\frac{\partial^2 t}{\partial x^2}\right|_{n,i+1}=\frac{t_{n+1}^{i+1}-2t_n^{i+1}+t_{n-1}^{i+1}}{\Delta x^2}+O(\Delta x^2) \tag{3.6.11}$$

式（3.6.11）为稳态项的隐式空间中央差分格式，结合式（3.6.1）、式（3.6.4）、式（3.6.11）并略去截断误差 $O(\Delta\tau)$、$O(\Delta x^2)$，可得：

$$\frac{t_n^{i+1}-t_n^i}{\Delta\tau^2}=a\frac{t_{n+1}^{i+1}-2t_n^{i+1}+t_{n-1}^{i+1}}{\Delta x^2} \tag{3.6.12}$$

式（3.6.12）为一维非稳态导热问题的时间前差、空间隐式中央差的离散方程，此差分方程无条件稳定，但计算量较大，实际编程求解过程中可用追赶法来求解生成的三对角矩阵以得到案例中物理问题的解。

第四章 数值模型实际案例

4.1 胶州湾跨海大桥对海湾水动力影响数值模拟

胶州湾是青岛的“母亲湾”，面积约 350 km^2，拥有优良的港口资源和丰富的渔业资源。胶州湾跨海大桥始建于 2006 年，于 2011 年 6 月建成通车。大桥的建成缩短了胶州湾东西两岸和红岛间的距离，促进了山东半岛城市间的交通联系和经济发展。胶州湾跨海大桥全长 28.05 km，跨海部分 25.17 km，共有 1691 个桥墩。从西向东分别设有大沽河航道（桥长 610 m，主跨 260 m）、红岛航道（桥长 240 m，主跨 120 m）、和沧口航道（桥长 600 m，主跨 260 m）。

胶州湾跨海大桥的建设造成千余个桥墩入海，是否会对海湾水动力环境产生影响呢？历史无法再现，采用调查手段也难以表现海湾水动力环境时空连续的变化情况，因此研究这一问题，只能采用数值模拟的方式。由于大桥桥墩宽度仅为 7 m，考虑模型计算效率，选用了非结构网格有限体积海洋模型 FVCOM。该模型水平方向上采用三角形网格，能够较为灵活地拟合复杂岸线，可以对桥墩等重点区域进行局部加密；此外，FVCOM 采用有限体积法，此方法同时具有有限元法的几何灵活性及有限差分法的简单离散结构与高效计算能力，能更好地模拟近海岸界、地形复杂区域，同时，也能更好地保证质量、动量、盐度和热量的守恒性。

模型计算区域为 120.0°—120.7°E、35.5°—36.3°N，网格如图 4.1.1 所示，开边界处的网格分辨率为 500 ~ 3000 m，而桥墩处的网格分辨率为 7 m；垂向分为 7 个 Sigma 层。在有桥和无桥情况下建立两套高精度网格，两套网格仅在大桥桥墩处存在有无网格的区别，其余完全相同，这样可以减小因网格不同造成的计算误差。其中，除桥墩外的岸线和水深数据均采用 2013 年中国人民解放军海军司令部航海保证部出版的海图数据。

模型不考虑温盐变化的影响，两者均设为常数。模型采用冷启动，初始水位和流速均设为 0。开边界采用水位驱动，由 8 个主要的天文分潮（M_2、S_2、N_2、K_2、K_1、O_1、P_1、Q_1）和 3 个浅水分潮（M_4、MN_4、MS_4）生成。外模态时间步长为 0.6 s，内外模态时间步长比设为 2，采用 432000 步缓慢启动。模型考虑干湿网格，最小水深设为 0.01 m。水平混合系数设为 0.2，垂向混合系数设为 1.0×10^{-6} m^2/s，水平和垂向普朗特数均设为 1.0。底面粗糙长度设为 0.001，底摩擦最小值设为 0.0025。

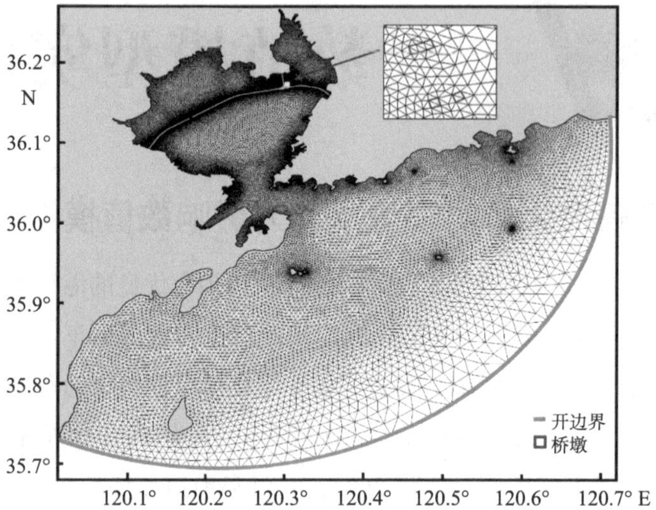

图4.1.1　模型网格示意图

模型计算 30 d 后，取其大潮期间涨急和落急时刻的结果，对比大桥建设前后潮流流场的变化。如图 4.1.2 和图 4.1.3 所示，除大桥 T 型区域流速在涨、落急时可以看出明显的降低以外，其他区域流速基本没有明显差异。表明大桥的建设对海流流向的影响较小，流场结构基本没有变化。涨急时，胶州湾内潮流整体流向由南向北，东岸沿

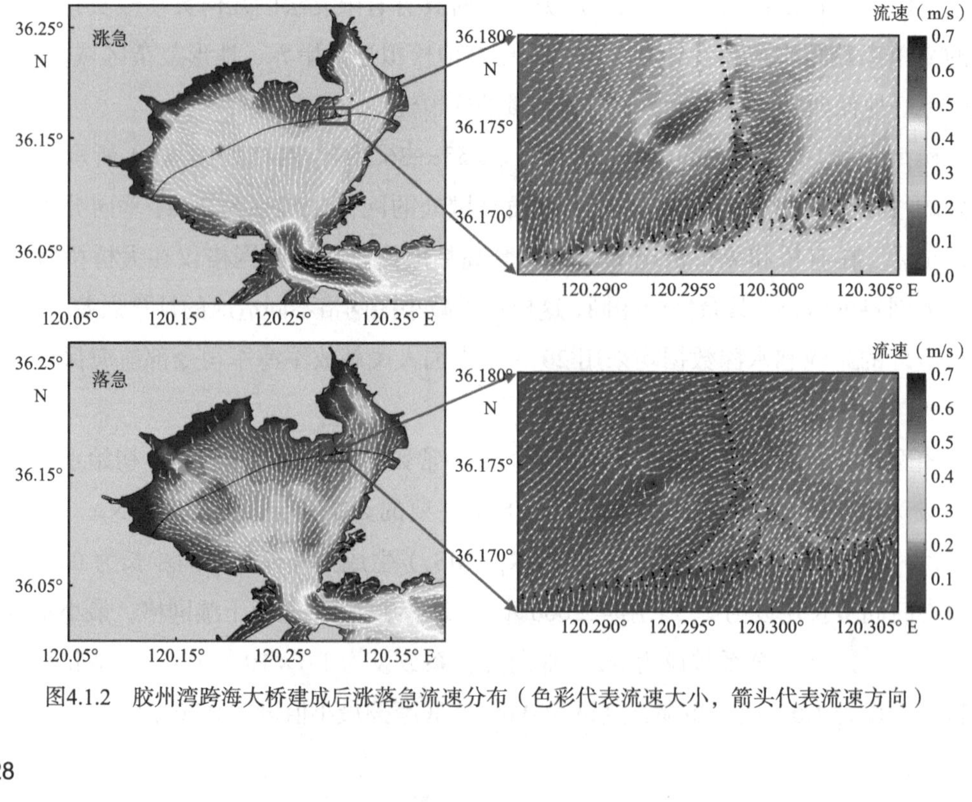

图4.1.2　胶州湾跨海大桥建成后涨落急流速分布（色彩代表流速大小，箭头代表流速方向）

岸流流向为西南—东北向，西岸沿岸流流向为东南—西北向；落急时，其流向整体由北向南，东岸为东北—西南向，西岸为西北—东南向。相对于无桥情况，涨、落急期间胶州湾大部分区域的流速减小约 0.01 m/s。涨急时，大桥北侧流速因桥墩阻挡，有较为明显的减小，其中大桥T型区域最为明显，减幅超过0.10 m/s，最大减幅0.20 m/s。落急时，潮流由北向南，靠近大桥南侧流速相对无桥时减小约 0.02 m/s。该模型细致刻画了所有桥墩结构，使得模拟结果比前人研究更精确。

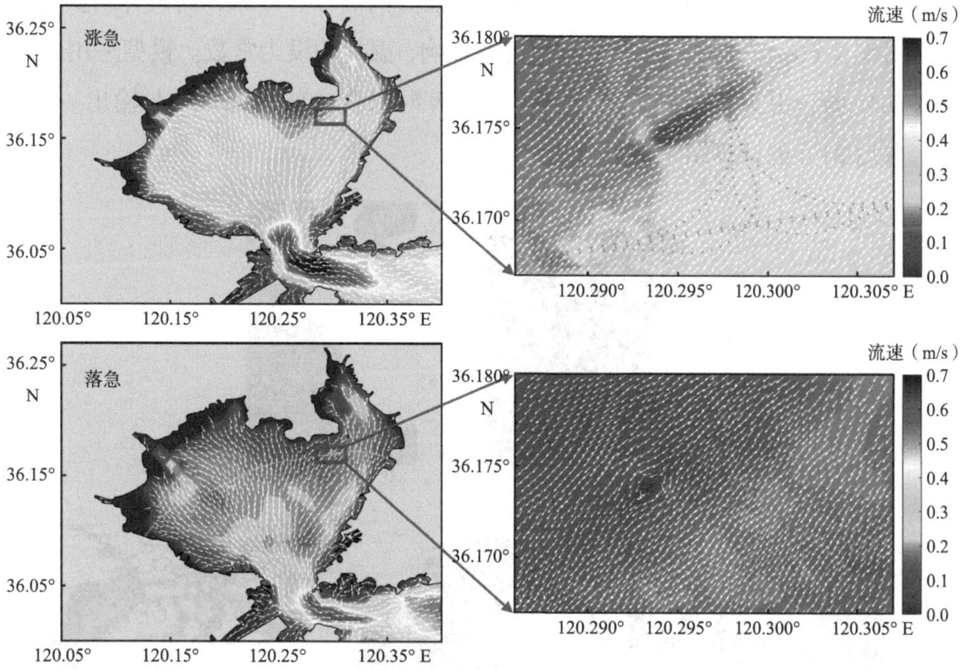

图4.1.3　胶州湾跨海大桥建成前涨落急流速分布（色彩代表流速大小，箭头代表流速方向）

4.2　全球潮汐潮流数值模拟

全球潮汐潮流的数值模拟不需要提供开边界条件，这一点不同于某一海区的潮汐潮流数值模拟。本案例依旧以非结构网格有限体积海洋模型 FVCOM 为例，通过添加内潮耗散项和自吸引－负荷潮联合作用，建立了包括 M_2、S_2、N_2、K_1、O_1、Q_1 共六个分潮的天体引潮力驱动的全球纯动力潮汐潮流模型。其动量方程如下所示：

$$\frac{\partial \vec{U}}{\partial t} + f \times \vec{U} + \vec{U} \cdot \nabla \vec{u} = -gH\nabla\left(\zeta - \alpha\zeta_{EQ} - \zeta_{SAL} - \zeta_{MEM}\right) - a_H \nabla^2 \vec{U} - C_d \vec{u}|\vec{u}| - \frac{1}{2}kh^2 N\vec{u}$$

其中，$\vec{u}$ 为水平流速矢量，H 为水深，$\vec{U}$ 为两者乘积，称为水平输运速度；f 为科氏力参数；g 为重力加速度，取为 9.81 m/s^2；ζ 为瞬时潮位；α 为体潮 Love 数，体潮（Body

Tides）是地球本身在天体引潮力作用下发生形变形成的潮汐；ζ_{EQ} 为平衡潮潮位；ζ_{SAL} 为自吸引－负荷潮位；ζ_{MEM} 为前后迭代的记忆潮位；a_H 为水平湍流涡黏度系数，取为 1×10^3 m^2/s；C_d 为底摩擦系数，取为 0.0025；$kh^2N\vec{u}/2$ 为内潮耗散项，N 为底层浮力频率，h 为海底粗糙度，k 为调节参数。

模型共有 351153 个网格节点和 673234 个三角单元（图 4.2.1 所示）。地形数据采用分辨率为 1 min 的 GEBCO 数据插值而成。计算网格在近海区域分辨率可达 1 ～ 5 km，在深海大洋分辨率约为 30 km。模型采用内外模分离的计算方式，内模时间步长 15 s，外模时间步长 60 s。模型不考虑温盐变化的影响，温盐均设为常数。模型采用冷启动，采用零初始场，由天体引潮力驱动。模型计算时长为 62 d，每隔 1 h 输出一次计算结果，取后 31 d 的计算结果进行分析。

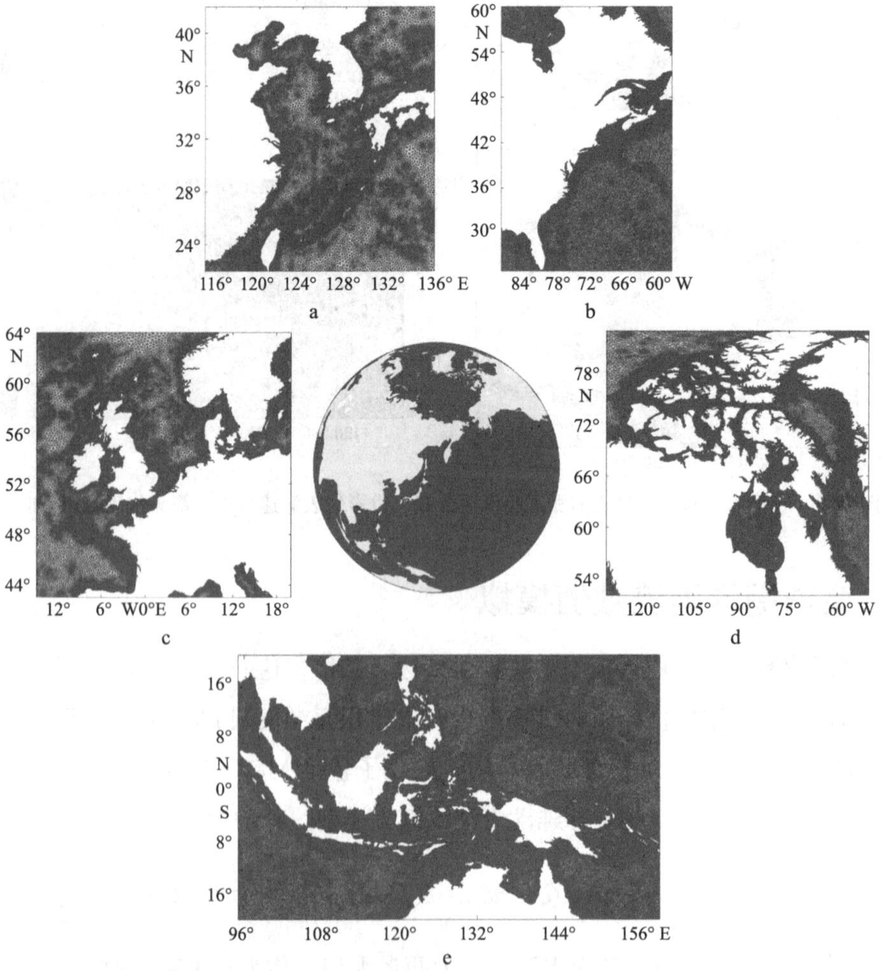

图4.2.1 模型网格图，其中a～e分别为东海、美国东海岸、欧洲、加拿大西北部和东南亚区域的网格局部放大图

图 4.2.2 给出了模型加入内潮耗散项前后的耗散分布。加入内潮耗散项后深海耗散增加的海域主要集中在大洋中脊，西太平洋、大西洋以及西印度洋等。

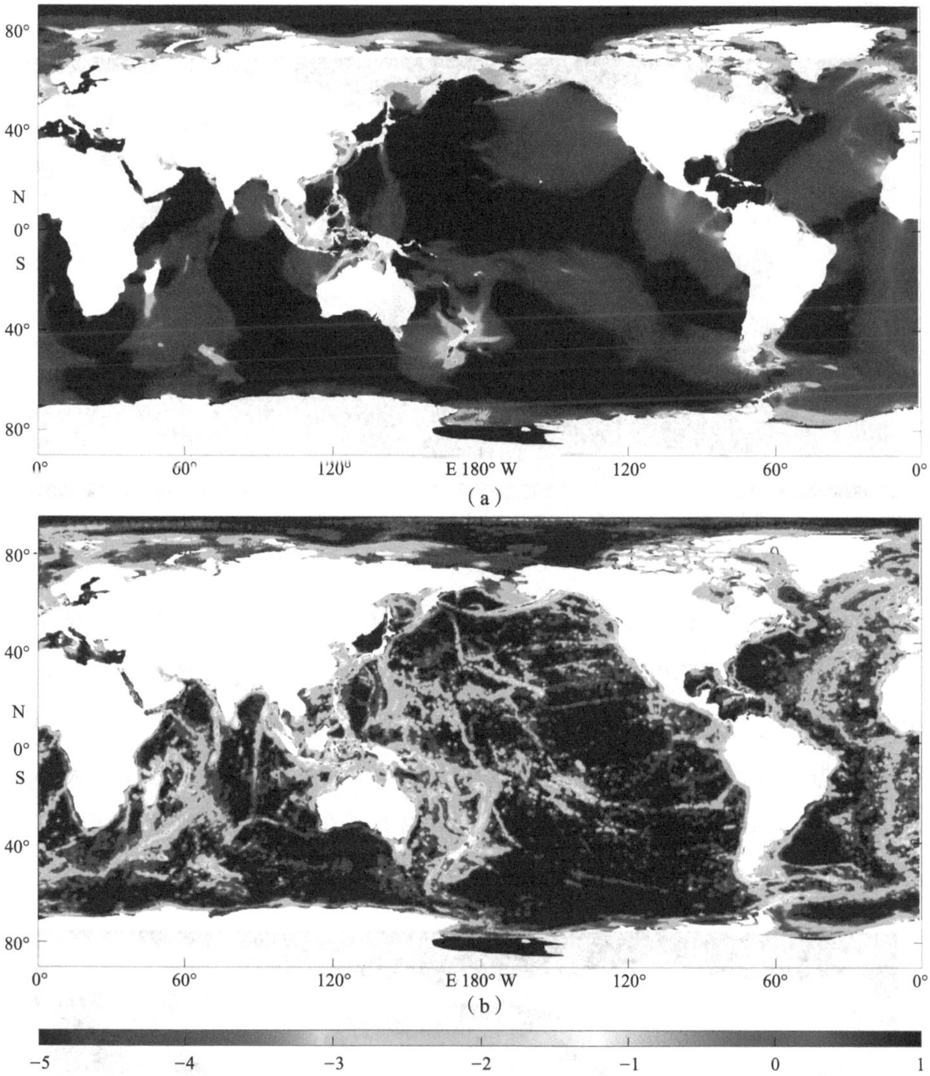

图4.2.2　（a）仅底摩擦项和（b）底摩擦项与内潮耗散项共同作用下的潮汐耗散分布（单位：$\log_{10}W_b[W/m^2]$）

图 4.2.3 为模型计算的全球 M_2 分潮同潮图。模拟结果较好地再现了 M_2 分潮在太平洋的 5 个无潮点，其中北侧的两个无潮点分别在 29°N 和赤道附近，离陆地相对较近，其余 3 个无潮点位于南太平洋。大西洋有 4 个无潮点，南北半球各两个，北半球的两个无潮点分别在 48°N 和 18°N，后者位于加勒比海和北大西洋交界处。印度洋有 2 个无潮点，分别位于赤道附近和 32°S 靠近澳大利亚西南海岸处。从全球范围来看，

M_2 分潮振幅较大的海域主要集中在近海，在北大西洋北部欧洲西海岸和加拿大的东北海域 M_2 分潮振幅均超过了 1.5 m；开阔的深海大洋中 M_2 分潮振幅则较小，基本与天文引潮力潮高相同。

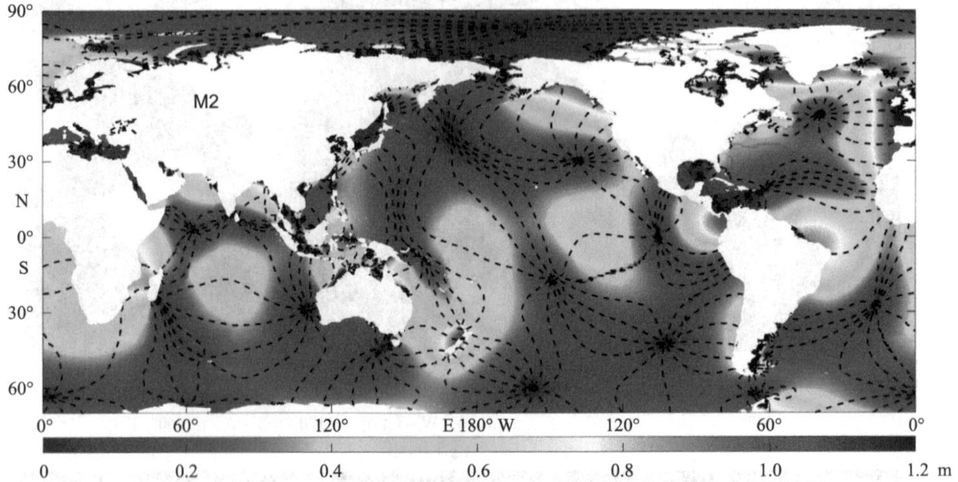

图4.2.3　模型计算的全球M_2分潮同潮图

相对于 M_2 分潮，K_1 分潮潮波结构比较简单（图 4.2.4）。其在太平洋存在 4 个无潮点，大西洋有 3 个，印度洋有 2 个。K_1 分潮振幅较大海域主要位于太平洋北部边界及东南亚的部分海湾处，如北部湾、泰国湾等。这几处海湾的水深地形恰好能够与 K_1 分潮形成共振，导致 K_1 分潮振幅较为显著。大西洋中 K_1 分潮振幅较小，大部分海域在 10 cm 以下。印度洋西北海域 K_1 分潮振幅偏大，在亚丁湾和阿曼湾其振幅达到了 35 cm 以上。南半球 K_1 分潮振幅相对北半球较小。

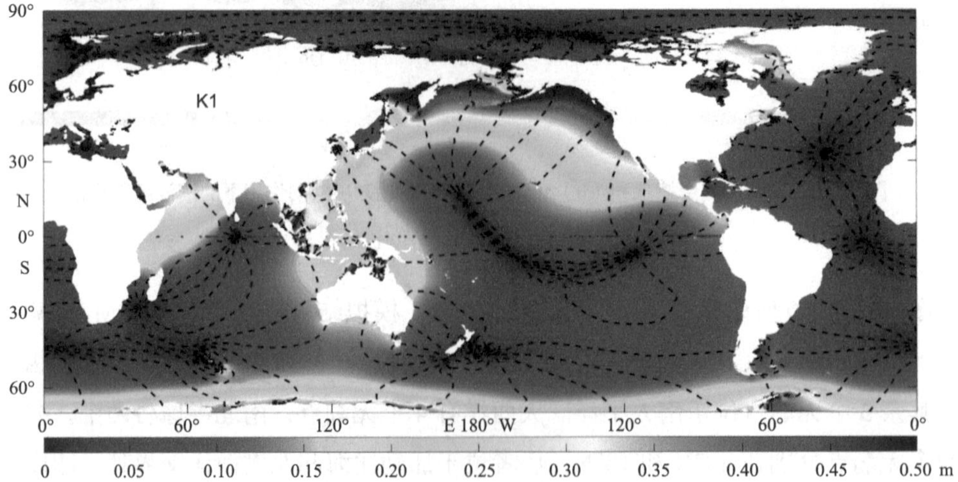

图4.2.4　模型计算的全球K_1分潮同潮图

图 4.2.5 为模型计算的全球 S_2 同潮图。S_2 分潮潮波结构与 M_2 较为相似，S_2 分潮在太平洋有 6 个无潮点，在印度洋有 4 个无潮点，在大西洋有 4 个无潮点，位置与数量与 M_2 分潮基本相同，振幅分布特征与 M_2 分潮也较为相似，但量值上比 M_2 分潮小了一半以上。

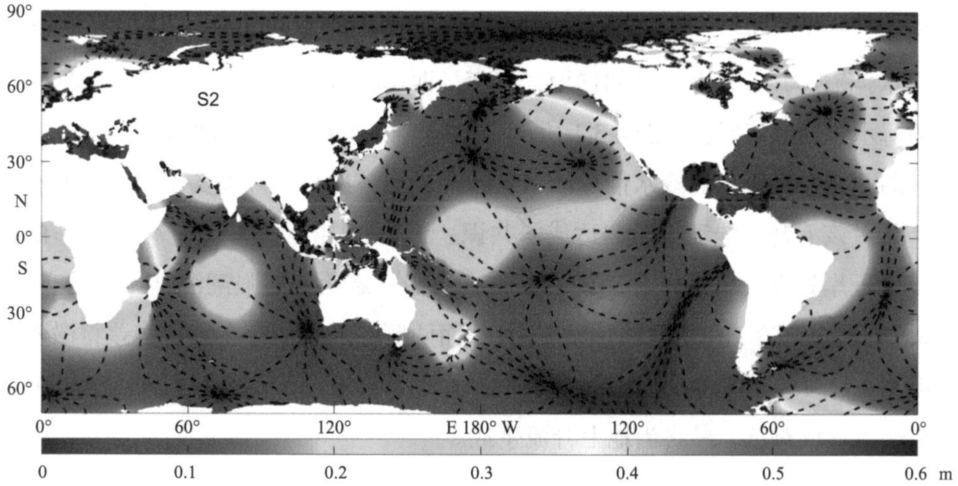

图4.2.5 模型计算的全球S_2分潮同潮图

O_1 分潮潮波结构与 K_1 分潮潮波结构较为相似（图 4.2.6），但振幅相对 K_1 分潮较小，振幅较大的海域主要分布在南极周边以及太平洋北部。O_1 分潮在太平洋存在 4 个无潮点，大西洋和印度洋则各有 2 个。

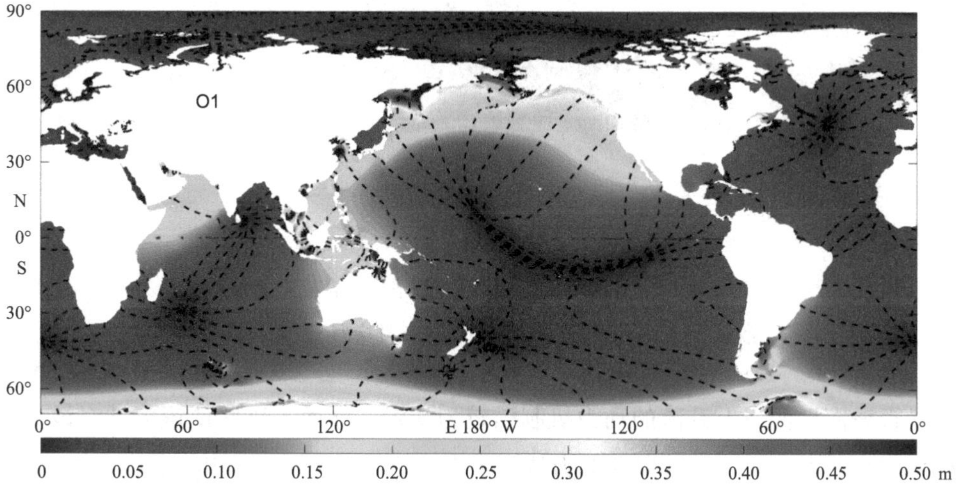

图4.2.6 模型计算的全球O_1分潮同潮图

4.3 海南岛西岸上升流数值模拟

沿岸上升流作为近海海洋环流的重要构成因子及物质输送的关键纽带，其在海区内的生态系统、理化环境、海底沉积、局地天气中扮演举足轻重的角色，因而有关沿岸上升流的动力学研究一直是一个热点问题。

夏季，西南季风支配着整个北部湾海区（图 4.3.1）并诱发向着海南岛西岸的 Ekman 水体输运，若只考虑风的作用，海南岛西岸将有下降流发育且当地海区应存在较暖的海水信号。然而，如图 4.3.1 所示，夏季气候态平均的海表面温度（SST）场表明海南岛西岸存在显著的冷水信号。多方研究表明该冷水信号确实由当地上升流运动导致，并对该上升流的动力机制达成了共识：夏季，太阳辐射联合海南岛西岸的强潮混合使得近岸处存在覆盖全深度的暖水，在离岸一定距离的强潮混合作用的空白区，水体层结依然存在，由此潮混合锋形成，锋面两侧的水体间存在的密度差将激发一压强梯度力，并在地形坡的配合下驱动下层冷水上涌，上涌的冷水与西南风诱发的向岸的暖水输运形成对抗，最终当地上升流生成。

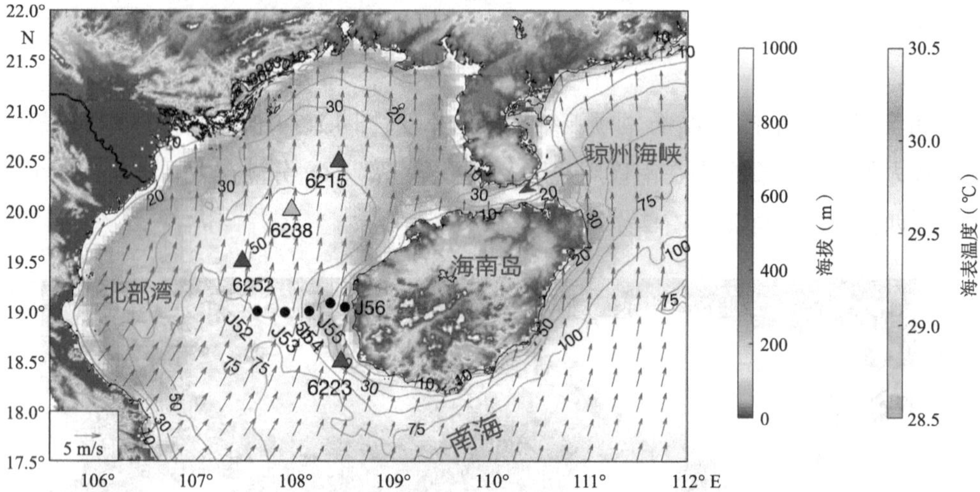

图4.3.1 海南岛西岸夏季气候态平均海表面温度场

（数据基于2000—2014年6—8月MODIS月均海表面温度数据）

尽管海南岛西岸上升流的动力机制已较为清晰，然而，这些认识多针对该上升流系统平均态动力特征，其短期的动力特性仍有待进一步探究。利用 Aqua 及 Terra 两个卫星上搭载的中分辨率成像光谱仪（MODIS）测得的 Level-2 海表面温度数据，发现该上升流海表温度可在 3 h 内逆海表温度日变化规律快速地降低或升高 1℃以上，即其动力状态可迅速变化，其内在物理机制是什么？显然，仅凭海表温度数据难以对该现象展开进一步探讨，借助 ROMS 海洋数值模型则可实现现象的模拟重现，得到现象的四维关键动力信息（温、盐、流等及其时间演化），实现全方位的剖析并揭示其机理。

本案例采用了矩形的 ROMS 网格设计（图 4.3.2），模拟区域为 105.5°—113.5°E、15°—23°N。水平方向上模拟分辨率为 4 km，垂向上使用了 20 个地形跟踪坐标分层，同时，分层参数 theta_s 和 theta_b 依次设置为 5.0 和 0.4 以加大表底边界层处的垂向模拟分辨率。地形数据主要基于英国海洋数据中心提供的 GEBCO 地形数据集，同时利用了当地海图数据进行了糅合订正。

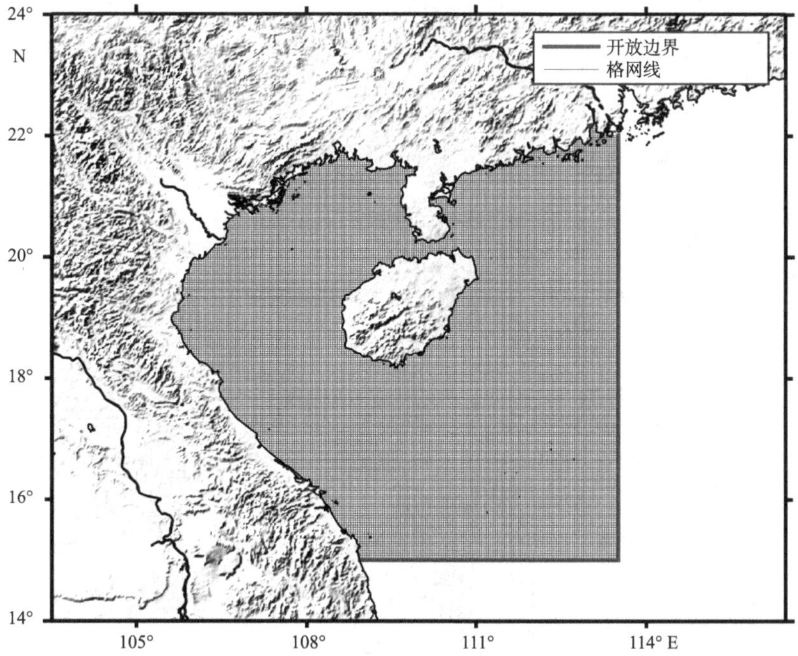

图4.3.2 ROMS网格设置

本案例共设计了 2 个数值实验来探究海南岛西岸上升流的短期动力特征：正压实验，斜压实验。在斜压实验中，初始及边界条件（温、盐、流、无潮水位）均插值于 HYCOM 模型数据。源自 TPXO7 产品的 M_2、S_2、N_2、K_2、K_1、O_1、P_1、Q_1、M_f、M_m 分潮的潮汐调和常数则添加到开边界上作为潮强迫。模型的海表热通量及水汽通量基于 COADS（Comprehensive Ocean-Atmosphere Data Set）产品。多源风场数据表明该上升流发生快速变化时风场 3 h 内变化较为微弱且主要为北向风，因此，用强度为 0.035 N/m^2 的定常南风来驱动模型。斜压时间步长设置为 120 s，内外模离散比例为 30。

正压实验与斜压实验采用同套计算网格及潮强迫，但在整个模拟过程中温度、盐度均为常量（垂向均一无层结）。正压实验与斜压实验模拟时长均为 120 d，在分析过程中仅取用最后 30 d 的模拟结果（模型稳定）。

图 4.3.3 展示了斜压实验模拟得到的一整个潮流周期内每隔 3 h 的研究海区内的海表面流场及海表面温度场分布，其表明海南岛西岸上升流强度在涨潮流期间可迅速增强，在落潮流期间则迅速减弱。此外，图 4.3.3（j）还展示了断面 AB［位置见图 4.3.3（a）］上海表面温度时间序列，可以更明显地看出该上升流强度具有周期性且迅速的变化特征，这些信息提示该地上升流的快速变化似乎与潮流的运动密切相关。

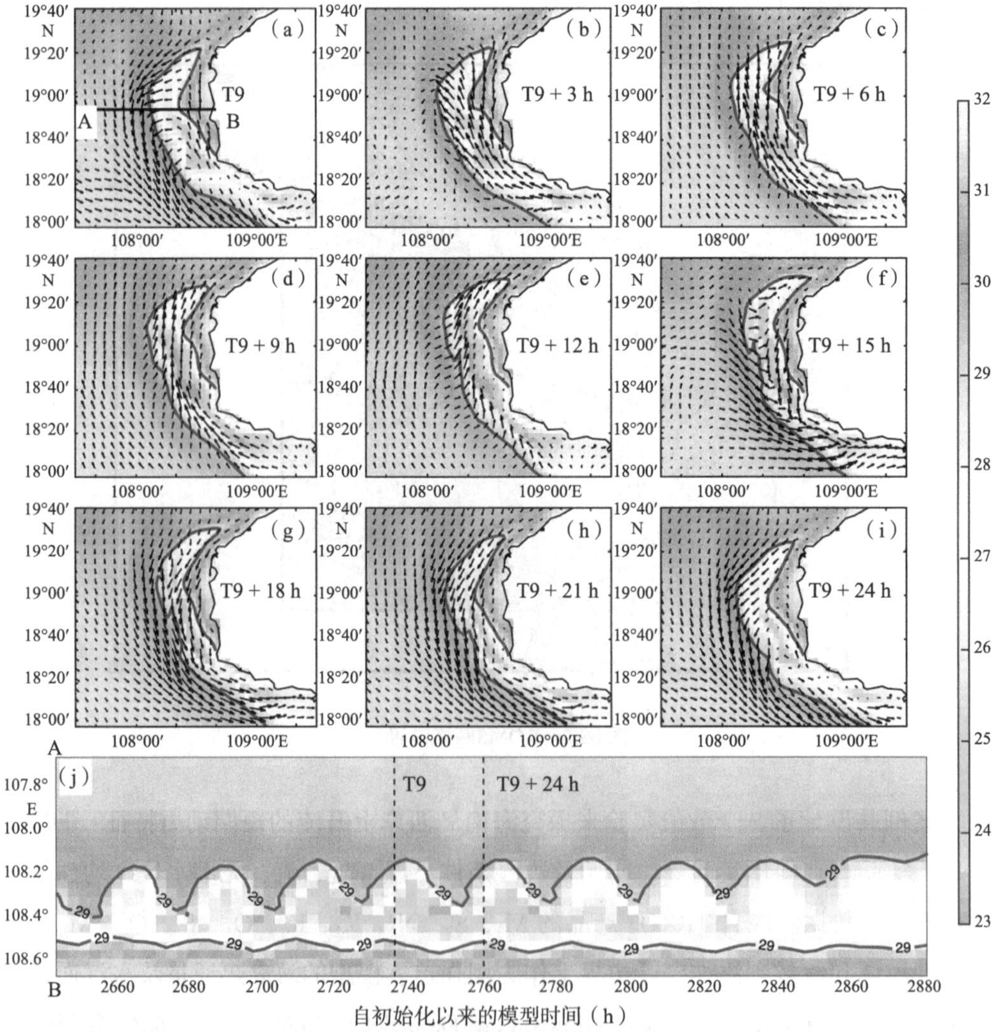

图4.3.3 斜压实验一整个潮流周期内每隔3 h的海表面流场及海表面温度场（a ~ i），断面AB［位置见（a）］上海表面温度时间序列（j）

海洋数值模拟的要义之一在于可提供针对某个物理现象的四维连续的海洋动力信息，从而弥补观测数据上连续性差、观测代价高昂等不足。图 4.3.4 展示了基于斜压实验和正压试验断面 AB 上的温度、*u-w* 流场在涨潮流和落潮流期间的相关信息，可以发现涨潮流期间该断面上垂向速度显著提升而落潮流期间则情况相反，上升流强度则在海表面处相应地降低或升高。正压实验结果断面 AB 上垂向流场分布在涨潮流和落潮流期间整个水体深度存在向上或向下的分布，这进一步提示潮流的周期性变化可能在该上升流动力系统中扮演关键角色。

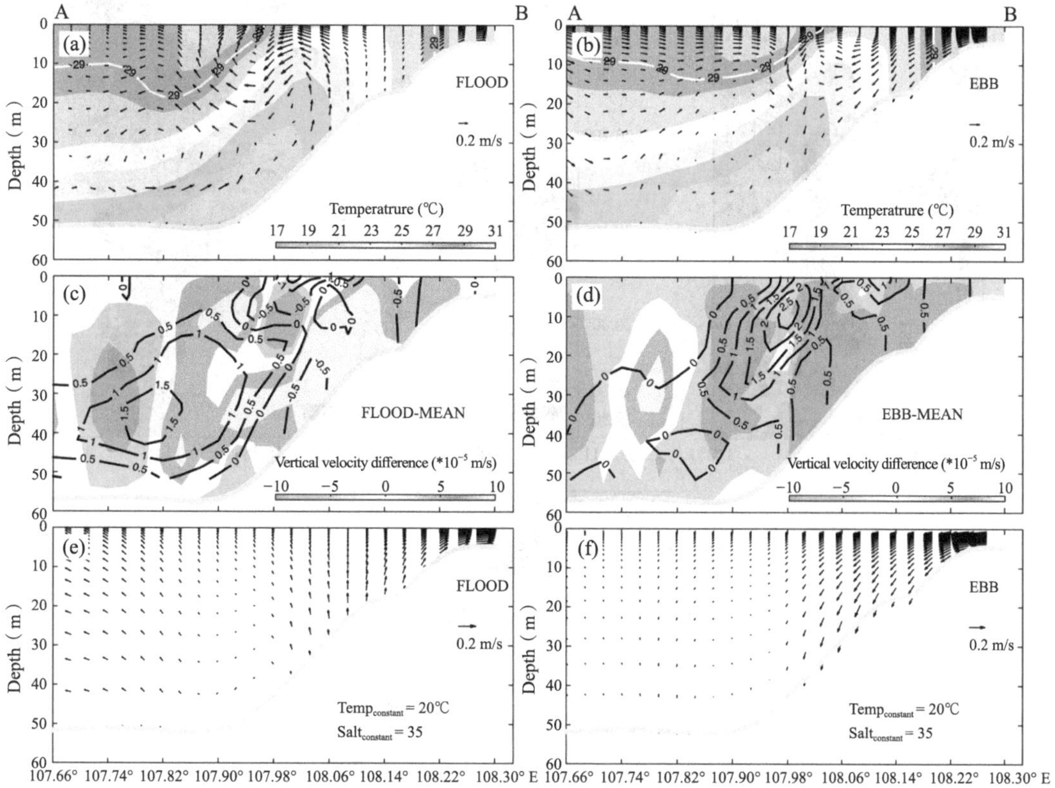

图4.3.4　斜压实验模拟所得断面AB上涨潮流（a）及落潮流（b）期间温度及*u-w*流场分布；涨潮流期间与整个潮流周期下断面AB上温度及垂向流速的差值（c）；涨潮流期间与整个潮流周期下断面AB上温度及垂向流速的差值（d）。正压实验模拟所得断面AB上涨潮流（e）及落潮流（f）期间*u-w*流场分布

随后，借助模型输出的热平衡方程诊断数据对该问题进行了进一步剖析，并采用观测—模型有机融合的分析方法，最终给出了该地上升流动力特征快速变化的物理诱因，即海南岛西侧近岸强潮流导致的强平流输运以及流场辐聚辐散诱发的高垂向速度使得该地上升流动力结构可在数小时内发生快速而显著的变化。

4.4 琼州海峡东口冷水区数值模拟

夏季，海南岛东北岸常有上升流发育，从而在琼州海峡东口处形成一冷水区［图4.4.1（a）］。在季节尺度上，海峡内夏季西向余流将携运该冷水向西运动，而在潮流周期尺度上，海峡内强烈的西向潮流也可将上升流冷水向西输运可观的距离。因此，海南岛东北岸上升流水体能够在不同时间尺度上入侵海峡内部，从而对经、达海域的理化环境、生态系统等产生重要调节。

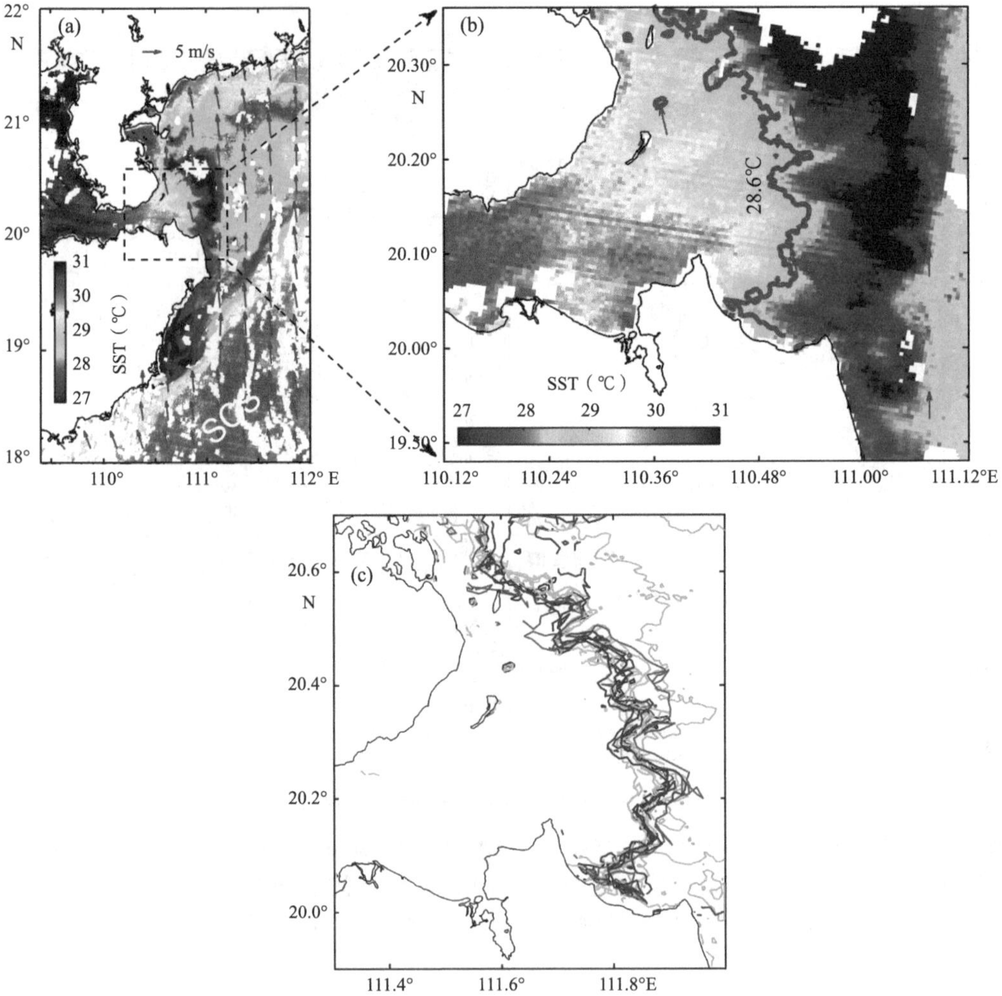

图4.4.1　（a）VIIRS可见光红外成像辐射仪在2015年6月16日18时12分观测到的Level-2研究海区内海表面温度分布及当天14时24分ASCAT（Advanced Scatterometer）风场。（b）图4.4.1（a）在琼州海峡东口处的放大图，紫色实线为28.6℃等温线。（c）搜集到的2012—2018年6—8月琼州海峡东口冷水区西侧锯齿形外缘线的叠加图

图 4.4.1（b）展示了可见光红外成像辐射仪（VIIRS）在 2015 年 6 月 16 日 18 时 12 分观测到的琼州海峡东口处海表面温度分布，冷水区的西侧外缘线以紫色实线（28.6℃等温线）标出。可以看到该冷水区的西侧外缘线呈鲜明的锯齿形结构，这与通常认知的上升流外缘较为平滑的羽流状结构大为不同。对 2012—2018 年 6—8 月琼州海峡东口处 VIIRS 及 MODIS 的 Level-2 海表面温度产品进行了检索，并依据可用的数据对冷水区的西侧外缘线加以提取并叠加绘制于图 4.4.1（c），可见：在不同时间该冷水区的西侧外缘线能够以相似的锯齿形外结构出现于近乎固定的位置。那么，这种现象是什么机制调控的呢？探明该现象的动力学机制将有助于理解海南岛东北岸上升流与琼州海峡乃至北部湾间的水交换对各海区理化环境、生态系统等的贡献。

本案例采用了曲线正交的 ROMS 网格设计，模拟区域参见图 4.4.2，共有 800×1017 个水平网格计算点且将高模拟解析度设置于琼州海峡内，从而实现海峡内水平分辨率达到 500 m，垂向上使用了 20 个地形跟踪坐标分层。模型的初始和边界条件插值于 HYCOM 数据。潮强迫边界源自 TPXO7 数据集的 M_2、S_2、N_2、K_2、K_1、O_1、P_1、Q_1、M_f、M_m 分潮的潮汐调和常数。模型的海表热通量及水汽通量基于 COADS05 数据，同时利用强度为 0.035 N/m^2 的定常南风来驱动模型。斜压时间步长设置为 60 s，内外模离散比例为 30，模型每 1 h 输出一次数据。

根据冷水区外缘线与当地地形的对比情况（未展示），发现外缘线凸出部分与浅地形吻合良好，而外缘线凹陷部分则与深地形相匹配（由东向西看）。因此，猜测地形在调控冷水区运动过程中扮演重要角色，并有针对性地设计了 3 个对照数值实验：EXP_G19，EXP_E5，EXP_BT。EXP_G19 实验中使用了英国海洋数据中心最新的分辨率为 15 弧秒的水深数据（GEBCO_2019）；EXP_E5 则使用了美国国家地球物理数据中心提供的分辨率为 5 分的地形数据（ETOPO5）；除水深数据不同外，EXP_G19 与 EXP_E5 其他设置完全相同。EXP_BT 是一个正压潮实验，使用与 EXP_G19 相同的网格及潮强迫信息，但温、盐在模拟过程中始终全场保持均一，正压潮实验的结果主要用来验证模型对于海峡内强潮流的模拟效果，同时其结果也将经潮流调和分析后得到海区内的潮流调和常数，从而快速准确地回报海区内任意给定时刻的潮流场。

图 4.4.3 展示了 EXP_G19 模拟的第 38 天每 2 h 的海表温度场与潮流场：在西向潮流的作用下，海南岛东北岸生成的上升流冷水可显著入侵至海峡内部，在此过程中冷水区的西侧外缘线与卫星资料捕捉到的具有锯齿形外缘的冷水区截然不同；当东向潮流支配海峡后，上升流冷水逐渐退出海峡，用绿色实线（30.3℃等温线）标识出了图 4.4.3（h）展示的时刻下冷水区的西侧外缘线，该外缘线的形状及空间分布位

置均与图 4.4.1（c）中相关信息吻合良好，表明 EXP_G19 可以较好地再现该冷水区在特定条件下其西侧外缘呈锯齿形这一现象。

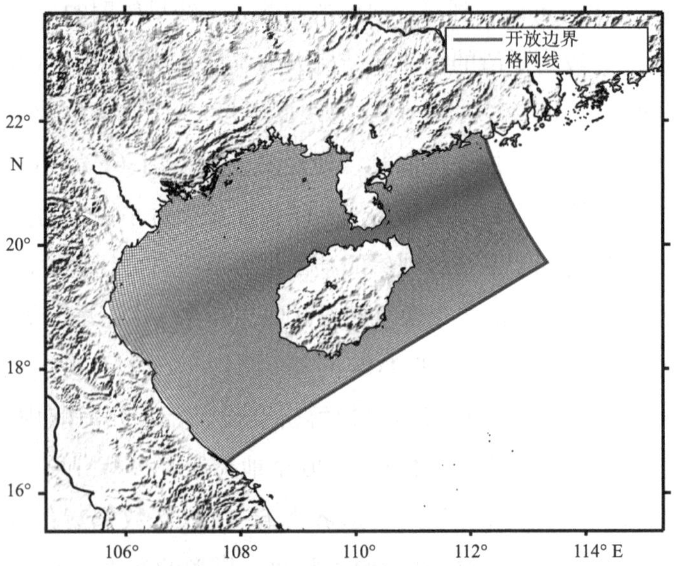

图4.4.2 ROMS网格设计（每5条网格线绘制1条）

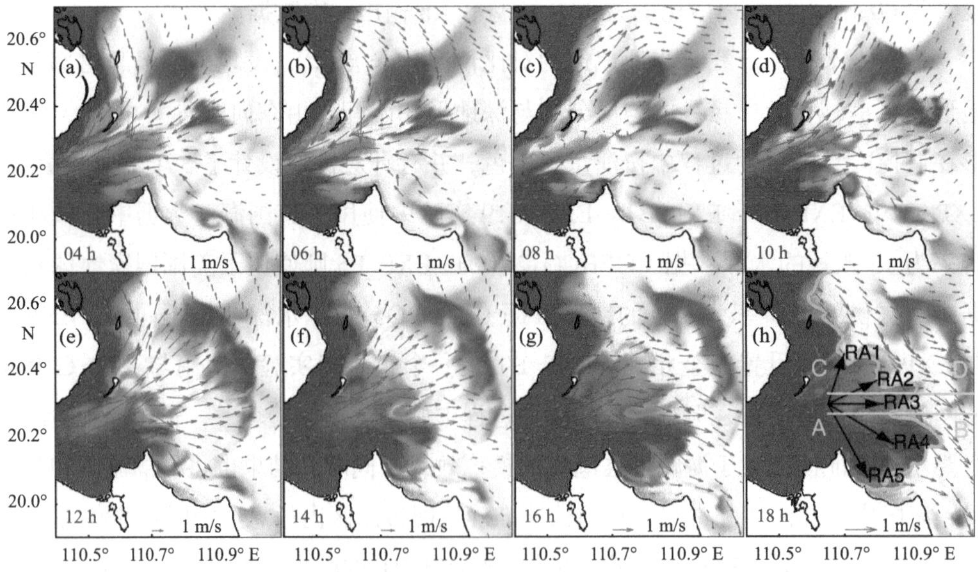

图4.4.3 EXP_G19模拟的第38天每2 h的海表温度场与潮流场，（h）中绿色实线为30.3℃等温线

图 4.4.4 展示了 EXP_G19 模拟的第 38 天 4 时及 18 时断面 AB、CD［位置见图 4.4.3（h）］上东西向流速值、等温线、*u*-*w* 流速矢量分布。可以看到，当西向潮流控制海峡

时，断面 CD 上的西向流速显著强于断面 AB，这是由于在断面 AB 上位于 110.65°—110.75°E 的海脊起到了阻挡海流的作用，对应的上升流冷水在 CD 断面上的西向入侵程度也强于断面 AB；当东向潮流支配海峡后，断面 CD 上的东向流速显著强于断面 AB，使得上升流冷水在断面 CD 能够以更快的速度向东退出海峡，这便形成了冷水区锯齿形外缘的凹陷部分；反之，在断面 AB 上形成了锯齿形外缘的突出部分。

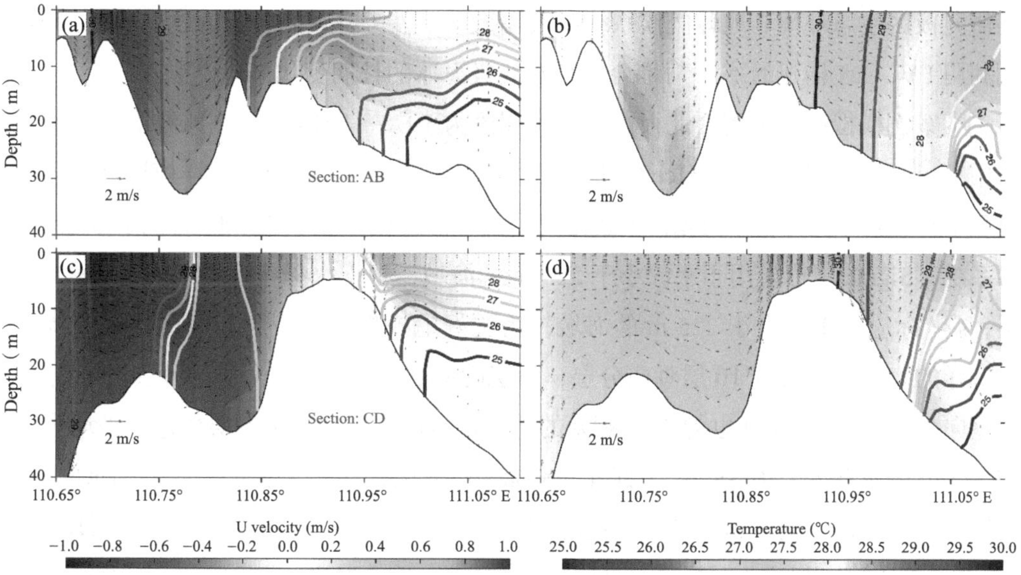

图4.4.4　EXP_G19模拟的第38天4时（a）及18时（b）断面AB上东西向流速值（紫—绿填充）、等温线（彩色实线）、*u-w*流速矢量（箭头）分布；断面CD上4时及18时断面AB上东西向流速值（紫—绿填充）、等温线（彩色实线）、*u-w*流速矢量（箭头）分布依次展示于（c）和（d）中。断面AB、CD位置可见于图4.4.3（h）

而对 EXP_E5 的结果分析表明，该实验无法再现琼州海峡东口处冷水区的锯齿形西侧外缘，这是由于低分辨率的 ETOP5 数据无法刻画琼州海峡东口深浅交错的水深导致的。同时，结合一系列的观测和模型的综合分析，本工作指出：①地形在空间上的分布差异直接导致琼州海峡东口处潮流强度空间的分布不均，进而在显著调控当地上升流冷水的运动，深地形处潮流流速强，上升流冷水可更快地退出海峡，形成锯齿形西侧外缘的凹陷部分，反之，浅地形处则形成西侧外缘的凸出部分；②冷水区具有锯齿形西侧外缘的现象仅在东向潮流位相（且多在东向潮流位相的后半段）时刻下发生；③海南岛东北岸上升流多在持续的东南风—南风下显著发生，这也是冷水区能够存在且具有锯齿形西侧外缘现象的先决条件。

4.5 北极海冰时空变化数值模拟

海冰是气候变化最敏感的因子之一，也是极地气候系统的重要组成部分。在全球气候变暖的背景下，过去几十年北极海冰正发生着快速的变化，而北极海冰的变化将影响北极资源开采、航道规划和交通运输等经济活动，更对大尺度天气和气候及生态系统有重要影响，是全球气候变化的重要指示器，因此，准确了解北极海冰的变化，是研究极区生态环境、地球气候系统和极端天气事件等一系列重大问题的关键。本案例利用 FVCOM 构建的冰 – 海耦合模型对北极海冰的长期变化进行模拟。

本案例模拟区域为整个北极，模拟时间段为 1978—2014 年，在冰海耦合技术上，采用 Los Alamos Community Ice Code（CICE）海冰模块与 FVCOM 海洋模块进行耦合。模型水平分辨率为 1 ~ 40 km，垂直方向采用 Sigma 坐标和 s 坐标混合的共 45 层的坐标系统，Sigma 坐标应用于水深小于 225 m 的海域，根据水深将垂直方向平均分成 45 层，s 坐标应用水深大于 225 m 的海域，为更好地模拟海洋表层和底层的环流特征，在海洋的表层区域设置 10 层垂向分层，每层的厚度为 5 m，在海洋的底层区域设置 3 层垂向分层，每层的厚度也为 5 m，剩余的中间水深区域利用余下的层数进行平均分层。在 225 m 的水深处，为 Sigma 坐标和 s 坐标的过渡区，在此深度处，45 层的垂向分层使得每层的厚度均为 5 m。模型使用的驱动力包括：8 个潮汐分潮（M_2、S_2、N_2、K_2、K_1、P_1、O_1、Q_1）、风应力、海平面气压、净热通量、地表温度、蒸发降水、入海径流等。大气驱动数据来源于美国国家大气研究中心（NCAR）的 CORE-v2（Common Ocean-ice Reference Experiments, version 2）再分析数据以及美国国家环境预报中心（NCEP）和 NCAR 联合制作的 NCEP/NCAR 再分析数据。河流驱动数据来自全球径流数据中心（Global Runoff Data Centre）、北极大河观测计划（Arctic Great Rivers Observatory）的日均数据集，已包含北极地区主要入海径流，对于一些缺少日均数据的较小径流，采用美国国家大气研究中心的全球河流流量和陆地径流月均数据集，从而最大限度地保证了模型径流量的准确性。模型的开边界驱动采用了嵌套技术，边界驱动数据由全球模型 Global-FVCOM 提供。

结果显示，FVCOM 可以很好地捕捉北极海冰 1978—2014 年的主要时空变化特征，对海冰密集度（图 4.5.1）、海冰范围（图 4.5.2）、海冰漂移速度（图 4.5.3）、海冰厚度（图 4.5.4）等海冰要素都有着较好的模拟能力。

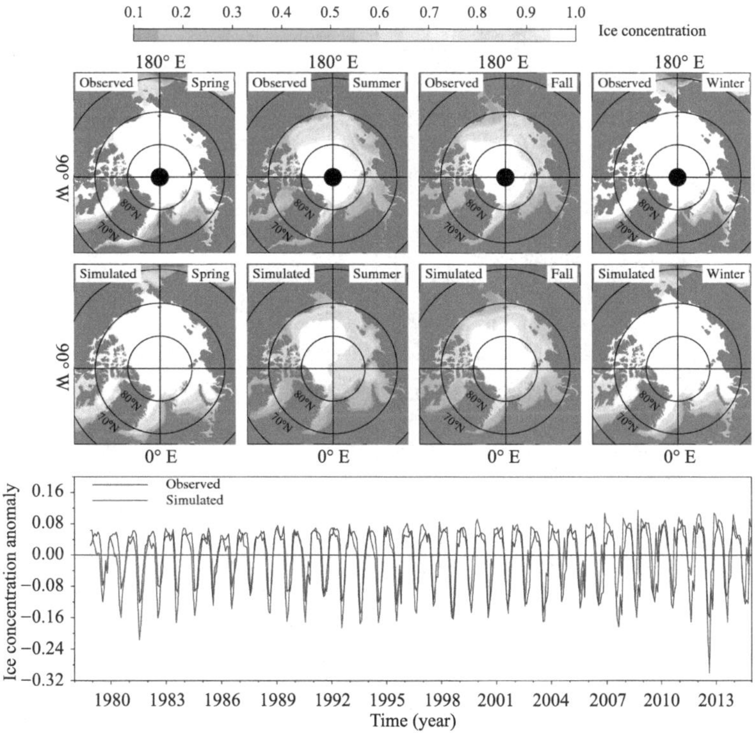

图4.5.1 模型与观测的北极海冰密集度1979—2014年多年季节平均分布（春3—5月、夏6—8月、秋9—11月、冬12—2月）及月平均距平变化对比。观测数据来源于美国国家冰雪中心Bootstrap算法反演的卫星产品

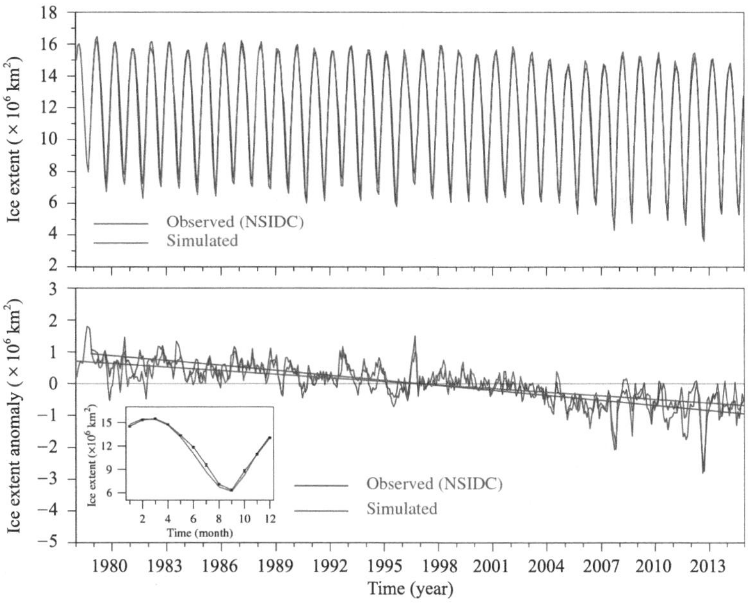

图4.5.2 模型与观测的北极海冰范围1978—2014年月平均、月平均距平以及多年月平均变化对比。观测数据来源于美国国家冰雪中心Sea Ice Index产品

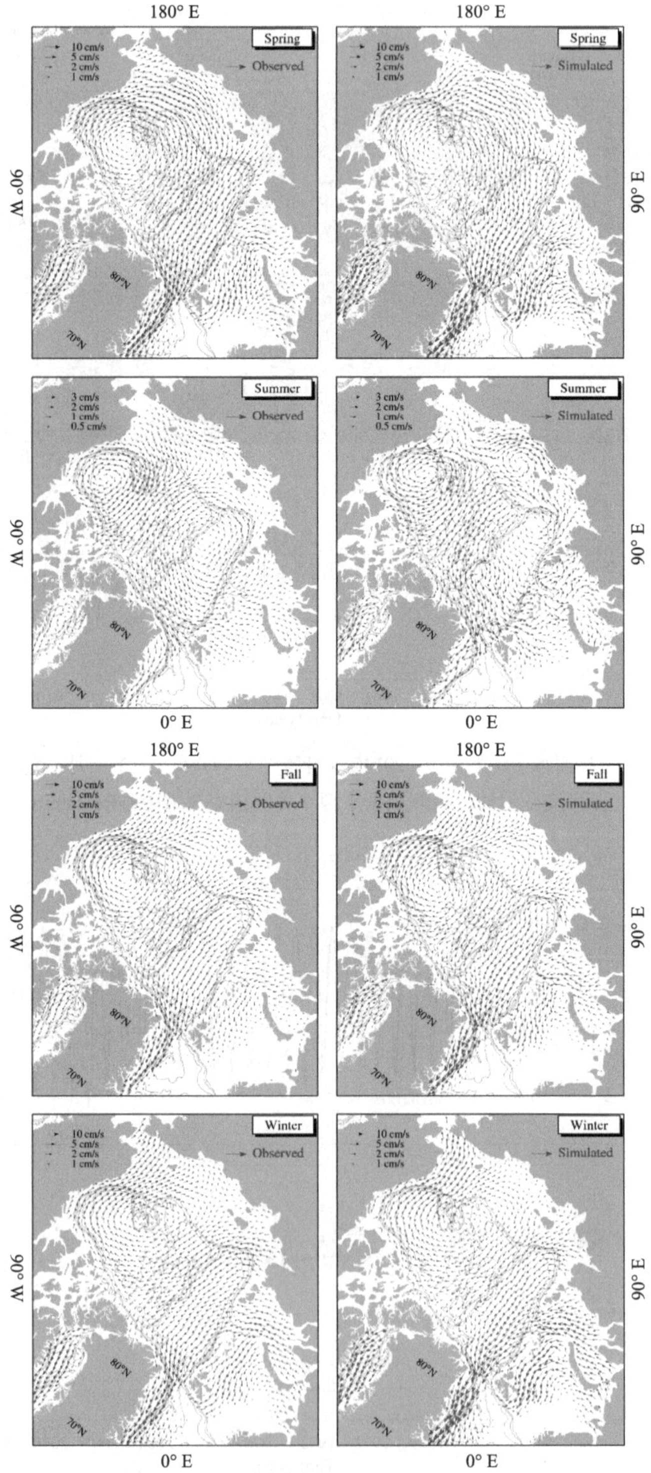

图4.5.3 模型与观测的北极海冰漂移速度1979—2014年多年季节平均分布对比。观测数据来源于美国国家冰雪中心Polar Pathfinder产品

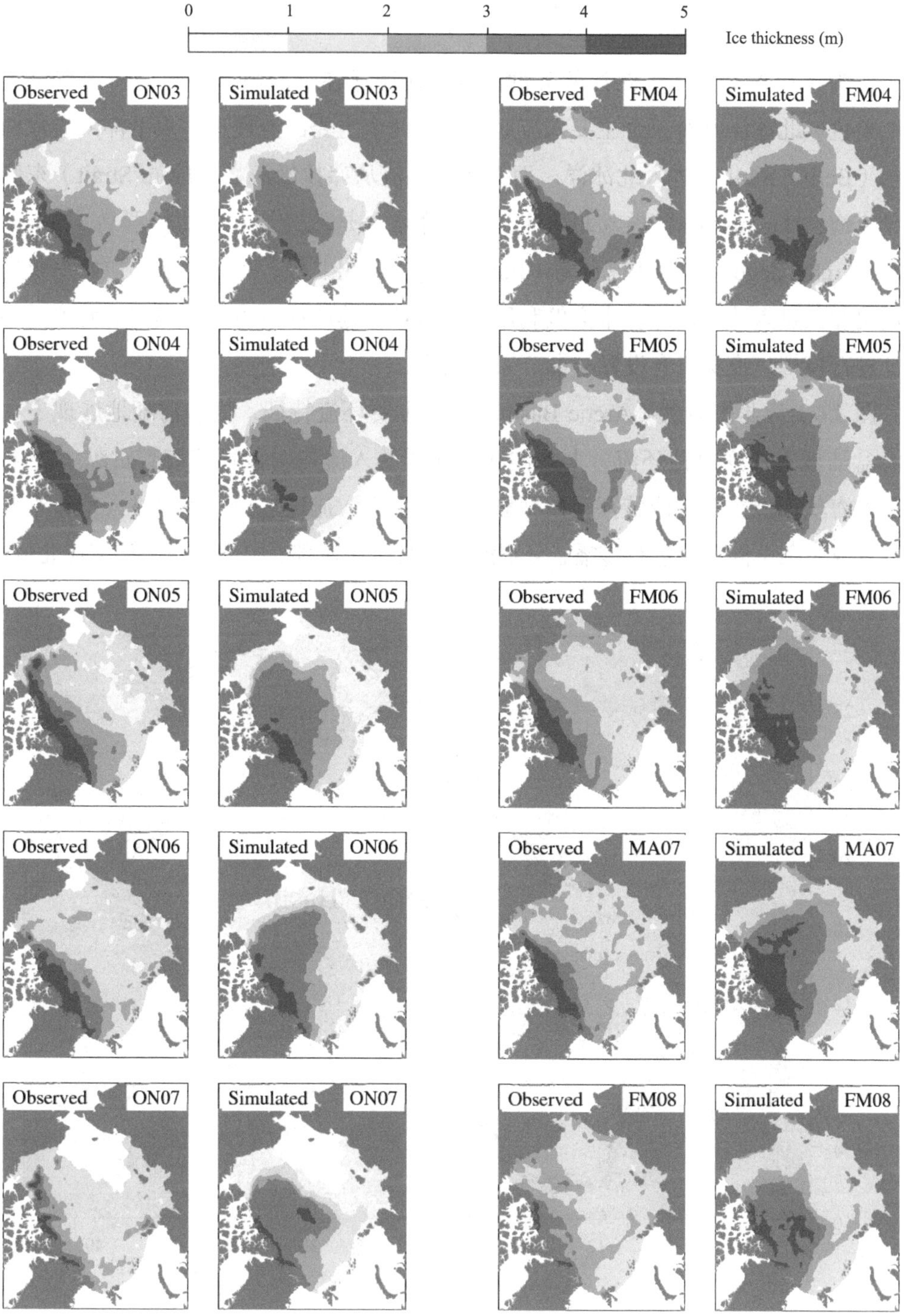

图4.5.4　模型与观测的北极海冰厚度2003—2008年10—11月（ON）、2—3月（FM）、3—4月（MA）平均分布对比。观测数据来源于美国国家冰雪中心ICESat卫星产品

4.6 北冰洋环流特征数值模拟

作为连接太平洋和大西洋的关键区域，北冰洋在全球海洋环流中扮演着至关重要的角色。北冰洋共有三个主要入流通道以及两个主要出流通道。太平洋入流从白令海峡（Bering Strait）进入北冰洋，而大西洋入流从弗拉姆海峡（Fram Strait）东侧和巴伦支海（Barents Sea）进入北冰洋。北冰洋水一是流经加拿大北极群岛（Canadian Arctic Archipelago）然后从巴芬湾（Baffin Bay）流出北极，另一是从弗拉姆海峡的西侧流出北极进入北大西洋。本案例利用 FVCOM 构建的冰—海耦合模型对北冰洋环流特征进行模拟，模型所有设置与章节 4.5 相同。

图 4.6.1 为北极海盆（Arctic Basin）区域主要环流特征，模型清晰地展现了在北极海盆陆坡上的逆时针环流，太平洋和大西洋的入流均对该环流有着贡献。图 4.6.2 为白令海峡区域主要环流特征，模型显示，太平洋入流通过白令海峡进入楚科奇海后主要分成三条不同路径进行传播，分别沿着楚科奇海东部、中部和西部从南往北输运，

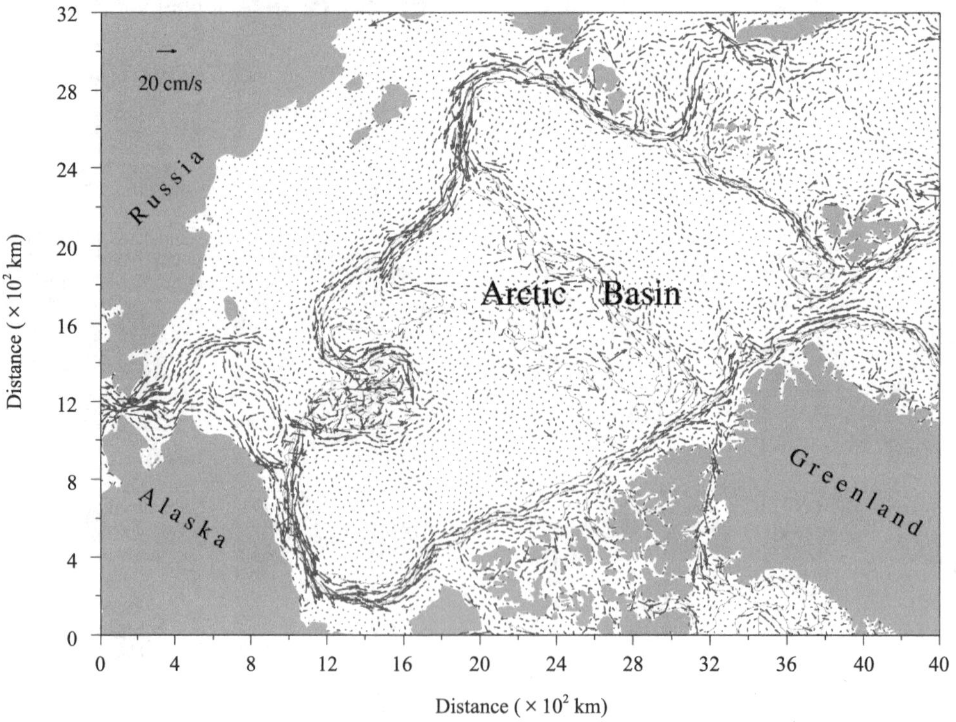

图4.6.1 北极海盆区域1978—2014年多年平均流场（0 ~ 400 m垂向平均）

这与观测的结论相符合。在弗拉姆海峡区域，模型显示强劲的大西洋入流从弗拉姆海峡东侧流入北冰洋（图 4.6.3），同时，北冰洋水又从弗拉姆海峡西侧流出北极。此外，模型也捕捉到了大西洋入流通过巴伦支海进入北冰洋的环流特征（图 4.6.4）。图 4.6.5 为加拿大北极群岛和巴芬湾区域主要环流特征，该区域狭长水道众多，岸线复杂，模型的高分辨率三角形网格在此发挥了突出的作用，模型结果显示，北冰洋水主要通过加拿大北极群岛区域的内尔斯海峡（Nares Strait）、兰开斯特海峡（Lancaster Sound）和琼斯海峡（Jones Sound）汇入巴芬湾，巴芬湾内的环流呈逆时针特征，在巴芬湾的东侧主要为向北流动的西格陵兰流，在巴芬湾的西侧则主要为向南流动的宽阔且表层流速较快的巴芬岛流。

以上结果表明，模型能够准确刻画北冰洋环流的主要特征，尤其是在太平洋和大西洋入流以及北冰洋出流的关键区域，这对于进一步研究气候变化背景下的北极海洋环境具有重要的支撑作用。

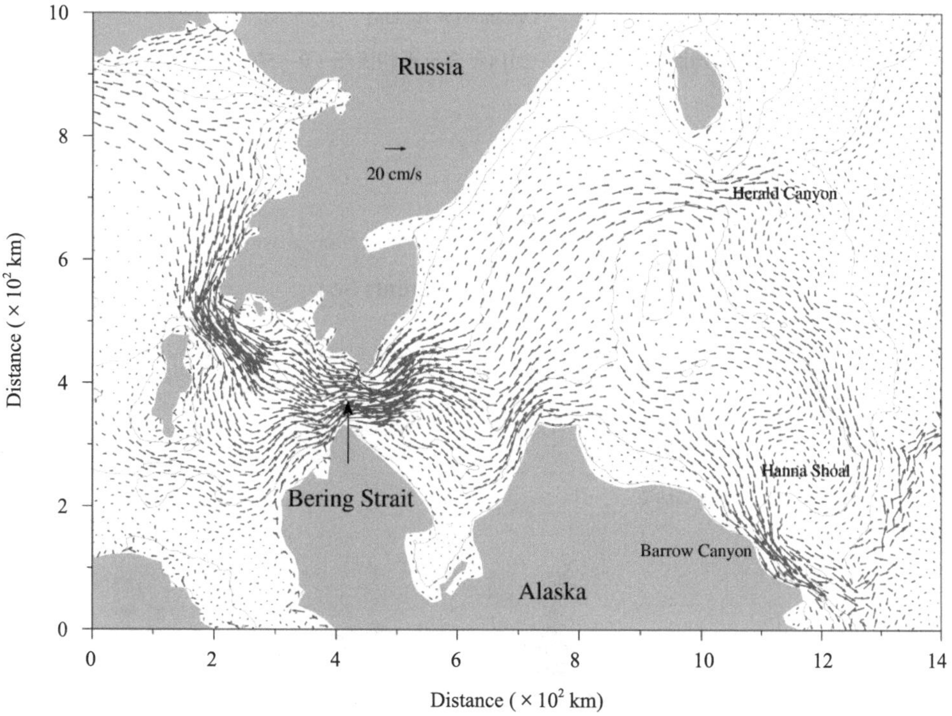

图4.6.2　白令海峡区域1978—2014年多年平均流场（0 ~ 50 m垂向平均）

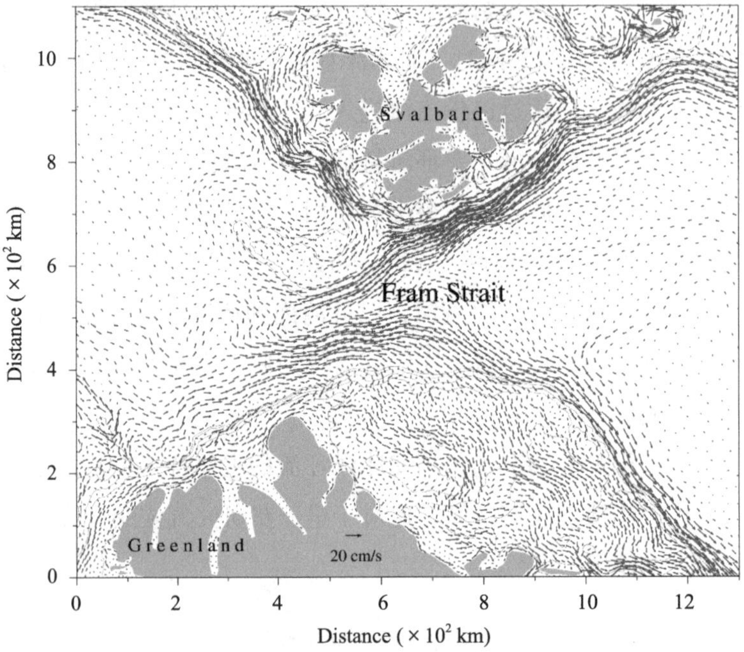

图4.6.3　弗拉姆海峡区域1978—2014年多年平均流场（0 ~ 50 m垂向平均）

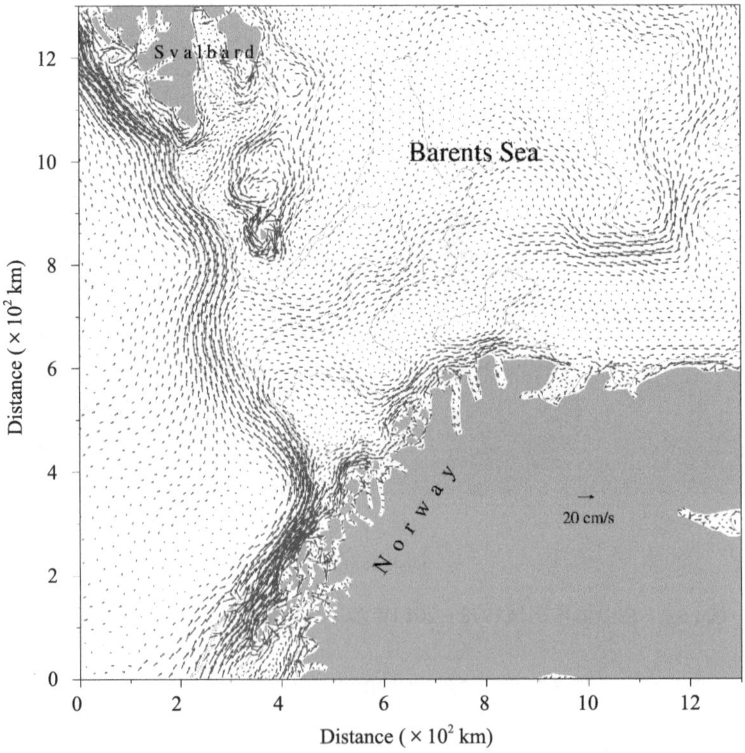

图4.6.4　巴伦支海区域1978—2014年多年平均流场（0 ~ 50 m垂向平均）

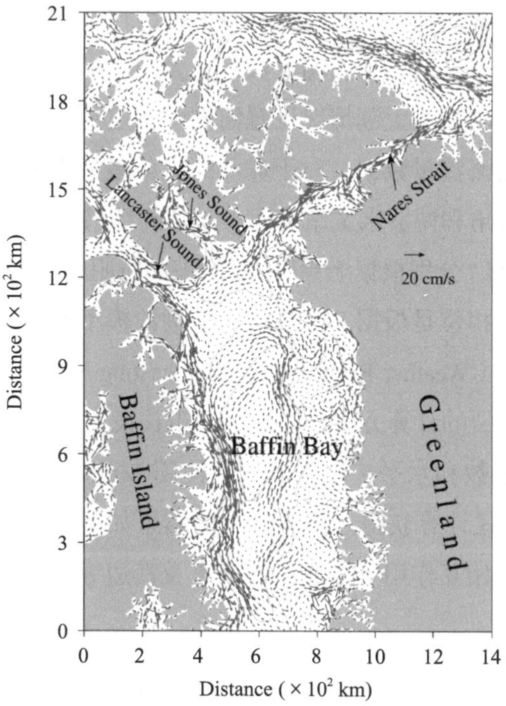

图4.6.5　加拿大北极群岛和巴芬湾区域1978—2014年多年平均流场（0～400 m垂向平均）

4.7　多通道河网对珠江口冲淡水影响数值模拟

陆架上，河流冲淡水的结构、混合、输运和变化通常受到风应力和周围海流的显著影响。河口内，水体和盐分交换比在陆架上更为强烈和非线性。在潮汐河流－河口系统中，感潮河流在涨潮期间接纳潮水并通过摩擦作用持续地耗散潮能，在退潮期间潮水被释放并伴随着河水的外冲。这一过程影响着河口内冲淡水的动力与结构。当河口区有着多条入海河流，而且这多条河流之间还存在着纵横交错的连通关系时，不同入海河流通道与河口之间的相互作用将产生复杂的河口冲淡水动力过程。

本案例利用 FVCOM 模型研究了枯季珠江河网与河口相互作用区域冲淡水的动力学特征。模型区域覆盖 110°—118°E、19.5°—24°N，模型研究区域如图 4.7.1 所示，包括珠江主干流及所有支流：西江、北江、东河、流溪河、增江和潭江、珠江河口，以及 100 m 水深范围内的广东沿海和南海北部陆架。在水平方向上，该模型的网格大小在珠江河道内为 20 ～ 100 m，在河口和近岸区为 100 ～ 500 m，在最南端的开阔边界大致为 10 km，两者之间逐步过渡。在垂直方向上，模型采用混合地形跟踪坐标，共 45 层，在 225 m 等深线处有一个坐标转换。在深度大于 225 m 的区域，采用 s 坐标，小于 225 m 区域应用在垂直方向上具有均匀厚度的 Sigma 坐标。

开边界条件包括潮汐、珠江河流流量和风。在河口和陆架区域，模型初始温盐场采用气候态平均场。在河网区，初始温度被设定为与河口相同，而初始盐度被设定为零，且根据冬季珠江河网盐水上溯情况设置河网内盐度从 0 向河口过渡的区域。模型中使用了两种类型的河流流量数据。对于珠江的三条最大支流，包括西江、北江和东河，分别采用高要、石角和博罗水文站的逐小时观测结果（图 4.7.1）。对于其他小河，包括流溪河、增江和潭江，分别根据老鸦岗、麒麟嘴和石咀水文站的多年月平均值设置。开边界处潮汐的振幅和相位是根据 FVCOM 南海潮汐模型的模拟结果获得，风场数据由 4 km 分辨率的 WRF（Weather Research and Forecasting Model）中尺度天气模型输出得到。该模型采用模分裂的计算方案，外模时间步长设为 1 s，内模时间步长设为 5 s。模型中垂向涡动黏滞系数和水平扩散系数分别使用 Mellor 和 Yamada 2.5 阶湍流闭合方案和 Smagorinsky 公式计算获得。模型模拟的结果如图 4.7.2 至图 4.7.4 所示，展示了枯季珠江口入海河流相互作用下形成的冲淡水及其边缘处温度（盐度）锋面的细致结构。

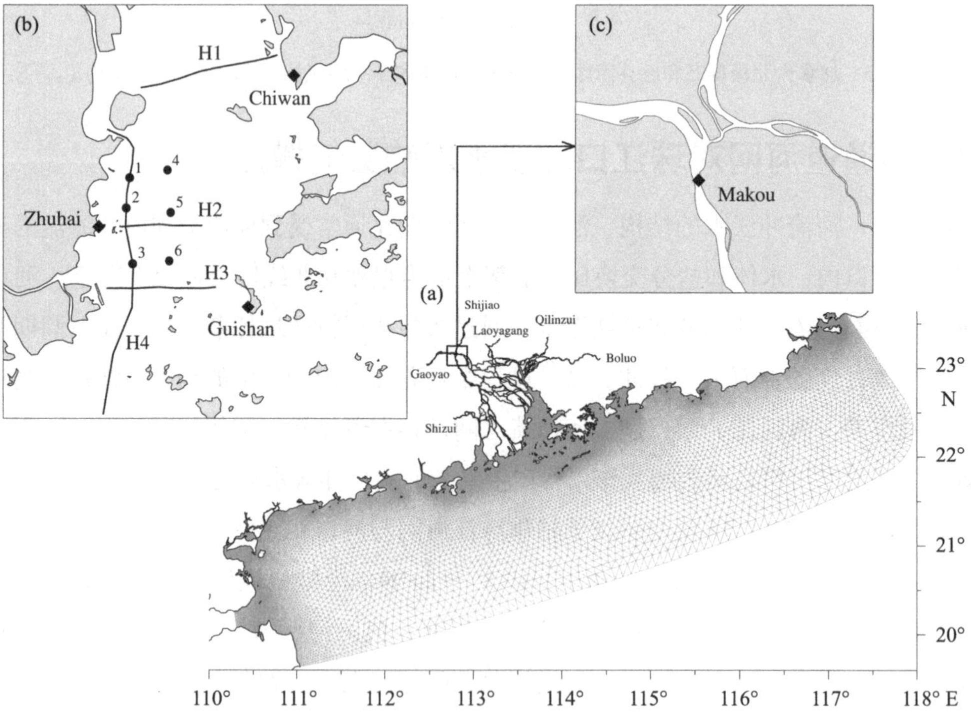

图4.7.1 （a）模型网格图以及河流边界处水文站的名称；（b）验潮站（棱形）和断面（H1 ~ H4）所在的位置；（c）河网内验潮站位置的放大图

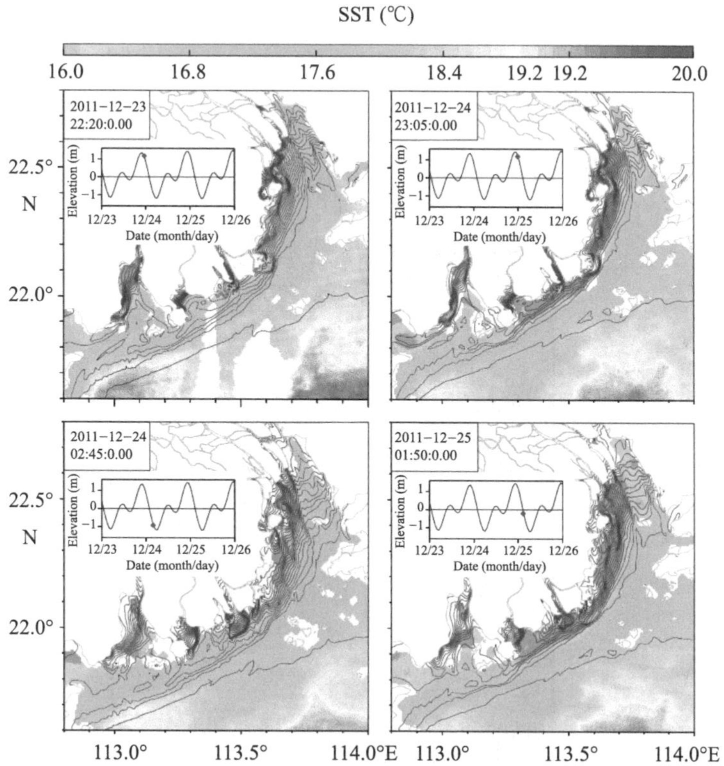

图4.7.2 2011年12月23日至25日，卫星获得的海温图像与模型模拟的表面盐度等值线的叠加。观测期间的潮汐相位如小图中红点所示。盐度等值线的间隔为1，最南端的等值线代表34

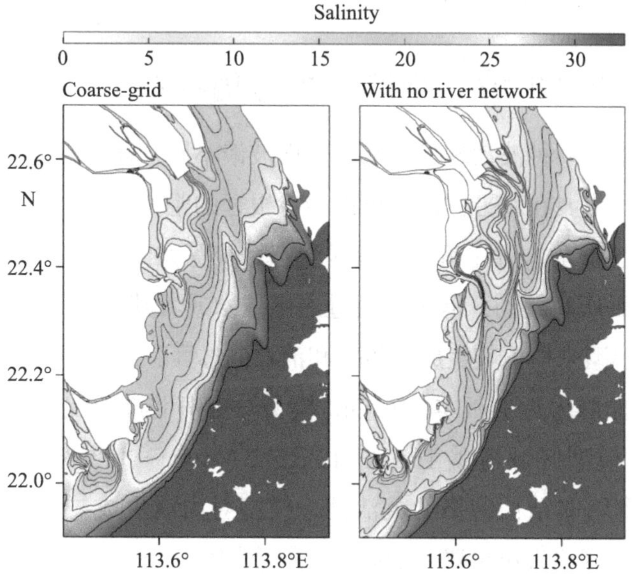

图4.7.3 2011年12月13日6时在珠江河口的粗网格（左）和不考虑河网（右）情况下的表面盐度分布

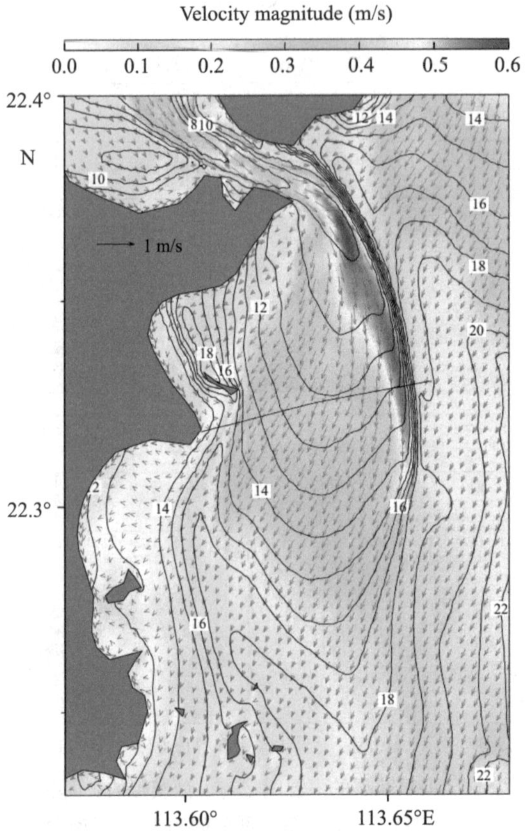

图4.7.4　2011年12月13日6时，淇澳岛周围冲淡水处的表面流和盐度场分布。颜色代表速度大小

4.8　南海非线性内波三维非静力数值模拟

内波是海洋中的一种波动现象。它与表面波浪不同，通常发生在水体的内部，沿着密度跃层传播。内波在水平方向上可以传播很远的距离，其引起的垂直运动，流速剪切和混合对军事安全、海洋运输和海洋生态系统等方面都有重要影响。在大洋中，内波不容易被肉眼所观察到，但可以通过遥感技术或者其他海洋观测手段进行探测，也可以通过数值模型来模拟其生成、传播和消亡的过程。

本案例基于非静力近似版本 FVCOM 模型对南海北部非线性内波的产生和传播过程进行模拟。模型区域覆盖 105°—131.5°E、12°—30°N，模型区域及网格如图 4.8.1 所示。利用非结构网格的灵活性，模型对内波生成与传播的关键区域进行局部网格加密，将网格大小设置为 500 m，在近岸附近为 500 ~ 2000 m，在陆坡区约

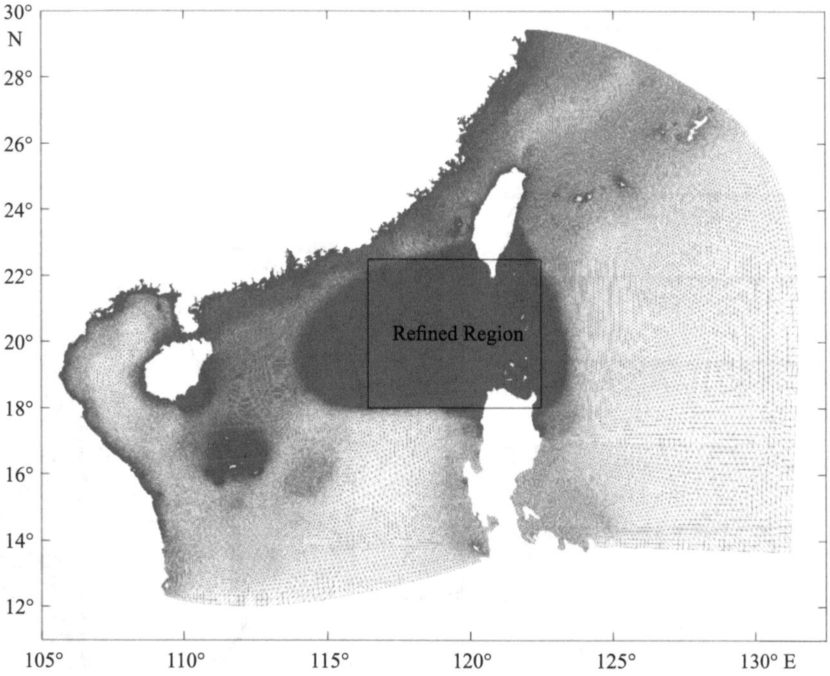

图4.8.1　模型研究区域网格图，其中矩形框表示模型的局部加密区域

为 3 km，在开边界处约为 15 km，并在开边界与陆坡之间进行线性过渡，实现对区域多尺度环流特征的网格分辨。在垂直方向，模型使用 100 层的均匀分层，层厚随局地海底深度变化而变化。模型中的水深数据主要来自 GEBCO 的全球 30 弧秒分辨率的数据集，部分来自中国沿海的海图数据。该模型在开边界处采用 TPXO8.0 潮汐数据产品，根据 8 个潮汐分量（M_2、S_2、N_2、K_2、K_1、P_1、O_1 和 Q_1）获得实时的潮汐水位。此外，开边界处非潮汐部分的水位和流速来自 HYCOM 再分析数据产品。在海面处的边界条件为 NCEP 的 CFSv2（Climate Forecast System Version 2）6 h 间隔数据集产品，数据包括表面风应力、净热通量、长波和短波辐照度、表面气压、比湿和降水等。河流数据来源于公开发表的文献中的月平均河流流量。为了对南海内波进行真实模拟，首先采用静力近似模型，从 2014 年 8 月开始计算至非线性内波模型开始时间，获取空间变化的初始层化和背景环流场，并将其插值获得内波模型的初始条件，然后进行内波模拟。模型模拟结果如图 4.8.2 至图 4.8.4 所示。

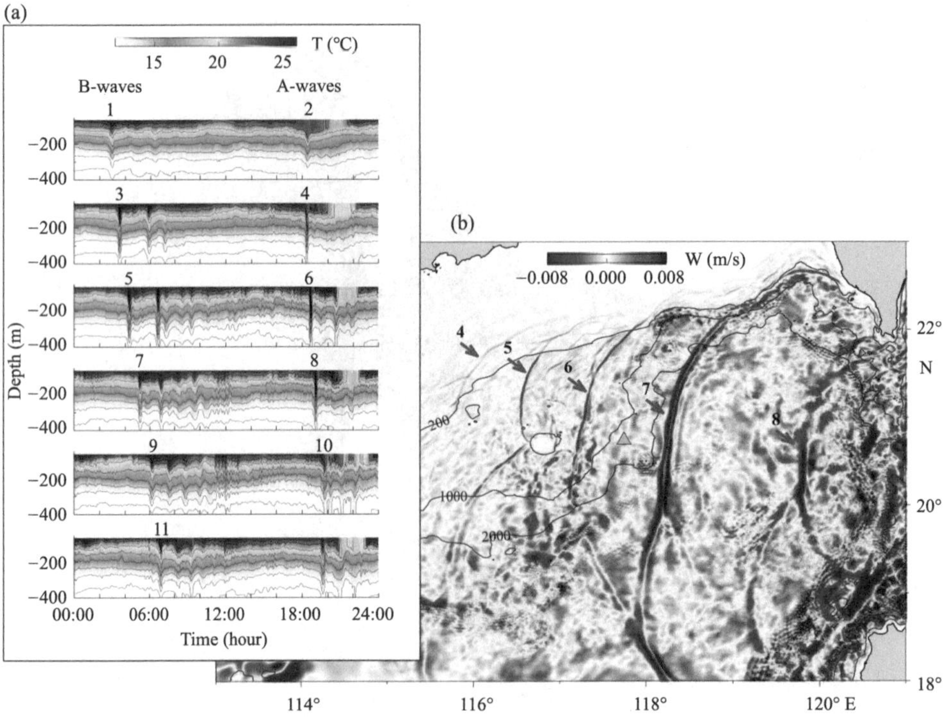

图4.8.2 （a）2014年9月7日至12日在潜标处观测的温度的时间序列图，显示了A型和B型内波的存在；（b）模拟的南海非线性内波的瞬时场，具体时间为2014年9月11日00:12:00，图中颜色表示模型中第5个Sigma层处（深度范围小于200 m）的垂直速度，红色和蓝色分别表示向上和向下的垂直速度。紫色箭头指示模型模拟的非线性内波波包，绿色三角形表示潜标的位置

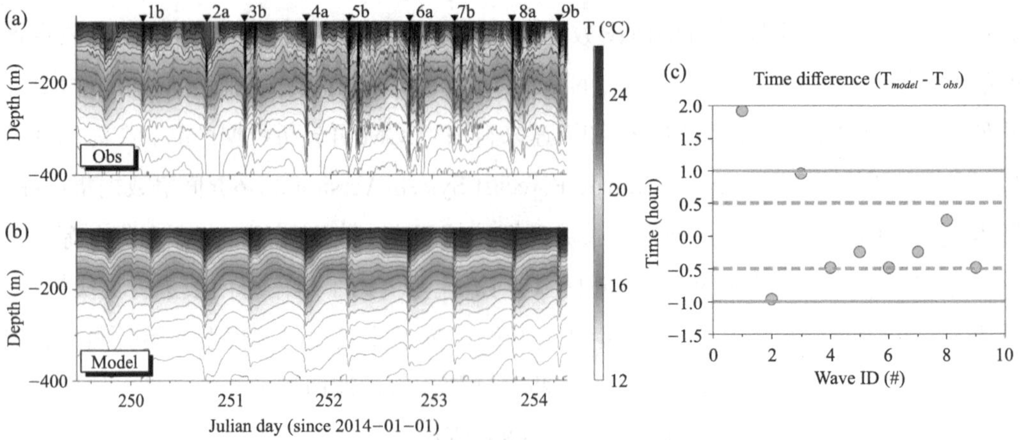

图4.8.3 （a）潜标处观测的温度时间序列（2014年9月7日至12日），“a”或“b”的数字分别表示图4.8.2（a）中标记的A型和B型非线性内波；（b）相应的模型结果；（c）模拟的和观测的内波到达时间之间的偏差，其中第一个内波的误差主要来自模型的初始场

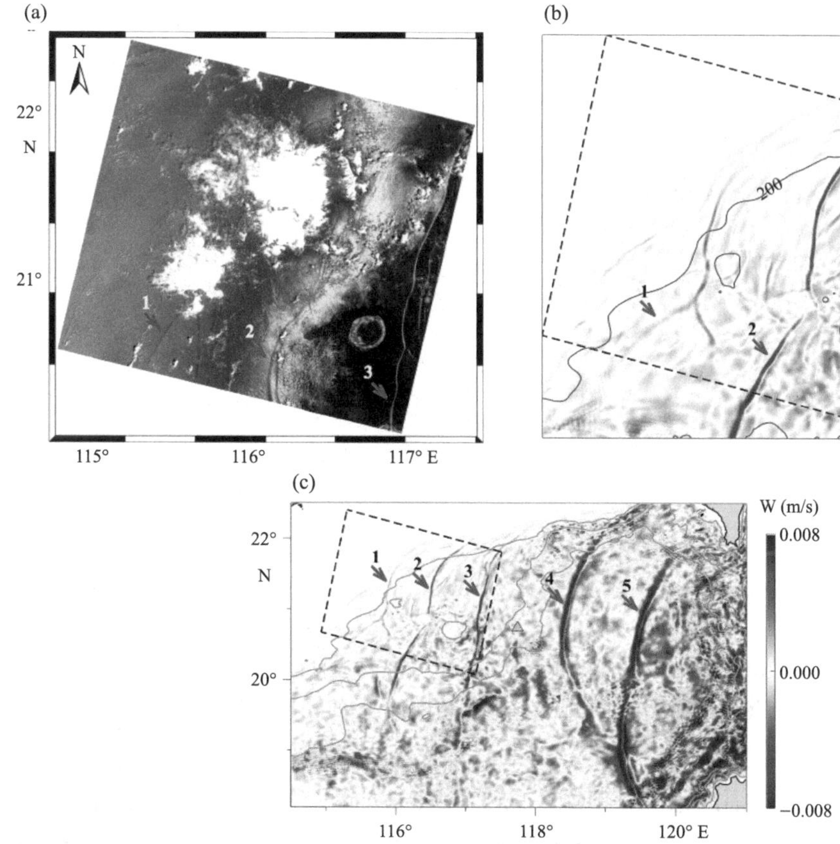

图4.8.4 （a）2014年9月9日11:30:00拍摄的高分1号光学遥感卫星图像；（b）2014年9月9日11:36:00依据模型第5个Sigma层处（深度范围小于200 m）的垂直速度获得的内波场；（c）模型模拟的大范围内波场，其中卫星图像的范围如图中虚框所示

4.9 福岛核电站放射性物质泄漏扩散过程数值模拟

2011 年 3 月 11 日，日本东北太平洋地区发生里氏 9.0 级地震并引发海啸，导致福岛第一核电站受损并发生放射性核物质的大量泄漏，而其中的铯 137 半衰期为 30 年，对海洋环境造成了严重影响。

本案例基于 FVCOM 模型模拟了大地震引发的海啸以及在福岛核电站的淹水过程，在此基础上，利用模型评估了放射性物质铯 137 在日本近海的扩散情况。模型研究区域及网格如图 4.9.1 所示，采用了区域模型（Japan coastal FVCOM，JC-FVCOM）和全球模型（Global-FVCOM）嵌套的方式。Global-FVCOM 在日本东岸的分辨率约为 2 km，JC-FVCOM 水平分辨率为从与 Global-FVCOM 边界嵌套处的 2 km 逐渐变化

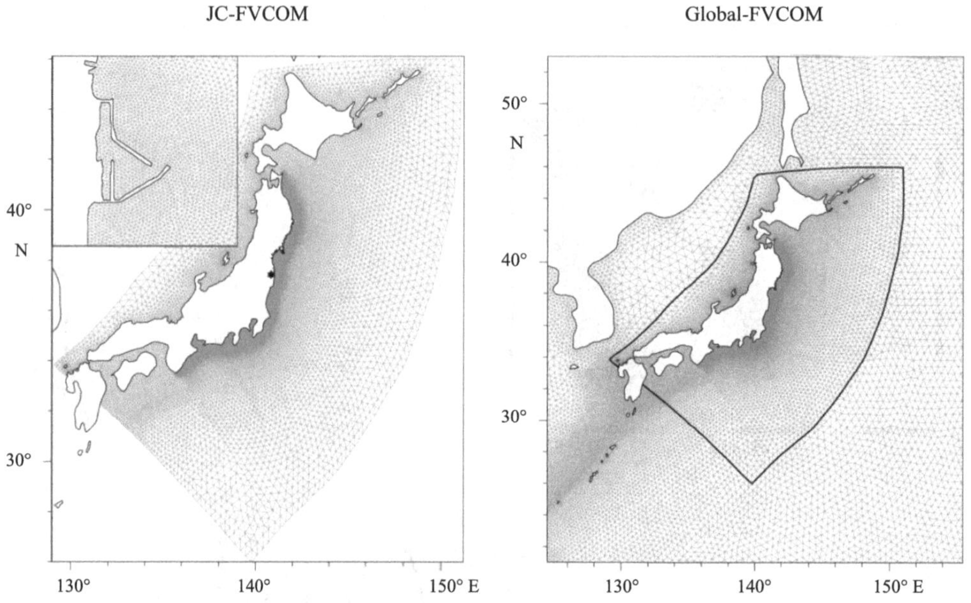

图4.9.1　模型研究区域网格图。左图为区域模型JC-FVCOM，右图为全球模型Global-FVCOM。右图中的粗黑线代表连接Global-FVCOM和JC-FVCOM的嵌套边界

到近岸沿海地区（包括福岛第一核电站）的 5 ~ 10 m。两个模型在垂直方向上均采用混合地形跟踪坐标，共 45 层，在深度大于 225 m 的区域，采用 s 坐标；小于 225 m 区域采用均匀厚度的 Sigma 坐标。在驱动力上，两个模型采用相同的驱动力，包括 8 个潮汐分潮（M_2、S_2、N_2、K_2、K_1、P_1、O_1、Q_1），来自 NCEP 的风、净热通量、海平面气压、蒸发降水等再分析数据，以及主要河流等。两个模型的初始场均来自 Global-FVCOM 在 2010 年 12 月 31 日的模拟结果，本案例使用了 FVCOM 中示踪剂模块，模拟时间为 2011 年 1 月 1 日至 8 月 31 日，Global-FVCOM 在嵌套网格边界上的模拟结果作为 JC-FVCOM 开边界驱动条件。模型模拟结果如图 4.9.2 至图 4.9.4 所示，表明模型对核电站处细微岸线特征（如海堤）的精细刻画，能显著改进放射性物质铯 137 扩散过程的模拟，从而有利于对福岛核电站放射性物质泄漏量的评估以及放射性物质扩散对近海的影响评估。

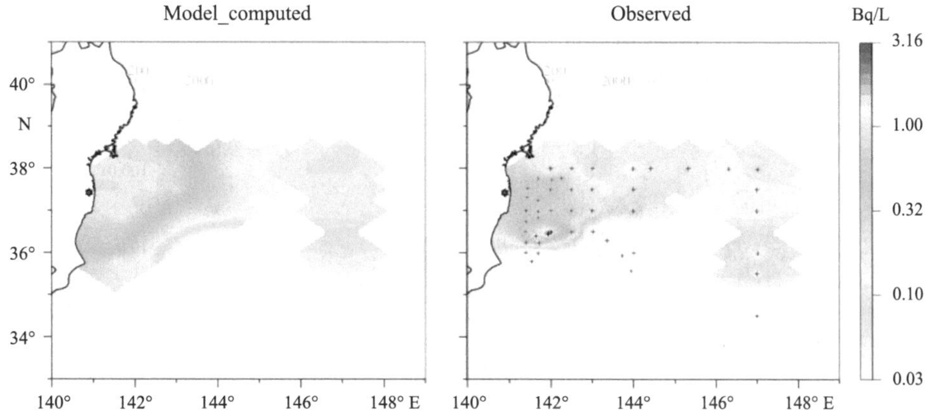

图4.9.2 2011年6月高分辨率嵌套模型模拟的铯137浓度和观测结果的对比，右图黑色点为调查点位置

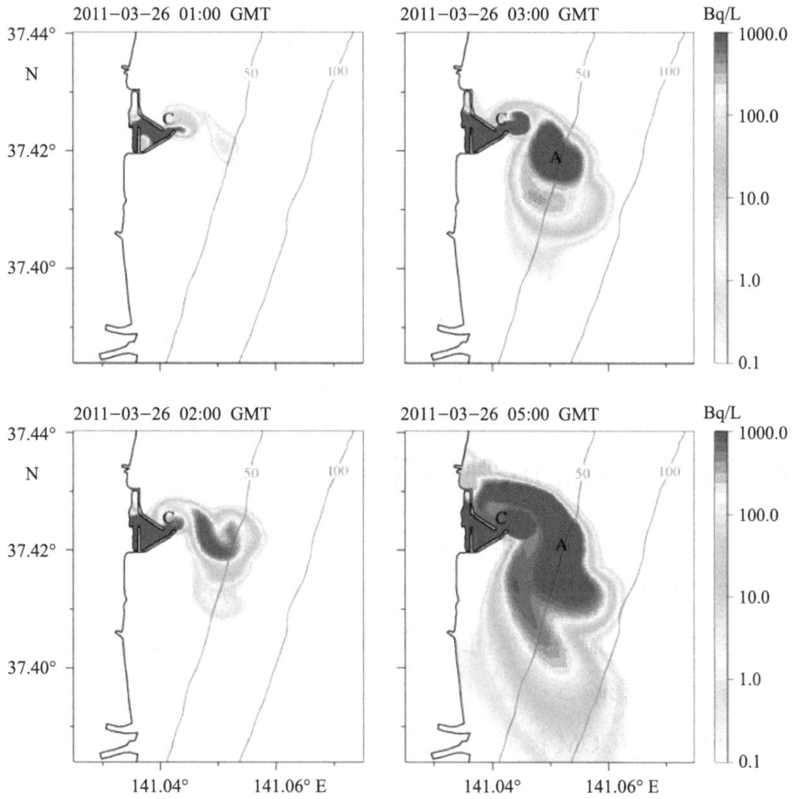

图4.9.3 2011年3月26日01:00、02:00、03:00和04:00，高分辨率嵌套模型模拟的福岛第一核电站周围铯137的浓度分布。图中“C”表示气旋涡流的位置，“A”表示反气旋涡流的位置

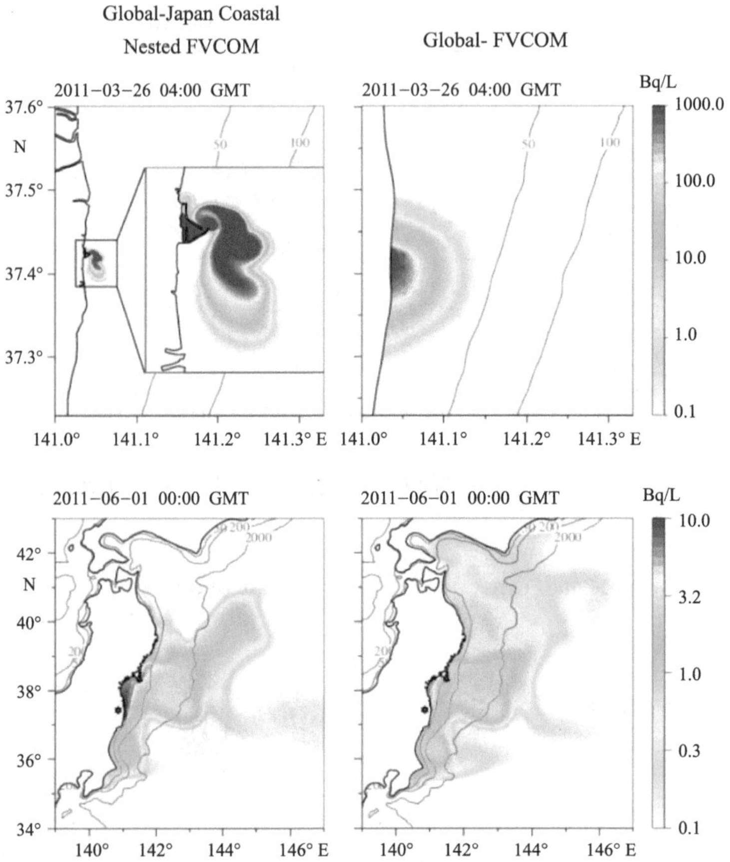

图4.9.4 2011年3月26日04:00和6月1日00:00，高分辨率嵌套模型（左）和较低分辨率全球模型（右）模拟的铯137浓度分布的对比

4.10 冬季黄海暖流和济州岛暖流数值模拟

中国近海包括渤海、黄海、东海和南海。其中渤海和黄海为半封闭的陆架浅海。冬季渤黄海受频发的寒潮大风过程影响，黄海暖流是黄海最重要的水文现象之一，黄海暖流可以将外海相对高温高盐水向北输送进入黄海内部，对黄海及渤海的环流分布和生态过程都有重要的影响。

本案例介绍利用 FVCOM 模型模拟冬季黄海暖流和济州岛暖流的天气尺度变化特征。模型区域覆盖 117°—138°E、21°—41°N，包括整个渤海、黄海、东海。模型区域及网格分布如图 4.10.1 所示。模拟区域共有 70479 个点，136612 个三角形网格。模型水平分辨率在近岸处设置为 1 km，在开边界处为 20 km。垂向均匀分为 30 个 Sigma 层。模型开边界低频水位、海流和温度盐度数据取自全球模型 HYCOM 每天的再分析结果，在此基础上叠加潮汐强迫，开边界潮汐强迫包括潮位和潮流，潮位和潮流的调和常数及潮流椭圆参数来自 TPXO7.2 的潮汐模型结果。上表面强迫场数据来自 NCEP 的 CFSR（Climate Forecast System Reanalysis）每小时的数据，包括海面 10 m 风速、长波和短波辐射、海面 2 m 气温、气压、蒸发和降水通量、相对湿度等。海面热通量基于块体公式，模型自行计算。模型水深整合了 DBDBV（Digital Bathymetric Data Base Variable）水深数据和中国近海海图水深数据。模型中考虑了长江和黄河两条径流，径流数据采用中国河流泥沙公报逐月的数据。

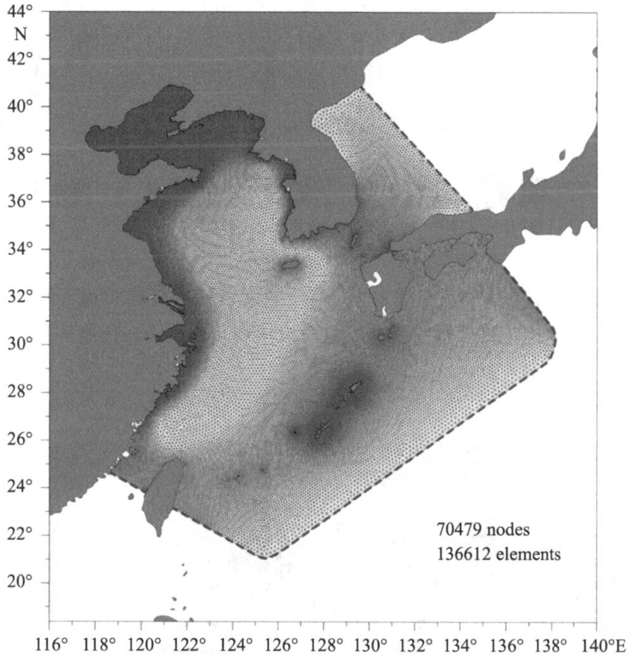

图4.10.1　模型区域和网格分布，蓝线为开边界

模型模拟结果参见图 4.10.2 和图 4.10.3。其中图 4.10.2 为模型模拟的 2007 年冬季一次寒潮大风过程下黄海低频水位和 50 m 层黄海暖流的变化。大风来之前，黄渤海水位分布为南高北低，黄海暖流局限于黄海槽西侧，黄海东侧为南向流［图 4.10.2（a）］；大风过程下，黄渤海和北黄海水位下降［图 4.10.2（b）］，低水位沿黄海西侧向南传播，而高水位沿黄海东侧向北传播，在黄海形成东向方向上的水位梯度，东向方向上增强的水位梯度使黄海暖流增强［图 4.10.2（c）～（e）］，整个黄海海槽基本为北向的黄海暖流占据；当大风衰减之后，水位分布恢复到大风来之前的状态，黄海暖流也逐渐减弱［图 4.10.2（f）～（h）］。

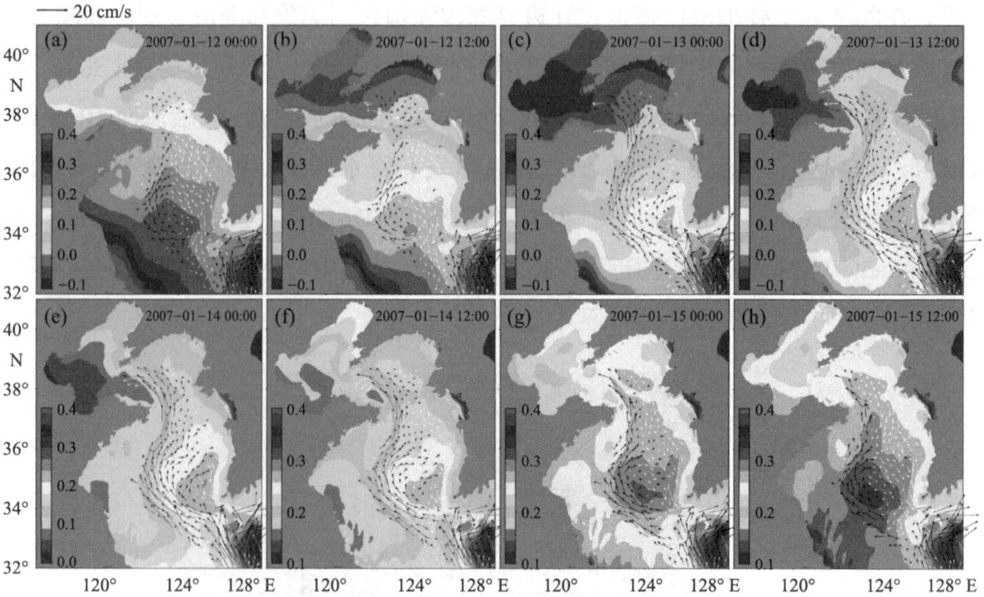

图4.10.2　模型模拟的2007年冬季一次寒潮大风过程下黄海低频水位和50 m层黄海暖流的变化。颜色填充代表低频水位（滤掉潮汐），黑色箭头代表北向流，白色箭头代表南向流

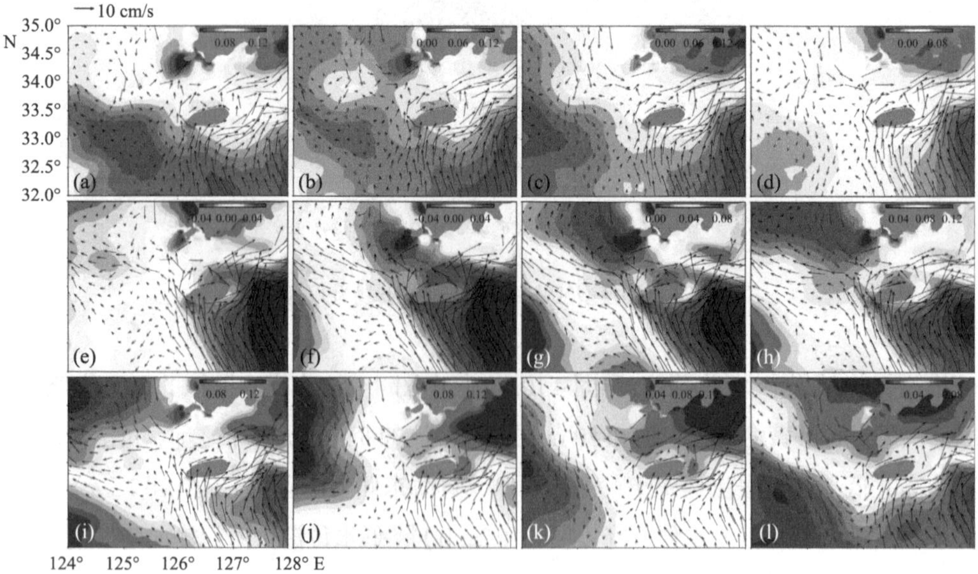

图4.10.3　模型模拟南黄海入口处济州岛暖流随低频波动传播的变化特征，其中颜色填充为低频水位（滤掉潮位），箭头为低频海流（滤掉潮流）

图 4.10.3 为模型模拟的南黄海入口处济州岛暖流随低频波动传播的变化特征。由图中可以看到，一般情况下，济州岛暖流顺时针绕过济州岛向东进入对马海峡，而当冬季寒潮大风过程会在黄海激发低频水位波动，波动传播调整南黄海的水位分布，从图 4.10.3 的水位变化可以看到，高水位和低水位围绕济州岛逆时针旋转，当高水位在东侧，低水位在西侧时，东西向的水位梯度增大，济州岛暖流会转向西北，将相对高温、高盐的济州岛暖流水抽吸进入南黄海。

4.11　渤海海峡海流的短期变化数值模拟

渤海为半封闭的内陆海，平均水深 20 m。渤海仅通过渤海海峡与北黄海相通，渤海的水文环境受渤海和北黄海水交换的显著影响。渤海海峡是中国三大主要海峡之一（渤海海峡、台湾海峡、琼州海峡），是进入渤海的重要航道，渤海海峡的环流形态对渤海和北黄海的水体交换和污染物扩散具有重要的意义。

本案例介绍基于 FVCOM 模型对渤海海峡环流的短期变化进行模拟。模型具体配置和章节 4.10 基本相同，主要差别在于本案例中上表面强迫场采用 NCEP 的 CFSv2 每小时的资料，模型初始场和开边界驱动均采用全球模型 ECCO2（Estimating the Circulation and Climate of the Ocean，Phase Ⅱ）的结果。模型从 2014 年 1 月 1 日计算到 2017 年 3 月 28 日，其中 2017 年的逐小时的模型结果用来分析。

图 4.11.1 为模型模拟的 SST 和 MODIS 的 SST 对比。月平均的 SST 对比结果显示，模型能够基本反映渤海和北黄海冬季海表面温度的分布特征，卫星资料和模型资料都显示高温水舌通过渤海海峡向西延伸进入渤海。图 4.11.2 为模型模拟的低频海流、低频水位、温度和盐度的变化与实测资料的对比。模型能够较好地捕捉到海流的天气尺度振荡，并且能够重现低频水位、温度和盐度的准周期性变化。图 4.11.3 为模型模拟的一次寒潮大风过程下渤海海峡水位和环流的响应。从图中可以看出，寒潮过境时，强劲的西北风驱动海水通过渤海海峡流出渤海进入北黄海，水位在渤海海峡南岸堆积，水位分布为南高北低，整个渤海海峡主要为出流；当寒潮大风减弱时，由于补偿作用，海水从北黄海通过渤海海峡进入渤海，渤海海峡主要为入流。

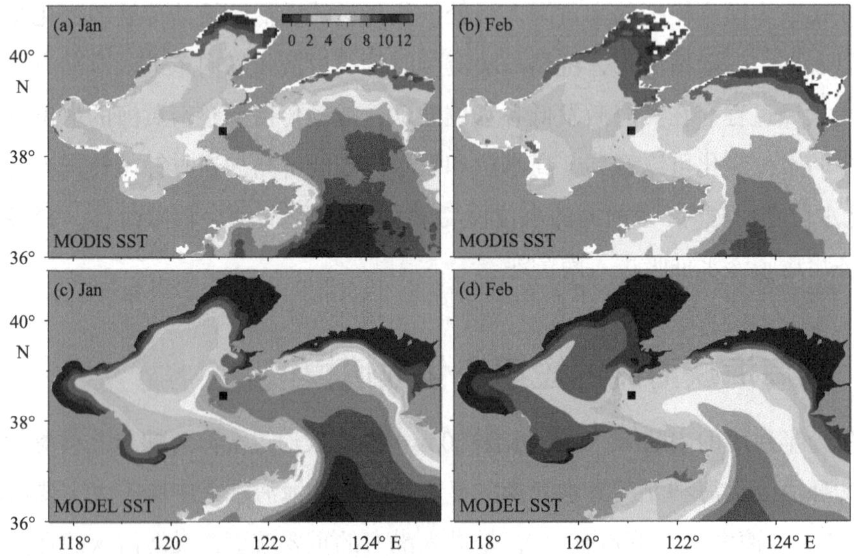

图4.11.1　模型月平均的SST与卫星MODIS的SST对比

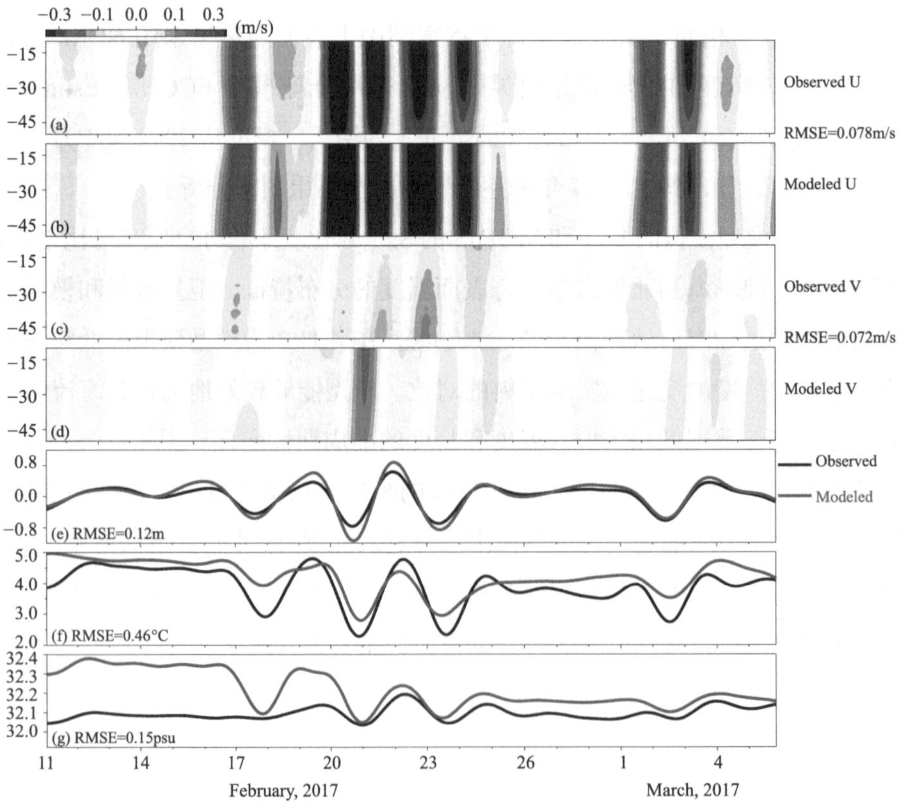

图4.11.2　模型模拟的海流（a～d）、低频水位(e)，底层温度（f）和底层盐度（g）与实测资料对比验证

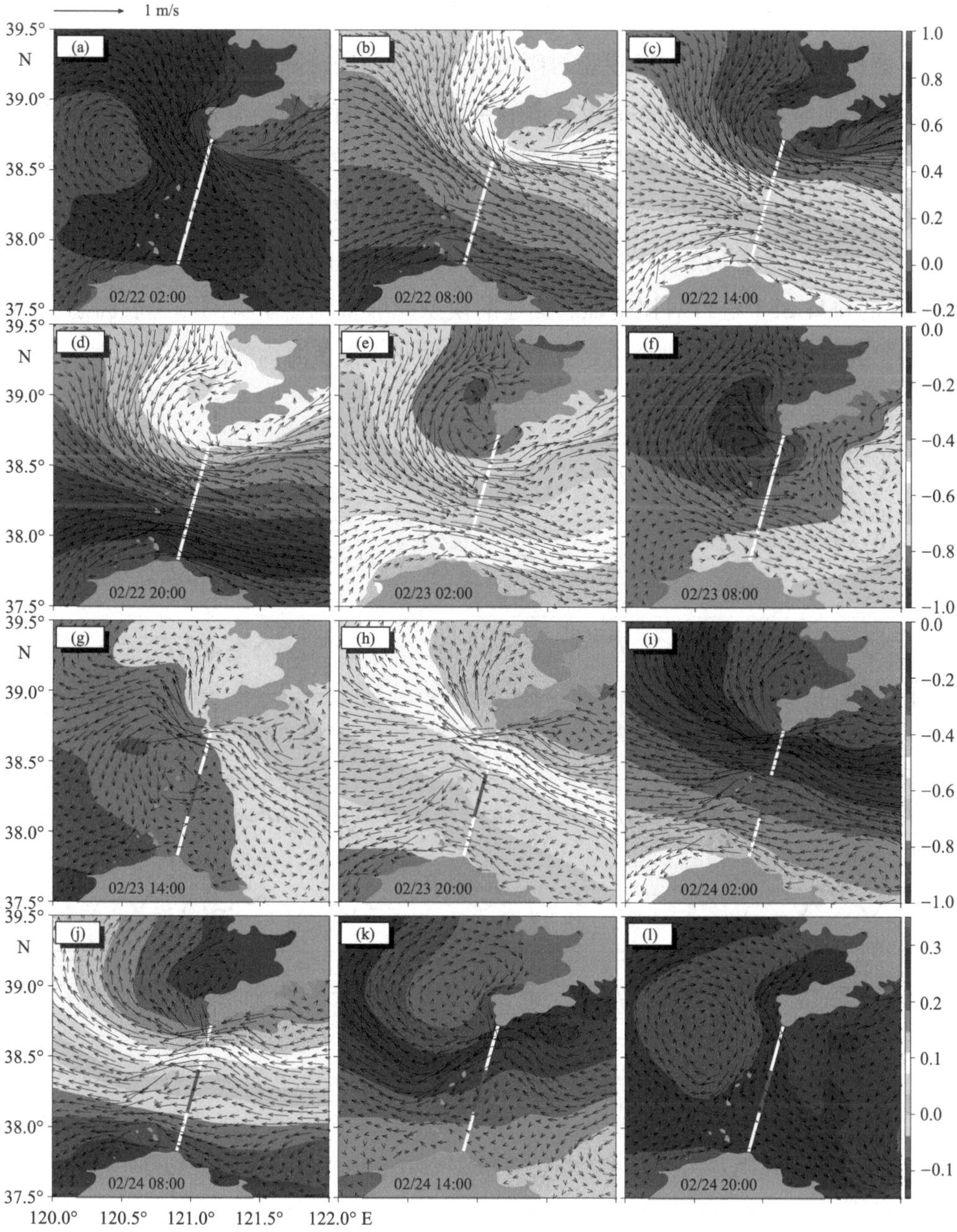

图4.11.3　一次寒潮大风过程下渤海海峡低频水位和环流模拟结果

4.12 南黄海西向跨陆架流数值模拟

本案例介绍基于 FVCOM 模型对南黄海入口处西向跨陆架流进行模拟，并分析其动力机制。模型具体配置和参数设置章节 4.10 相同。首先对模型结果进行了验证，图 4.12.1 展示了模型模拟的环渤黄海 11 个验潮站低频水位与观测的对比结果。从图中可以看到，模型模拟的低频水位与观测资料非常相符，模型能够较好地捕捉到冬季大风过程引发的水位急速下降过程。图 4.12.2 为对模型模拟的海表面温度 SST 跟卫星资料 MODIS 的每日 SST 进行对比验证。构建的模型能够重现冬季黄渤海海表面温度的基本结构，并且能够较好地模拟出冬季黄海暖舌向北入侵黄海内部的特征。

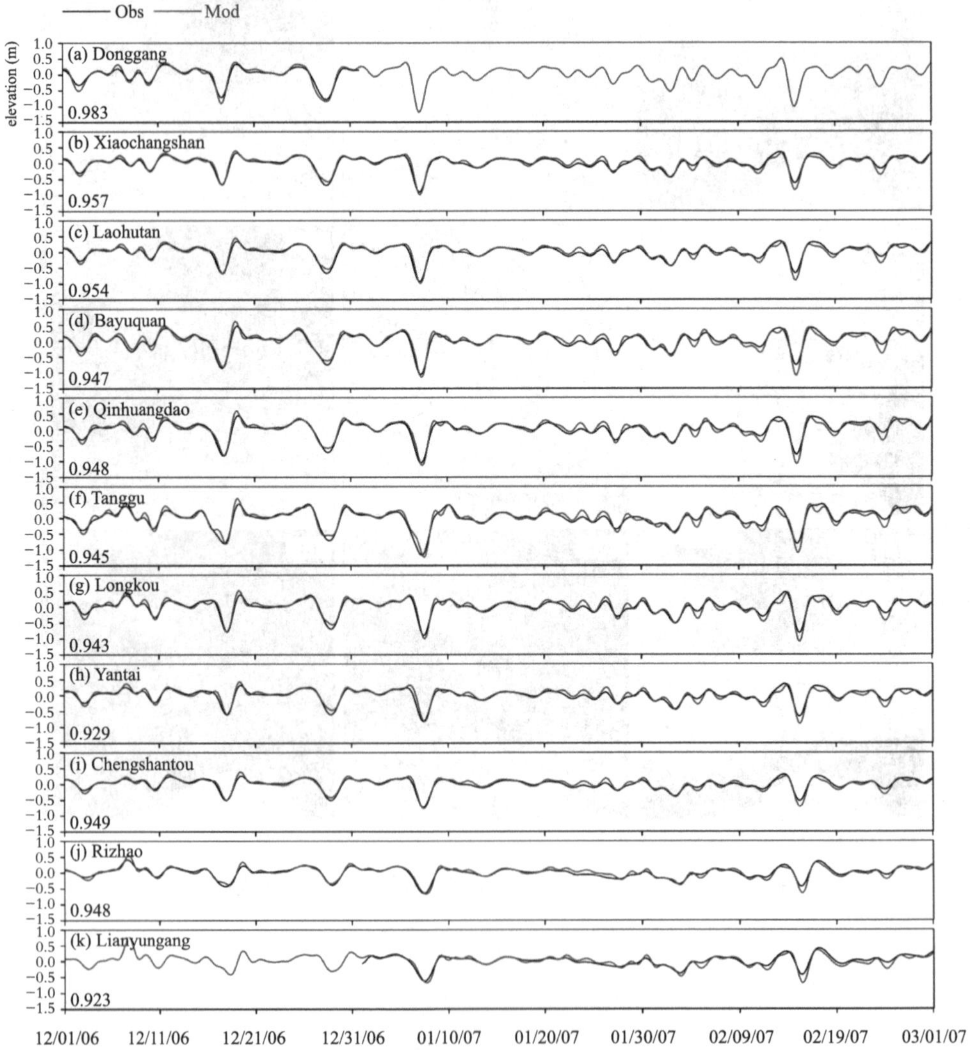

图4.12.1 模型模拟（红线）与观测（黑线）低频水位时间序列

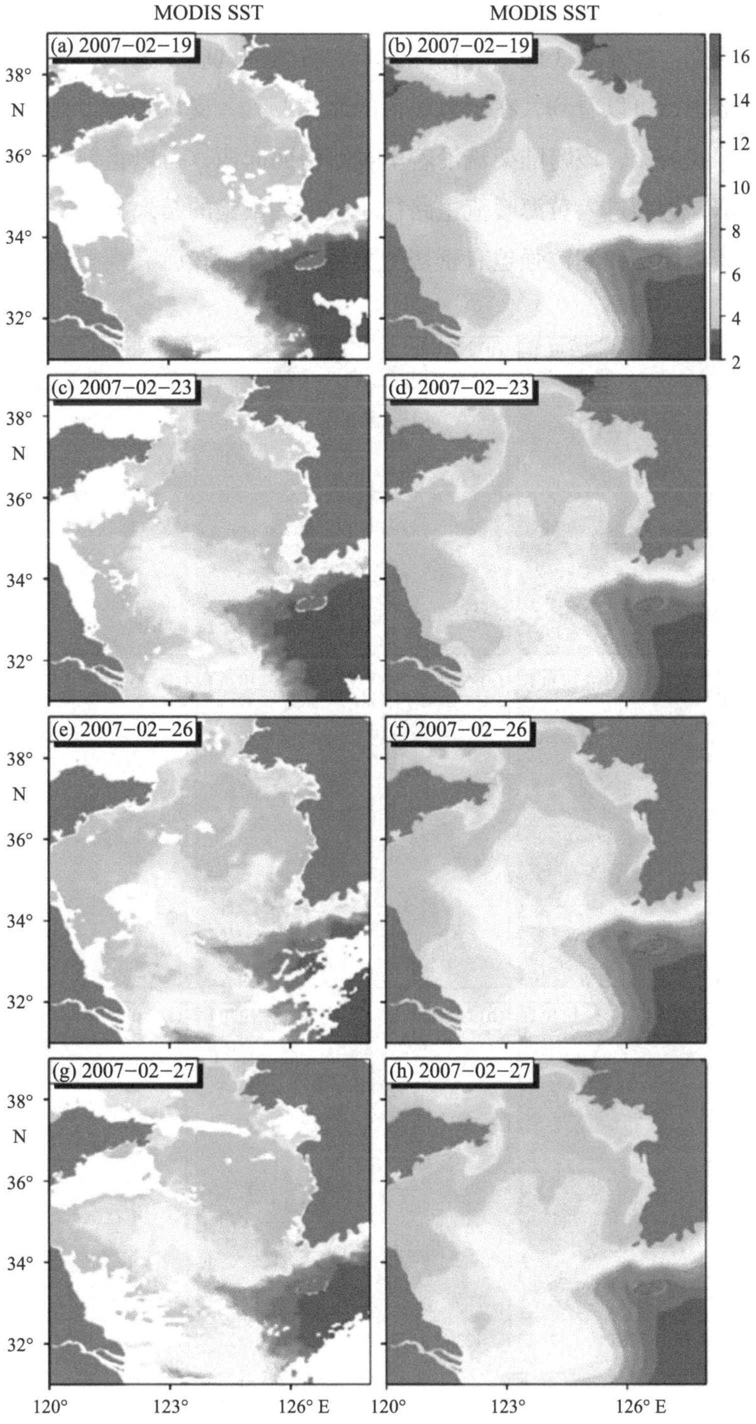

图4.12.2 2007年2月卫星MODIS与模型模拟的SST对比

基于构建的渤黄海数值模型，对南黄海入口处的西向跨陆架流的基本特征和动力机制进行了研究。图 4.12.3 展示了标准试验和敏感性试验（无风、无潮）模拟的黄海月平均环流形态，可以看到，在黄海暖舌的北侧，有一支从朝鲜半岛近岸指向黄海内部的跨越等深线的流，该跨陆架流沿着南黄海锋面向西，可以将锋面的水体向西输送进入黄海内部，进而进入黄海暖流主路径。敏感性试验的结果显示，南黄海跨陆架流的强度和路径与风场和潮汐强迫有密切的关系。另外，在已有模型结果的基础上，分

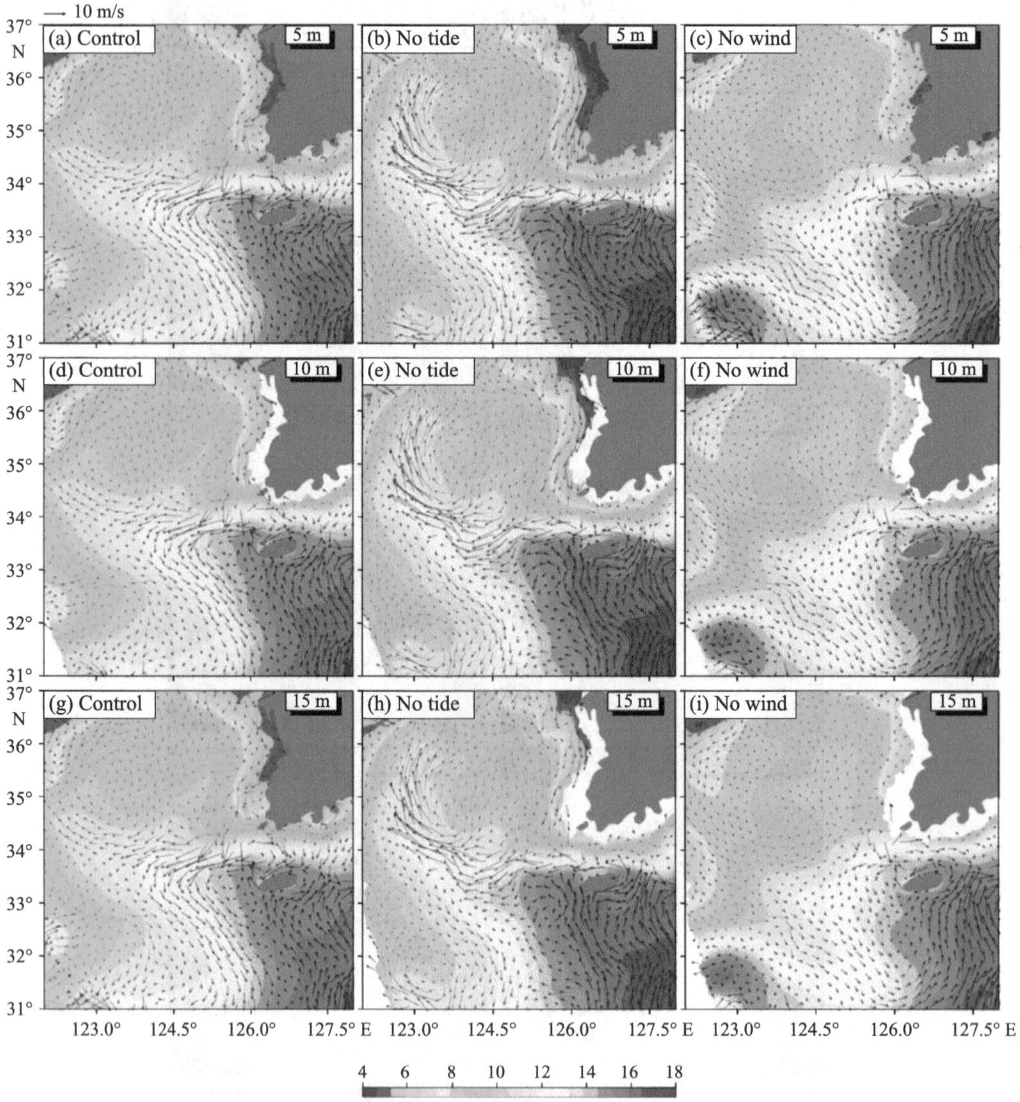

图4.12.3　标准试验（a, d, g），无潮试验（b, e, h）和无风实验（c, f, i）的上层（5m, 10m, 15m）冬季月平均的温度和环流形态图。颜色填充代表温度，箭头代表环流

别在朝鲜半岛近岸、济州岛南侧和南黄海锋面区域释放质子，研究西向跨陆架流的水体来源以及锋面海域水体的最终去向（图 4.12.4）。模型的质子追踪试验显示，南黄海西向跨陆架流的水体由南下的朝鲜沿岸流携带的冷而淡的水和北向的济州岛暖流所携带的暖而咸的水体混合而成；南黄海锋面区域的水体有一部分会随着西向跨陆架流向西北方向输送进入黄海内部，最终进入黄海暖流主轴。

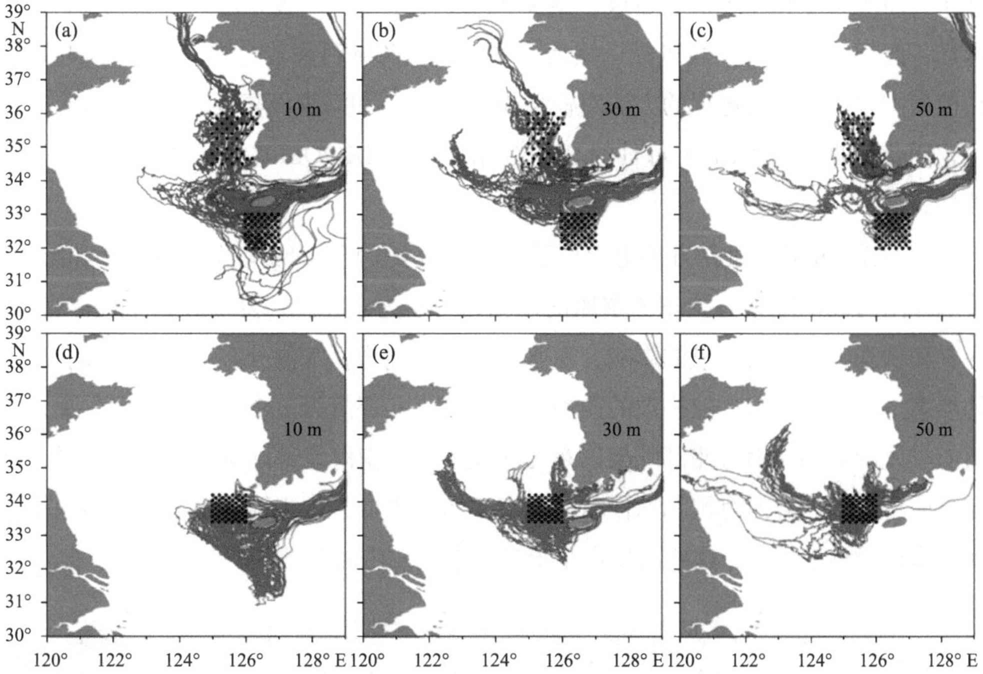

图4.12.4 在朝鲜半岛近岸、济州岛南侧和济州岛西北侧锋面区域的10 m、30 m和50 m层水深释放的质子轨迹图

4.13 南海北部陆架环流季节变化数值模拟

南海是西北太平洋半封闭的边缘海，南海拥有宽广的陆架，从东北部的台湾浅滩向西南一直延伸到北部湾。南海北部主要海域包括台湾海峡、珠江口以东和以西的陆架浅海、琼州海峡和北部湾。南海北部陆架海环流，既受外海环流的影响，又受潮汐、季风条件、浮力通量和海底地形的制约。南海北部的陆架环流对于近岸低盐水、泥沙输运和污染物的扩散以及生态环境都有重要的影响。

本案例简介基于 FVCOM 模型对南海北部陆架海环流季节变化进行模拟。模型模拟区域覆盖南海西北部陆架海，经纬度为 105° —120°E、16° —23°N。模型研究区域和开边界设置如图 4.13.1 所示，黑线为等深线，河流用红点表示，沿岸验潮站用蓝点表示，红线代表选择的四条断面。模型水平分辨率在岸界处为 5 km，在开边界处为 30 km。垂向采用均匀 Sigma 坐标，分为 30 层。模型水深场整合了 DBDBV 和中国近海海图水深数据。开边界区域包括潮汐强迫和全球模型 HYCOM 提供的每天的水位、海流和温盐数据，上表面强迫采用 NCEP 的 CFSR 的 6 h 一次的结果，包括海面风场、气压、净热通量和短波辐射通量、蒸发和降水通量等。固边界包括八条径流，分别为珠江、红河、南流江、大风江、钦河、茅岭江、防城河和北仑河。为提高模拟精度，在模型中采用了松弛逼近的方法对模型模拟的 SST 和海表面高度（SSH）进行数据同化，同化数据来自 NOAA 每日的 SST 数据和 TOPEX/POSEIDON 卫星高度计的 SSH 数据。

模型模拟的南海北部陆架海上层季节平均的水位场和环流场如图 4.13.2 和图 4.13.3 所示。南海北部陆架海受东亚季风的控制，冬季为东北风，夏季为西南风。在冬季、春季和秋季，受东北季风的影响，海水在西南侧堆积，水位分布呈现西南高、东北低的形态。陆架环流以比较一致的西南向流为主，北部湾为一个气旋式环流，而夏季受西南季风的影响，南海北部陆架以东北向流为主，南海北部陆架水位普遍偏低，并且在海南岛东南、粤西海域和珠江口东北近岸水位更低，这主要是由于夏季西南季风驱动海水离岸输运导致，这些海域也是上升流频繁发生的海域。

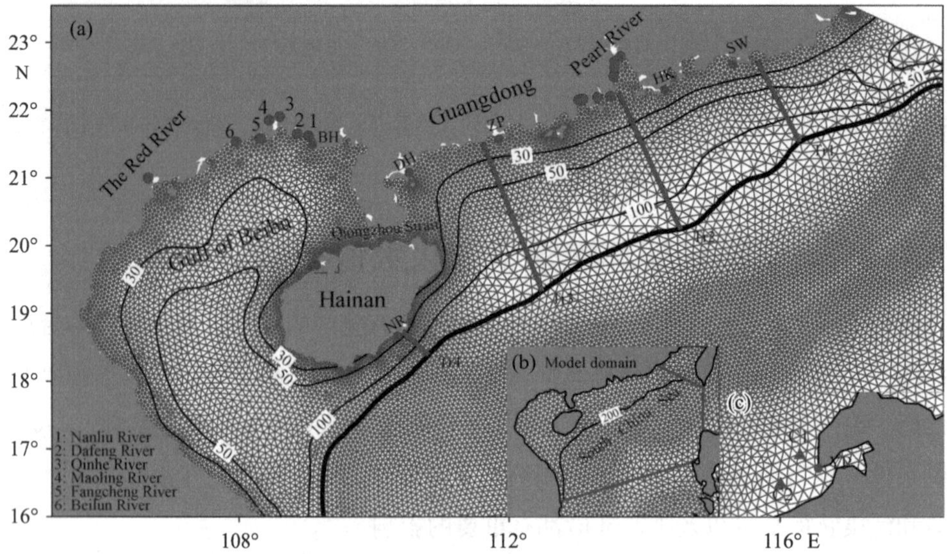

图4.13.1 模型研究区域和网格分布

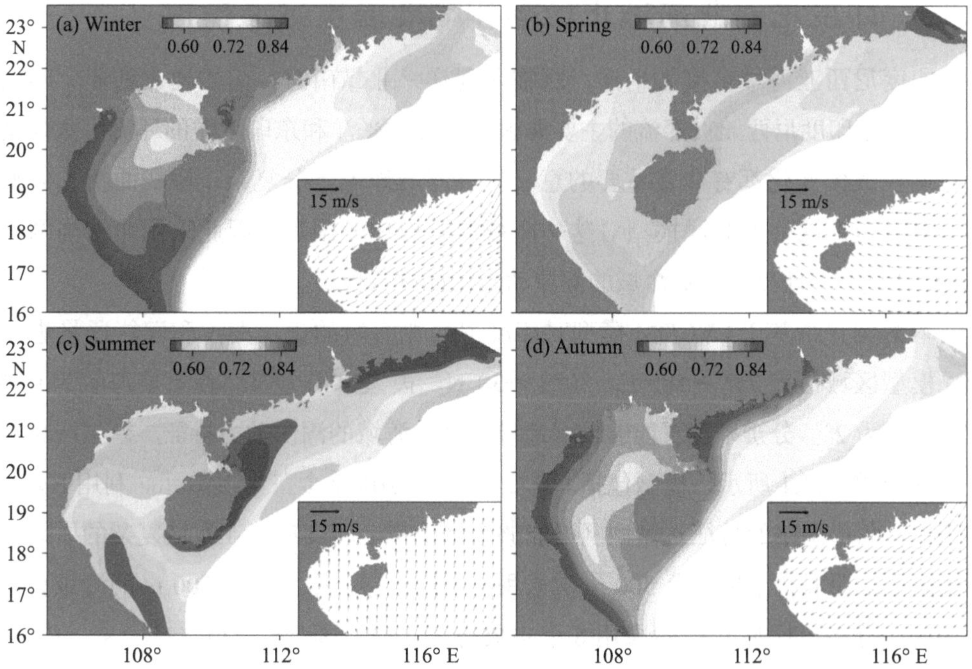

图4.13.2　模型模拟的南海北部陆架海季节平均水位场分布，其中小图为季节平均的风场分布

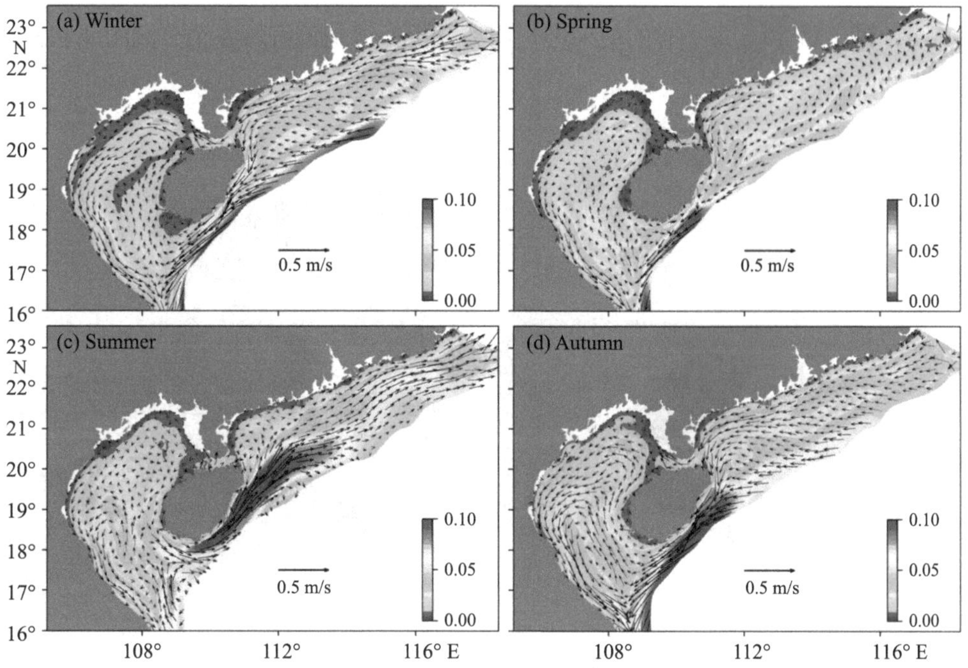

图4.13.3　模型模拟的南海北部陆架海季节平均环流场分布，其中颜色填充为环流场的标准偏差

4.14 印度尼西亚海域正压潮和潮能通量数值模拟

印度尼西亚海域东接太平洋，西临印度洋，北靠南海，南靠澳大利亚。印度尼西亚海域是印度尼西亚贯穿流的主要海区，对西太平洋和东印度洋的环流、水体交换以及调控气候变化都有非常重要的意义。该海域地形十分复杂，岸线曲折，岛屿众多，采用矩形网格的海洋模型对这一海域的模拟比较困难，因此采用非结构网格的FVCOM模型对印度尼西亚海域的潮汐动力特征进行模拟。

本案例介绍基于FVCOM模型对印度尼西亚海域的正压潮汐和潮能通量进行模拟。模型区域覆盖75°—180°E、30°S—30°N。模型水平分辨率在重要海峡为0.02°，在开边界为2°。分辨率设置能够较好地模拟这一海域的潮汐动力特征。模型区域和网格设置如图4.14.1所示，模型包括60172个点，110422个三角形单元。利用FVCOM非结构三角形网格的特征，模型网格能够较好地拟合印度尼西亚海域复杂的岸线。模型垂向上采用混合坐标，上500 m层采用z坐标分层，水深大于500 m的海域直接采用Sigma分层。模型开边界采用8个主要分潮（M_2、S_2、K_1、O_1、N_2、K_2、P_1、Q_1）预报的水位驱动，由于模拟区域较大，在模型中考虑了天体引潮力的影响，打开了平衡潮模块，模型水深采用DBDBV的数据。由于模拟正压潮汐，将模型的温度和盐度设置为常数，另外模型忽略海面风场、气压、淡水通量及热通量等表面强迫。模型运行60 d，输出后50 d每小时的结果进行调和分析，得到该海域各个分潮的调和常数以及潮流椭圆参数。

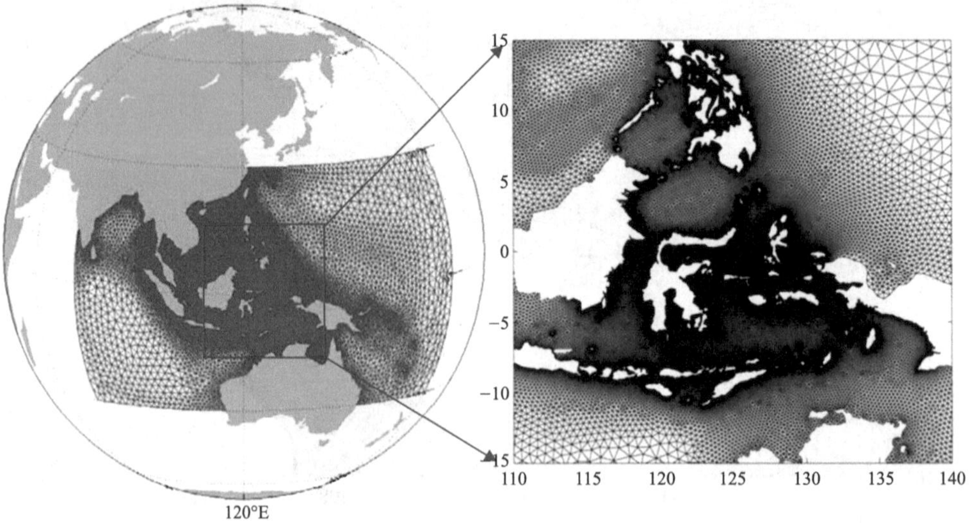

图4.14.1 模型区域和网格分布，蓝色方框为关心区域

图 4.14.2 为模型模拟的印度尼西亚海域 M_2 分潮同潮图分布，其中颜色代表 M_2 分潮的振幅，白线代表迟角。从图中可以看出，模拟的 M_2 分潮同潮图基本反映了该海域半日分潮的特征，模拟的高振幅区域和无潮点位置也与前人的模拟结果一致。另外计算了该海域 M_2 分潮的潮能通量分布（图 4.14.3），从 M_2 分潮的潮能通量分布图可以看到，半日潮波主要从印度洋传入印度尼西亚海域，在澳大利亚北部的几个主要海峡，潮能通量较大。

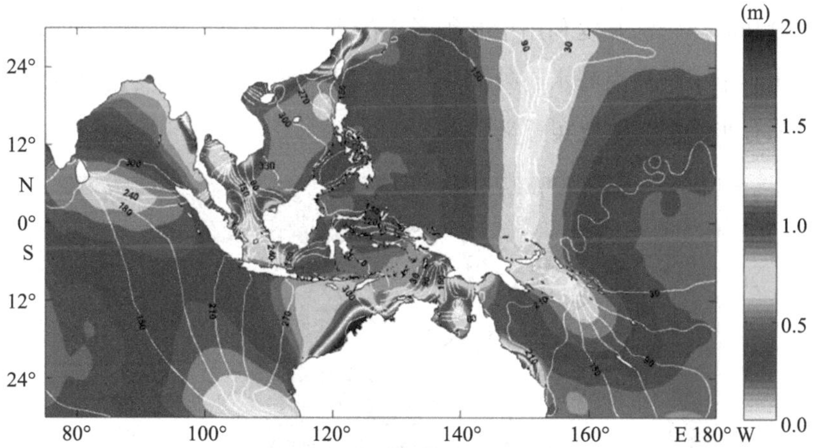

图4.14.2　模型模拟的印度尼西亚海域M_2分潮同潮图，颜色填充为振幅，白色线为迟角

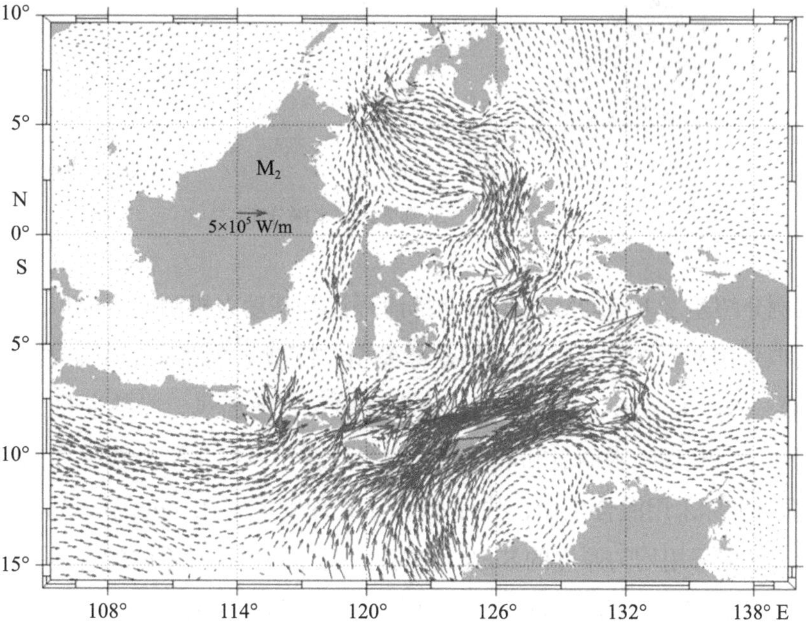

图4.14.3　模型模拟的M_2分潮潮能通量分布

4.15 北部湾环流数值模拟

北部湾位于南海西北部，是一个较大的半封闭海湾（图 4.15.1），湾内水深等值线大致与岸线平行，湾内水深基本小于 50 m。北部与中国大陆相接，西面与越南相连，东部通过琼州海峡与南海西北部相通，南边通过海南岛和越南之间的海域与南海相连。北部湾环流对湾内海水输运具有重要意义，北部湾环流对广西沿岸和越南沿岸的物质输运、水量输送以及海水自净能力有重要的作用。北部湾的环流形态是北部湾沿岸海洋工程建设和海洋资源开发利用中必须考虑的动力学因素，同时研究的环流空间结构和季节变化对于了解湾内海水与外海水交换、北部湾沿岸气候变化以及湾内鱼群的洄游与繁殖都有非常重要的现实意义。

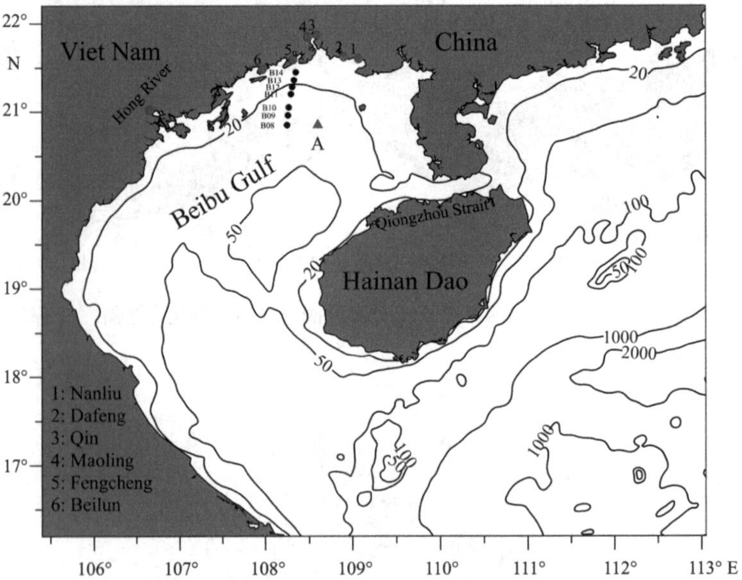

图4.15.1 北部湾区域水深分布

本案例介绍基于 FVCOM 模型对北部湾环流及其动力机制进行模拟。对于北部湾环流的模拟采用基于 FVCOM 构建的全球模型。模型平衡潮采用 8 个主要分潮（M_2、S_2、K_1、O_1、N_2、K_2、P_1、Q_1）驱动，表面强迫包括海面风、净热通量、短波辐射通量、海面气压、蒸发降水通量和河流淡水通量。模型网格水平分辨率在南海北部湾为 15 km。垂向坐标采用混合坐标，共分 45 层，在深度大于 225 m 的区域，采用 s 坐标，小于 225 m 区域采用均匀厚度的 Sigma 坐标。在北部湾海域，垂向的分辨率约为 2.2 m。模型重点模拟了 1988 年和 1989 年，对这两年的北部湾环流进行了对比和分析。

图 4.15.1 为重点研究的北部湾及周边海域。黑线为等深线分布，红点为模型中添加的河流位置（包括红河和广西近岸的 6 条小河）。图 4.15.2 为模型模拟的北部湾 1988 年 10 月至 1989 年 8 月的表层月平均环流分布，黑色箭头为模型结果，红色箭头为观测站实测海流。图中显示，北部湾冬季为气旋式环流，主要受冬季风的影响，而夏季在湾的北部存在一个较小的气旋式环流，该气旋式环流主要与层结、琼州海峡西

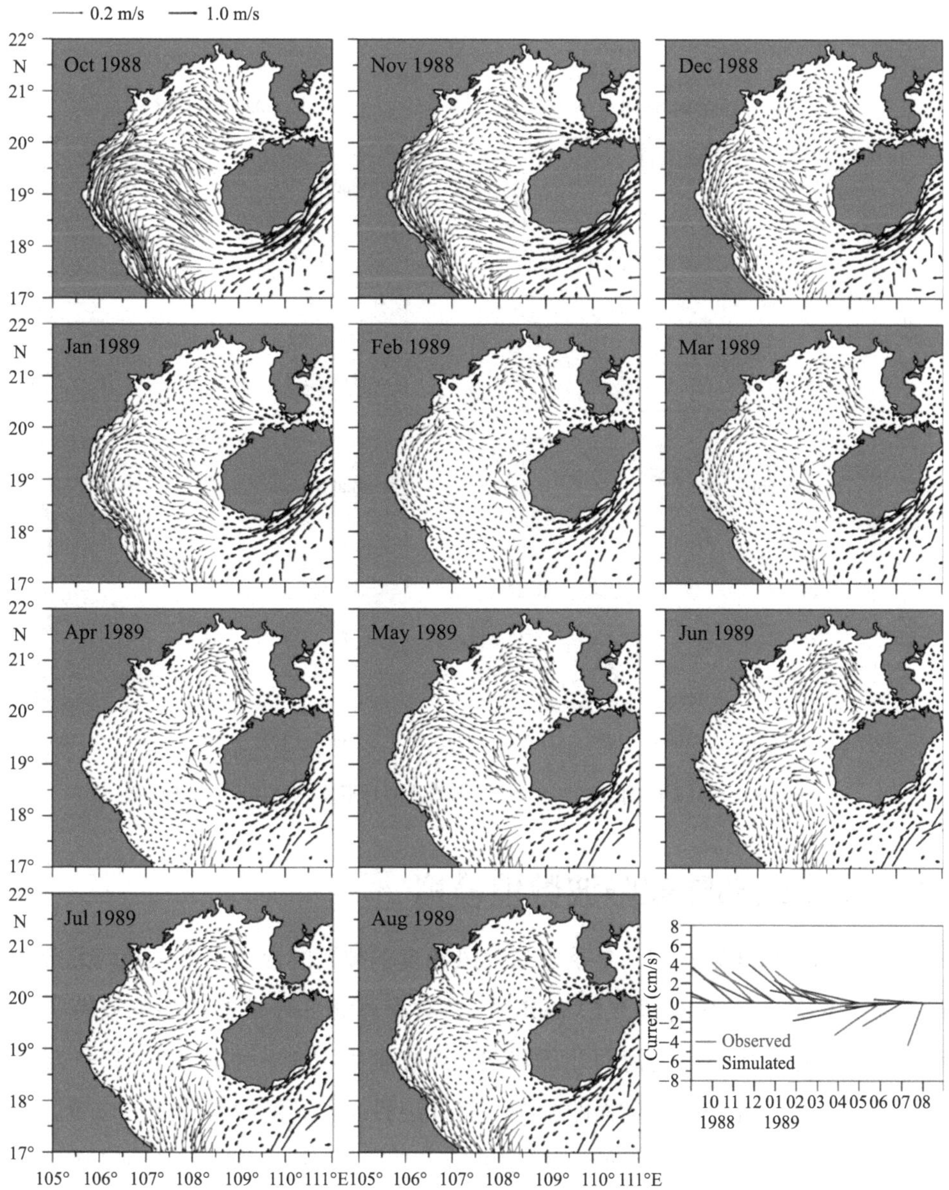

图4.15.2　模型模拟的北部湾月平均环流与观测资料对比，红色为观测，黑色为模拟

向流和红河淡水有密切关系。另外，模型与观测的对比结果显示，模型能够较好地模拟出北部湾的环流季节变化特征。图 4.15.3 对比了 1988 年 8 月和 1989 年 8 月的北部湾北部月平均环流形态，从图中可以明显地看到，1988 年夏季红河冲淡水对北部湾北部的表层环流有显著的影响，而 1989 年 8 月，红河径流量较小，环流形态与 1988 年相比有较大差异。这两年的环流对比结果显示，夏季风和红河冲淡水相互作用对北部湾北部的环流场有显著的影响。

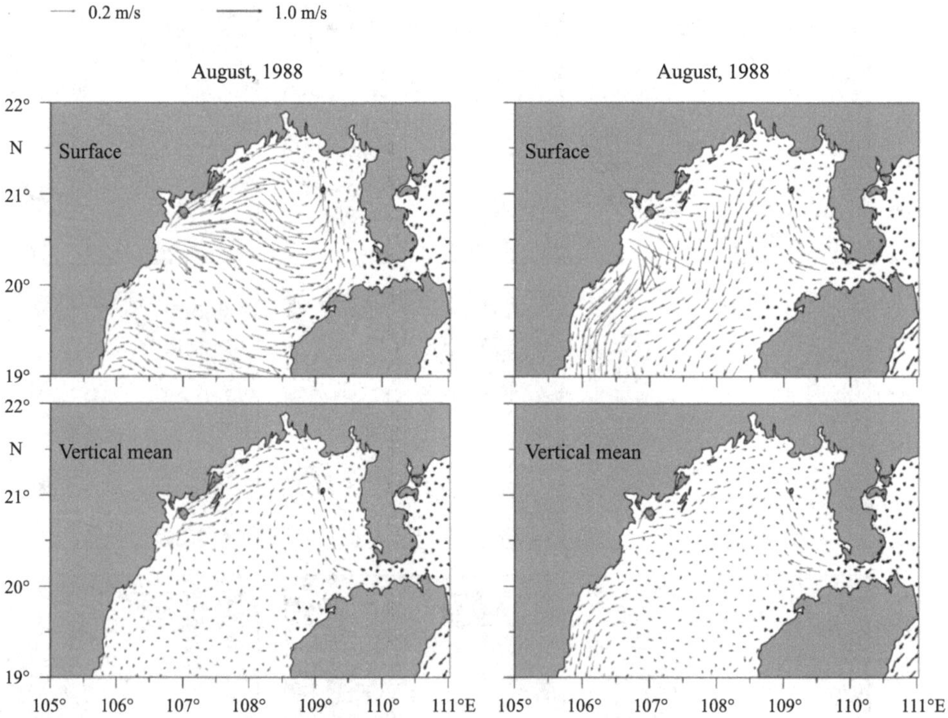

图4.15.3　1988年8月和1989年8月北部湾北部月平均表层和垂向平均环流

4.16　南海北部陆架陷波数值模拟

南海北部海域陆架宽广，冬季寒潮大风和夏季频繁的台风都会在南海北部陆架海域激发陆架陷波。本案例基于 FVCOM 模型对南海北部海域的陆架陷波特征进行模拟和分析。模型范围覆盖南海西北部陆架，经纬度为 105°—128° E、13°—28°N，为最大限度减小开边界对近岸过程的影响，将开边界设置到离岸界较远的位置。模型分辨率从近岸 5 km 到开边界 30 km，模型区域内共有 18913 个格点，36692 个三角形单元。垂向分为 25 层，上 16 层为 z 坐标分层，下 9 层为 Sigma 分层。模型水深综合了

DBDBV 和中国近海海图水深，为保持模型的稳定性，模型最小水深设置为 5 m。模型开边界采用重力波辐射条件，另外，在开边界附近添加海绵边界条件来衰减能量在开边界附近的聚集。模型外模时间步长为 8 s，内模时间步长为 80 s。模型初始场采用全球模型 SODA(Simple Ocean Data Assimilation)的结果，初始场设置为水平均匀一致，只考虑垂向的层结。上表面只用 CCMP（Cross-Calibrated Multi-Platform）的 6 h 一次的风场驱动。

图 4.16.1 为 1990 年 8—9 月模型与观测的南海北部验潮站低频水位时间序列对比，从南到北选择了四个验潮站，分别为厦门、汕尾、中国香港和闸坡。从水位低频时间序列的对比图可以看到，模型基本能够反映南海北部陆架台风过境下的水位变化特征。另外，从水位时间序列还可以看到，水位低频信号从南到北呈现依次滞后的现象，说明低频波动沿岸从西北向西南传播。图 4.16.2 显示一次台风过程下南海北部陆架海环流和水位异常分布。可以明显地看到，台风进入南海之后，会首先在台湾海峡附近海域产生一个高水位异常，这个高水位异常会沿岸向西南方向传播，一直到北部湾，通过对波动信号的传播速度等分析可知，这个水位低频信号为陆架陷波。

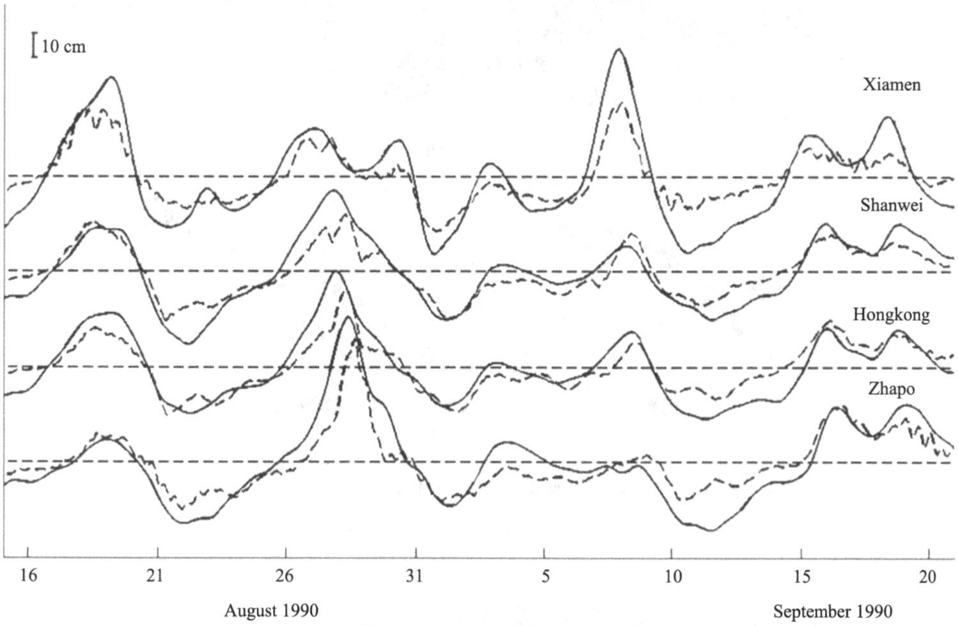

图4.16.1　1990年8—9月模型与观测的南海北部验潮站低频水位时间序列对比，实线为观测，虚线为模拟，四个验潮站分别为厦门、汕尾、中国香港和闸坡

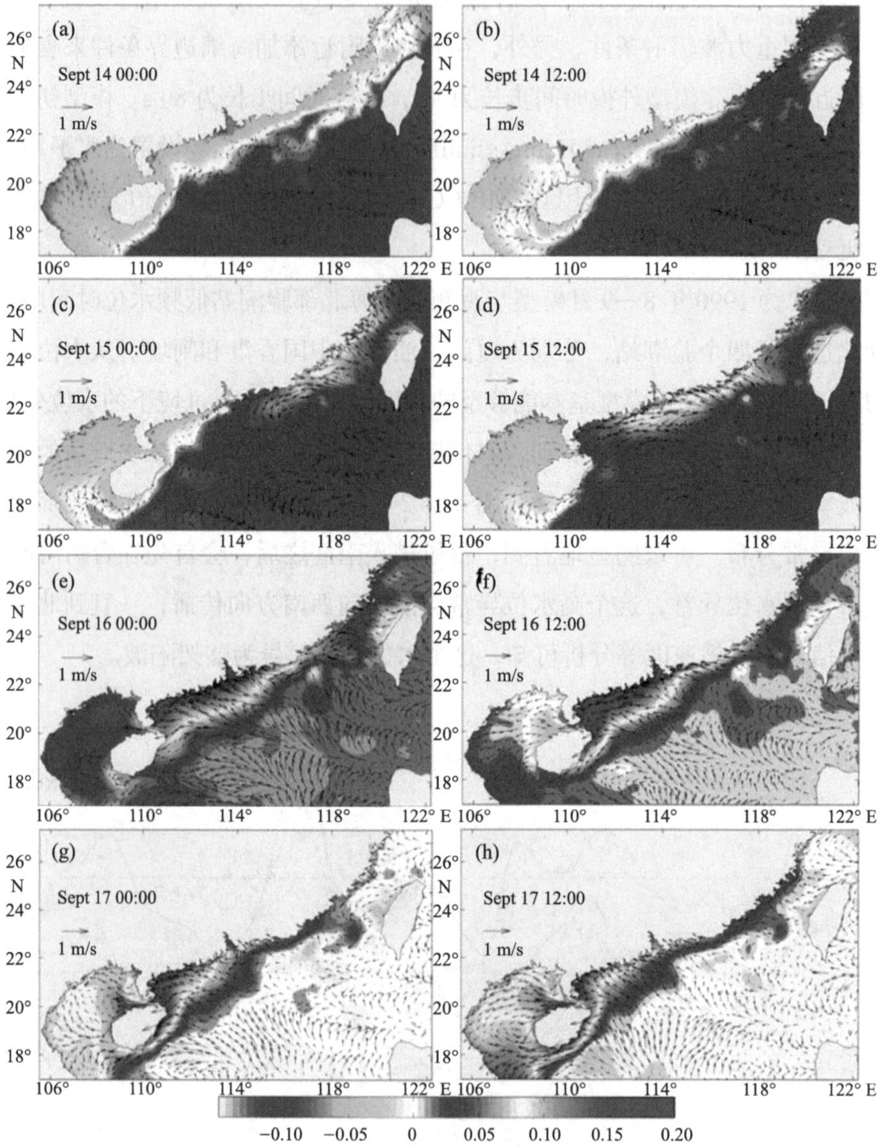

图4.16.2 模型模拟的一次台风过程下，南海北部陆架海环流和水位异常分布，颜色填充为水位异常，黑色箭头为表层环流

4.17 南海西北部夏季粤西沿岸流数值模拟

粤西沿岸流是南海西北部近岸环流的重要水文现象之一。冬季受东北季风的影响，粤西海域存在西南向的沿岸流，而夏季盛行西南季风，粤西沿岸流的存在一直存在很多争议。夏季粤西沿岸流是否存在？其基本特征和动力机制如何？

本案例基于 FVCOM 模型重点分析粤西沿岸流的基本特征和动力机制。图 4.17.1 为模型研究区域和网格设置，模型范围覆盖 105°—121°E、13°—24°N，包括整个南海北部陆架海区域，开边界设置在离岸界较远的海域。模型网格水平分辨率在近岸设置为 5 km，开边界设置为 30 km。垂向分为 31 个 Sigma 层，并且在表层和底层采用加密处理，以便更好地分辨海表和海底边界层。模型外海水深场采用 DBDBV 的数据，近岸采用中国近海海图水深数据集。为了使模型计算稳定，模型最小水深设置为 5 m，最大水深设置为 4000 m。模型初始温盐场采用全球模型 OFES（Ocean General Circulation Model for the Earth Simulator）的结果；海面风场采用 CCMP 的 6 h 一次的风速，海面净热通量和短波辐射通量来自 OAFLUX（Objectively Analyzed air-sea Fluxes）。模型计算完温度之后，采用 SST 数据同化来对模型计算的表层温度进行校正。另外，模型考虑了珠江、红河以及广西近岸一系列的河流等淡水输入。模型开边界低频数据来自 HYCOM 每天的结果，叠加 OTIS（Oregon State University Tidal Inversion Software）的潮汐强迫。模型采用冷启动，从 1987 年计算到 1989 年，1988 年和 1989 年每小时的计算结果用来分析。

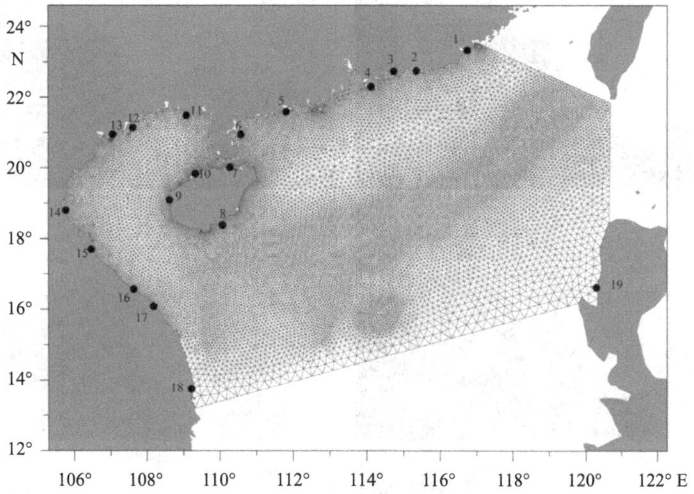

图4.17.1 模型区域和网格设置，黑点为验潮站位置

图 4.17.2 为模型模拟的 1988 年 8 月和 1989 年 8 月粤西近岸环流的月平均对比图。从图中可以看到，当西南季风较强时（1988 年 8 月），粤西沿岸流较弱，珠江冲淡水向东扩展，而当西南季风较弱时（1989 年 8 月），粤西沿岸流比较明显，粤西沿岸流可以将一部分珠江冲淡水向西输送进入琼州海峡。图 4.17.3 为模型模拟的 1989 年 4—

8 月粤西沿岸流的季节变化。可以看到，西南向粤西沿岸流在 8—9 月比较显著，夏季 6—7 月西南风较强时，粤西沿岸流较弱或者转为东向流。根据模型结果可以推断，西南向粤西沿岸流受珠江冲淡水、西南季风和地形的共同制约。

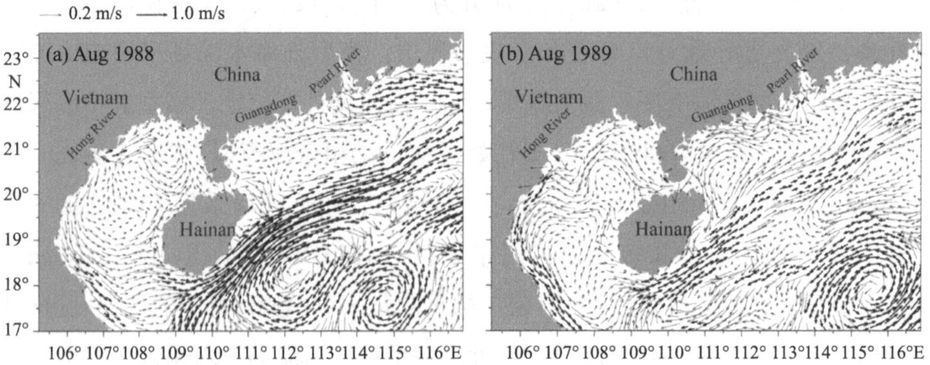

图4.17.2　模型模拟的粤西海域1988年8月和1989年8月表层环流对比

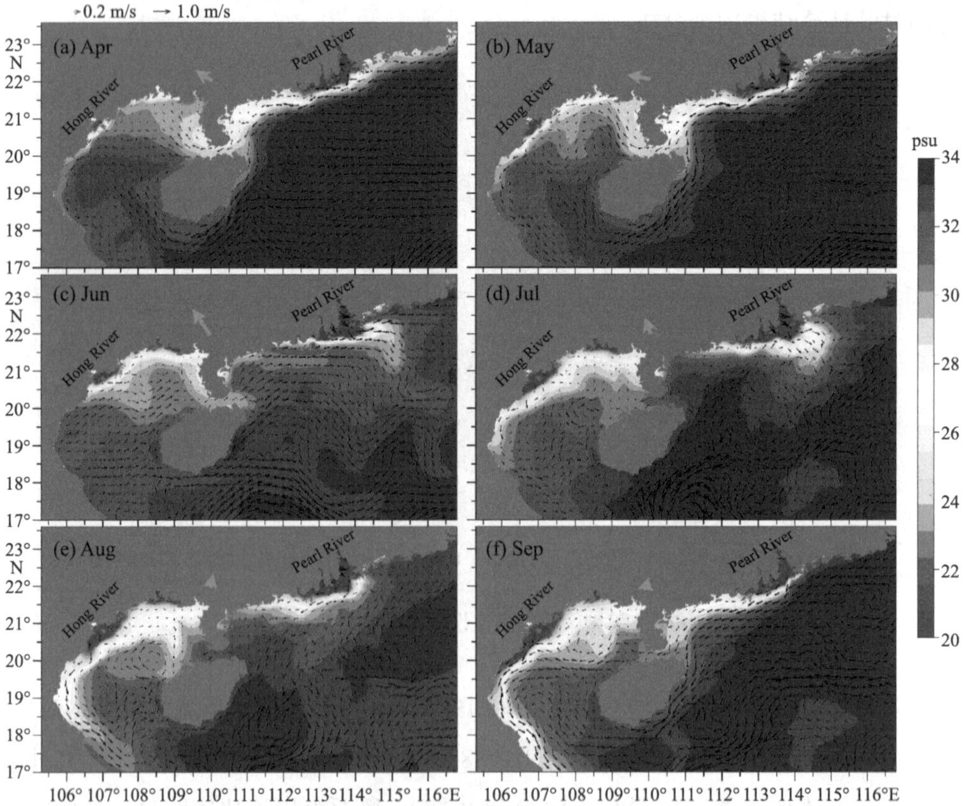

图4.17.3　模型模拟的1989年4—8月粤西沿岸流的季节变化

4.18　东海对快速移动台风的响应数值模拟

西北太平洋夏秋季节台风非常频繁，东海是位于西北太平洋的一个边缘海，而在西北太平洋爆发的台风等极端天气过程在中国近海尤其是浙闽沿岸和广东近海都会造成较大的灾害。本案例介绍基于 FVCOM 模型研究东海对一次快速移动台风的正压响应过程。

模型区域覆盖整个渤黄东海以及西北太平洋一部分，模型区域及网格设置如图 4.18.1 所示。模型区域内共有 100851 个三角形。模型水平分辨率在近岸设置为 2 km，在开边界设置为 100 km。垂向采用混合坐标，共分为 25 层，上 500 m 层采用加密处理，分为 16 层，500 m 以下分为 9 层。模型水深数据采用 DBDBV 和中国近海海图水深数据的结合。模型开边界采用辐射边界条件。模型初始温盐场采用均一化的设置，为正压模拟，模型采用冷启动，只考虑台风的风场强迫，不考虑潮汐等其他外强迫。针对西北太平洋的 2010 年 8 月底到 9 月初一次快速移动的台风“圆规”进行模拟。图 4.18.2 为台风“圆规”的移动路径，其移动路径比较典型，1945—2010 年所有的类似“圆规”的台风路径都显示在图 4.18.2 上，重点分析了台风“圆规”进入东海后，水位和海流的响应。图 4.18.3 为模型模拟的东海水位和海流在台风过程下的响应。从图中可以看到，台风中心为一个高水位（图中红色等值线），而紧随这个高水位之后是一个低水位异常（图中蓝色等值线）。当台风中心进入黄海之后，在当地也引起低水位异常。另外，在台风中心附近海域，海表面形成一个与风场同向的逆时针环流。

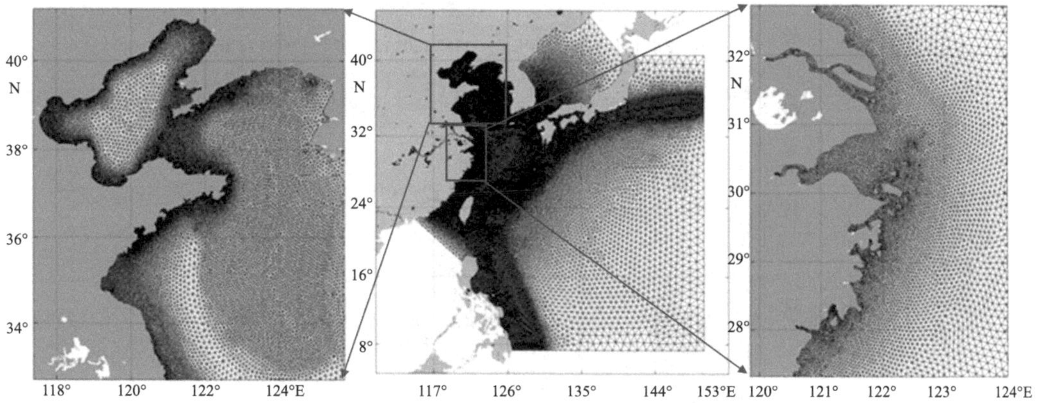

图4.18.1　模型研究区域和网格设置

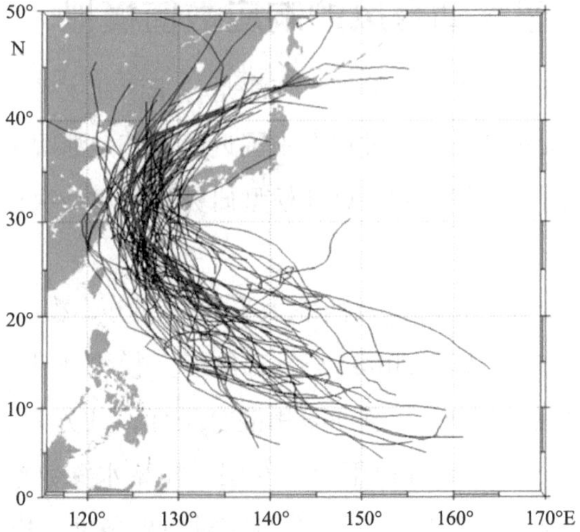

图4.18.2　台风“圆规”路径（红色）和所有类似路径的台风结合（黑色）

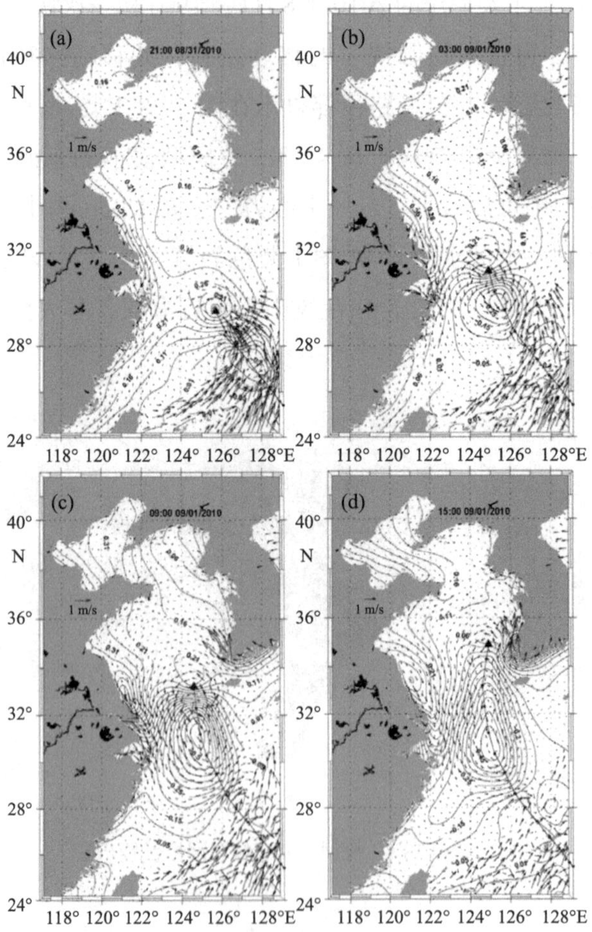

图4.18.3　模拟的台风移动过程中，东海水位和海流变化过程

4.19 象山港及附近水域水动力数值模拟

本案例基于 FVCOM 数值模型建立了象山港及其附近水域高分辨率水动力模型，考虑了 8 个主要天文分潮，对象山港及其附近海域的潮汐潮流进行了高精度的数值模拟研究。模型计算区域设定为 120.9°—124.1°E、29.3°—31.1°N。模型的水深岸线资料来自中国航保部出版的海图，象山港内的水深岸线主要来自 2006 年出版的海图数据，在此基础上利用 2012 年的实测数据水深资料进行了修正。模型水平采用非结构三角网格，垂向设置了 7 个 Sigma 层，对象山港及舟山附近海域复杂的岸线和众多的岛屿进行了网格加密，以便更好地拟合该海域复杂的岸线，计算区域共有 103219 个网格节点，198019 个三角形单元，最小网格边长为 20 m（位于象山港内），开边界处约 10 km（图 4.19.1）。模型外模积分步长为 0.5 s，内模步长为 5 s，采用正压模型，开启 GOTM 湍流模块，不考虑温盐变化，温盐均设为常数，20℃和 32 psu。模型采用零初始条件，初始时刻潮位和流速均设为 0，外海开边界的 77 个节点采用 8 个主要天文分潮（M_2、S_2、N_2、K_2、K_1、O_1、P_1、Q_1）的调和常数，结合 TMD（Tide Model Driver）软件后报出水位，然后利用水位驱动数值模型。TMD 是获得高纬度海域潮汐模型调和分潮的一个 MATLAB 软件包，并可以预测潮位和潮流。数值模拟积分时间为 60 d，从 2012 年 2 月 1 日至 2012 年 3 月 31 日。

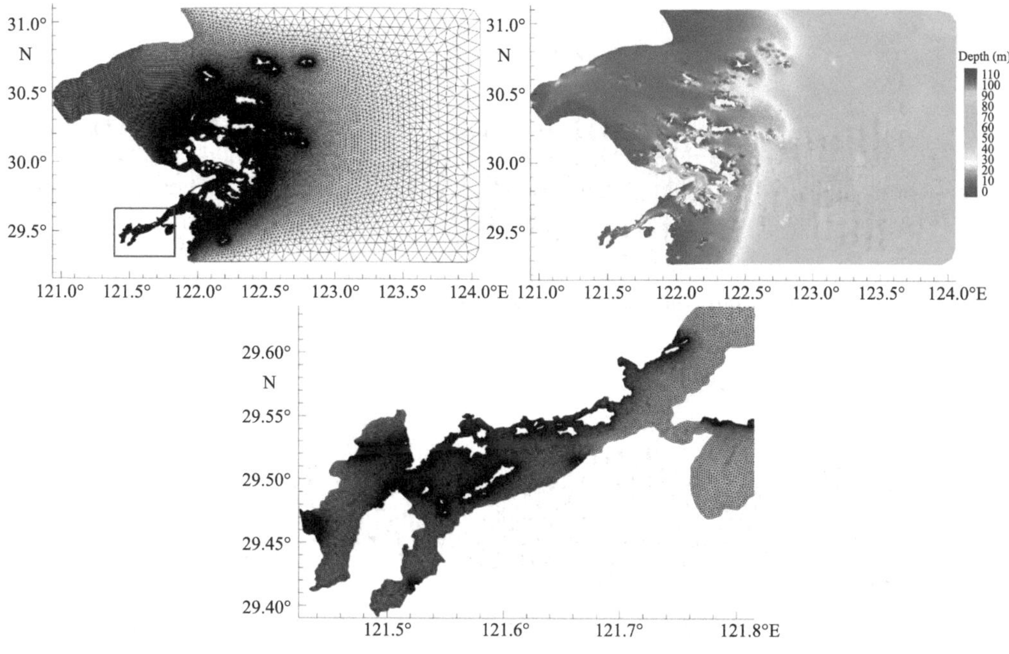

图4.19.1 象山港及舟山附近海域网格和水深

图 4.19.2 为潮位观测点和潮流观测点分布示意图，选取长沙村和西沪港两个测站 2012 年 2 月 12 日 0:00 至 3 月 13 日 23:00 的逐时观测资料，来验证数值模拟结果。从图 4.19.3 中可以看出，模拟值和实测值曲线吻合较好。长沙村和西沪港两个测站的模拟值与观测值后报的潮位的平均绝对误差均在 10 % 以内。

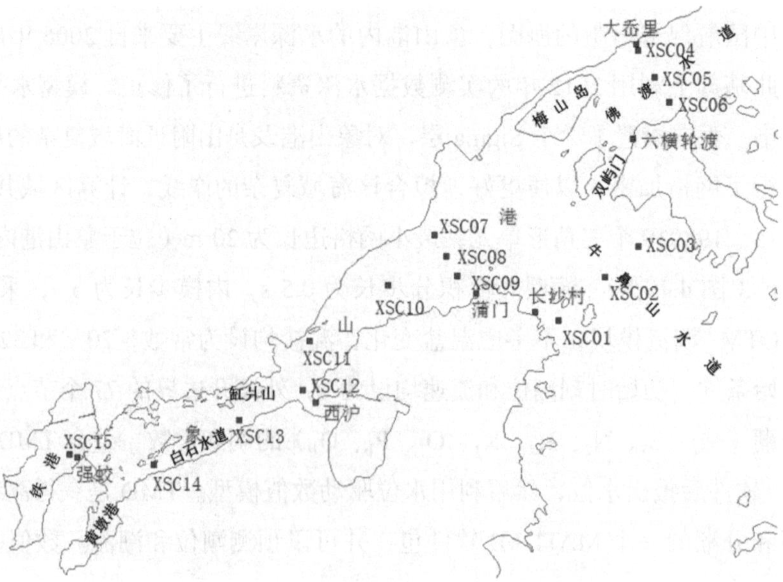

图4.19.2　象山港潮位潮流测站分布(红点潮位，蓝点潮流)

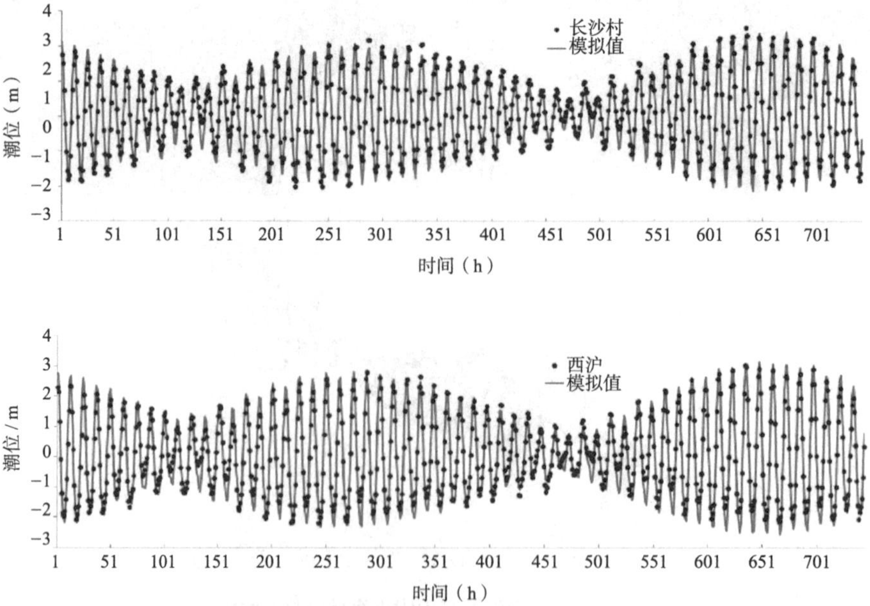

图4.19.3　实测潮位与模拟值比较（红点实测值，蓝线模拟值）

象山港的潮流主要是从牛鼻山水道和佛渡水道进入的，故选取位于牛鼻山水道的XSC02测点和位于佛渡水道的XSC05号测点的逐时观测资料来验证流速流向的模拟结果，实测资料的时间为2012年2月22日15:00至2012年2月23日16:00，处于天文大潮期；从图4.19.4中对比可以看出，模拟流速流向与实测值吻合良好，模拟值从表层到底层都在允许的误差范围（15%）内。

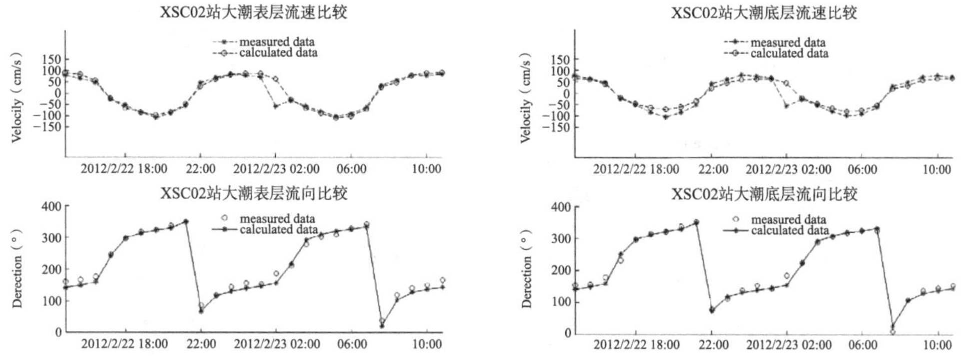

（a）XSC02号测点

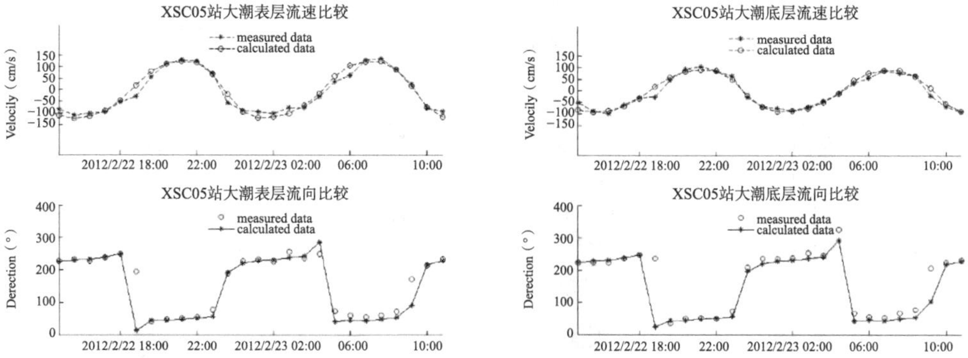

（b）XSC05号测点

图4.19.4　实测流速流向与模拟值比较（红色为实测值，蓝色为模拟值）

综上所述，所建立的象山港及附近海域水动力模型的潮位模拟值和流速模拟值与实测值吻合良好，均在误差允许的范围内，且精度较高，模拟结果能较好地体现象山港海域的潮汐潮流特征，所建立的模型是可信的，可用于象山港海域的潮汐潮流模拟研究。

象山港的潮汐性质判别数F介于0.32 ~ 0.41，属于正规半日潮。对模拟结果的调和分析表明（图4.19.5），象山港M_2、S_2、K_1、O_1这四个主要分潮的分潮波都主要从外海传入，振幅由外海向港内逐渐增大，港口与港内M_2分潮的振幅相差约40 cm；象山港内M_2分潮的最大振幅1.7 m，S_2分潮最大振幅0.7 m，K_1分潮最大振幅0.3 m，O_1分潮最大振幅0.24 m，可见象山港内半日分潮占优。

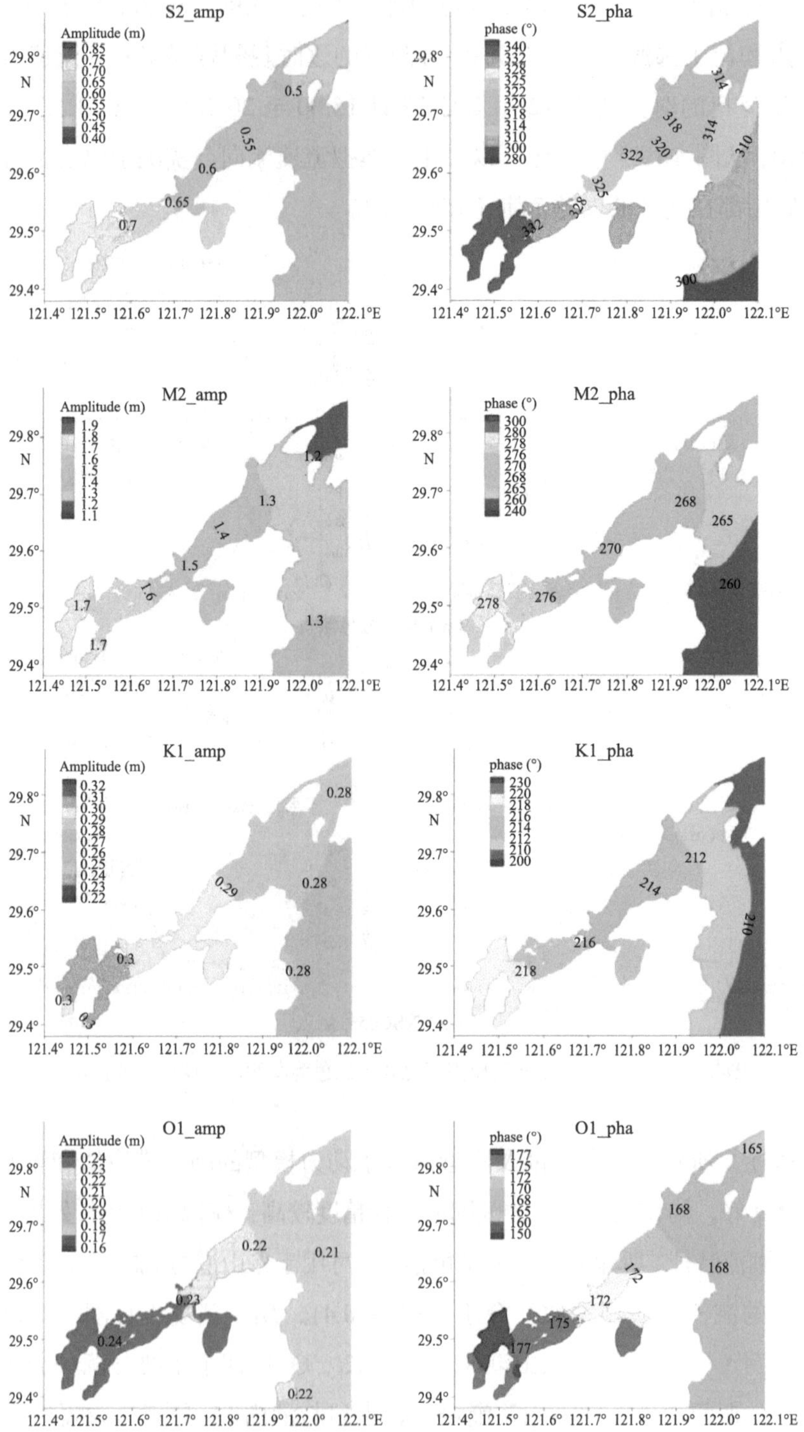

图4.19.5　四个主要分潮的振幅和迟角

象山港由于其半封闭性和狭长性，水交换能力相对有限，并且水交换能力的纵向变化明显。利用FVCOM模型中的示踪剂模块，对象山港水交换过程进行数值模拟。浓度分界线位于如图4.19.6（a）所示位置，左侧浓度为1（蓝色），在潮流作用下，与港外浓度为0（红色）的干净水交换，模拟30 d，计算海湾的水交换率。图4.19.6（b）为水交换30 d后的浓度分布。根据这些浓度分布计算得到，整个象山港30 d的水交换率为44.22 %。

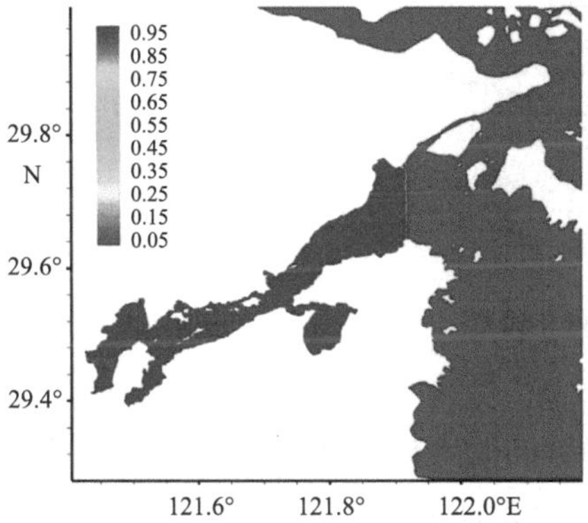

（a）开始

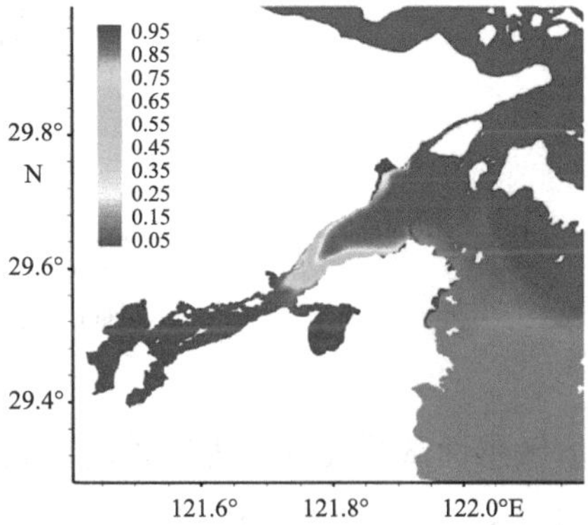

（b）30 d后

图4.19.6　浓度分布

4.20　夏季长江冲淡水转向数值模拟

本案例基于FVCOM模型对长江冲淡水的转向特征进行初步模拟试验，并且分析风场和潮汐对长江冲淡水转向的影响。模型的计算的范围为120.4°—124.5°E、28.3°—34.3°N，其中，长江口、杭州湾以及崇明岛等均包含在内，由于模拟区域小岛较多，故删除了不影响本案例模拟效果的小岛。模型的网格采用了非结构三角网格，使用干湿网格技术来处理潮滩变动边界，计算区域内一共包含21221个网格节点和40603个三角网格单元，网格的分辨率从外海到近岸逐步提高，为了使拟合岸线具有更好的效果，对网格在近岸以及岛屿附近进行了加密，其垂直方向分为10层，水平方向网格如图4.20.1所示。

外海开边界考虑8个主要分潮（M_2、S_2、N_2、K_2、K_1、O_1、P_1、Q_1）的影响，其调和常数来自TPXO7.2。长江径流流量设置为常数，盐度设置为0。初始的温度和盐度均设置为常数，分别为20℃和35 psu。风场数据来自ECMWF（European Centre for Medium-Range Weather Forecasts）的再分析数据，分辨率为0.75°×0.75°，模型的模拟时间从2006年6月1日至8月31日。

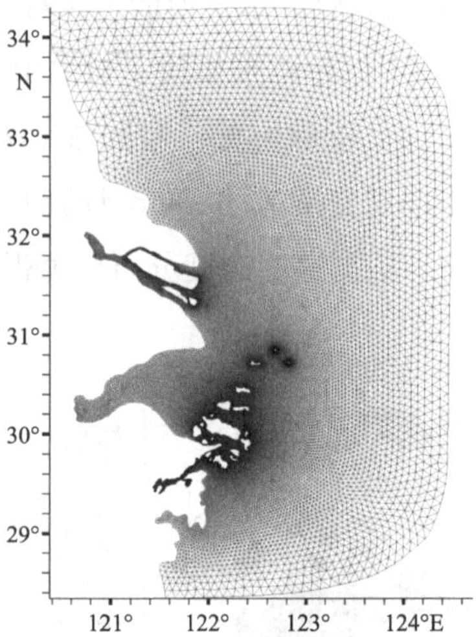

图4.20.1　网格设置

数值敏感性试验设置分为三种情况：(1）同时考虑风场和潮汐作用；(2）只考虑风场作用；(3）只考虑潮汐作用。选取 2006 年 6 月 15 日、6 月 30 日、7 月 15 日和 8 月 15 日四天，将上述三种情况进行具体比较，从而分析风场和潮汐作用对长江冲淡水转向的影响作用。

从图 4.20.2 中可以看出，6 月 15 日长江冲淡水转向还不明显，同时考虑风场和潮汐作用以及仅考虑风场作用时，长江冲淡水都有向东北方向转向的趋势，但仅考虑潮汐作用时，长江冲淡水转向东南方向。

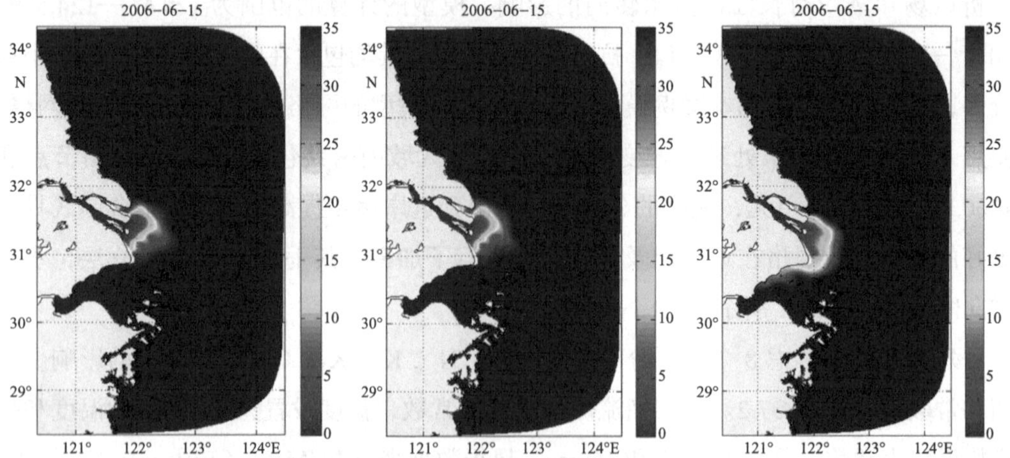

图4.20.2　同时考虑风场和潮汐（左）、只考虑风场（中）、只考虑潮汐（右）三种情况下2006年6月15日海表盐度分布

6 月 30 日长江冲淡水进一步向外海扩展，从图 4.20.3 中可以看出仅考虑风场作用时，长江冲淡水向北有进一步的扩展；同时考虑风场和潮汐作用的情况，长江冲淡水同时存在向东北方向和向东南方向的扩展，但向东南方向更加明显；仅考虑潮汐作用时，长江冲淡水仅向东南扩展。

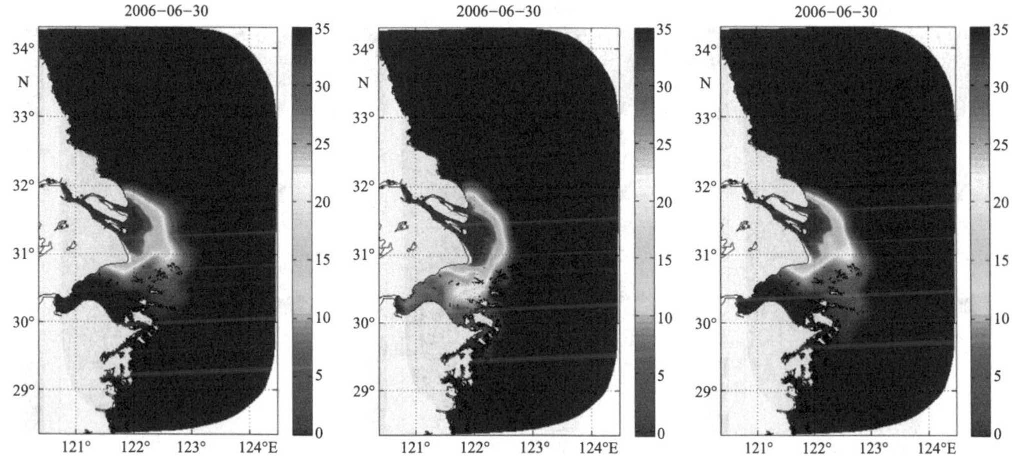

图4.20.3　同时考虑风场和潮汐（左）、只考虑风场（中）、只考虑潮汐（右）三种情况下2006年6月30日海表盐度分布

长江冲淡水在 7 月 15 日的扩展形态相比之前更加明显（图 4.20.4）。同时考虑风场和潮汐作用时，长江冲淡水存在比较明显的东北方向的低盐水舌；仅考虑风场作用时，长江冲淡水的扩展更加向北；而仅考虑潮汐作用时，长江冲淡水则向南扩展。

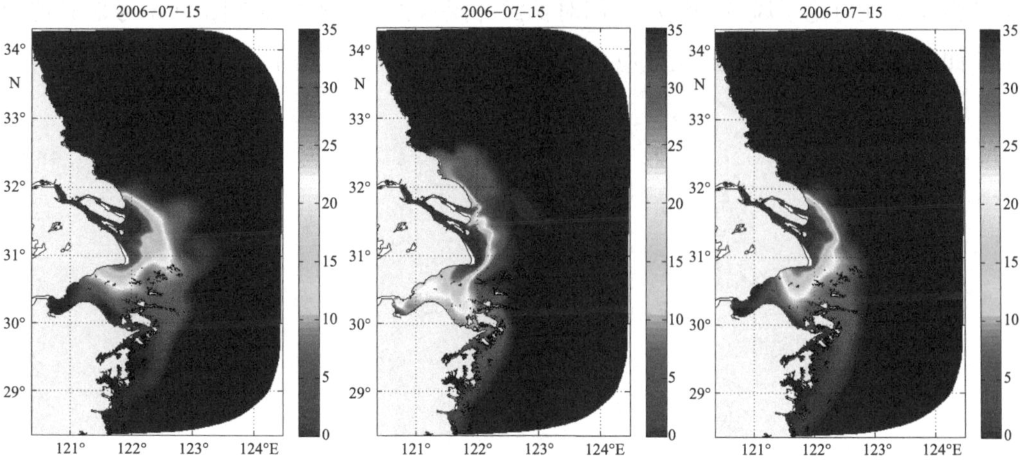

图4.20.4　同时考虑风场和潮汐（左）、只考虑风场（中）、只考虑潮汐（右）三种情况下2006年7月15日海表盐度分布

与之前相比，8 月 15 日的长江冲淡水的扩展形态最明显（图 4.20.5）。同时考虑风场和潮汐作用时，长江冲淡水存在比较明显的向东北方向的转向；仅考虑风场作用时，长江冲淡水向江苏沿岸和东北方向的转向比较明显；而仅考虑潮汐作用时，长江冲淡水明显地向南扩展。

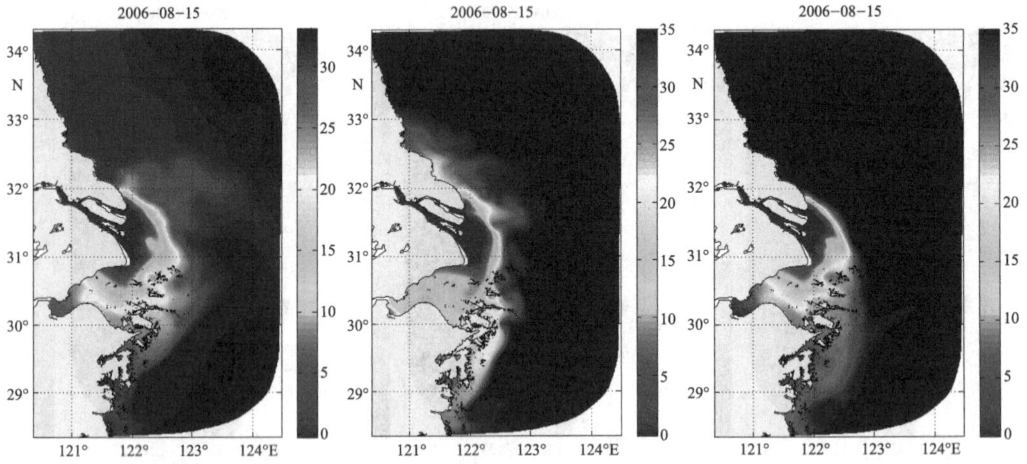

图4.20.5　同时考虑风场和潮汐（左）、只考虑风场（中）、只考虑潮汐（右）三种情况下2006年8月15日海表盐度分布

基于 FVCOM 海洋模型初步模拟了 2006 年 6—8 月长江冲淡水扩展的特征，并分析了风场和潮汐对长江冲淡水转向的影响。结果表明：风场作用主要导致长江冲淡水向东北方向偏转，而潮汐作用主要使长江冲淡水向南转向，抑制其向东北转向。本模拟试验仅定性讨论了风场和潮汐作用对长江冲淡水扩展形态的影响，并未考虑其他因素（如长江径流量变化、斜压效应、海底地形、外海流系等）的影响和作用。

第五章 数值模型应用实践

5.1 ROMS 模型实践

5.1.1 ROMS 源代码获取

本实践将主要包括 ROMS 源代码的获取和编译以及以风驱上升流为案例的模拟等。海洋数值模型的学习与使用需要较强的物理海洋基础、编程技能（包括 Fortran、MATLAB、Python 等）与 Linux/Unix 系统操作知识做铺垫，这些基础要求常常使得众多初学者“闻风丧胆”，但实际上，在海洋数值模型的学习过程中可以给学习者提供许多成就感并激发更强的学习兴趣，这种正反馈机制会使得海洋数值模型的学习和应用变得有趣。

读者可使用 git clone https://github.com/myroms/roms.git 命令从 GitHub 平台上获取 ROMS 官方源代码，图 5.1.1 展示了在终端（Terminal）下使用上述命令下载 ROMS 源代码的过程屏幕输出及下载内容。

```
pengdeMacBook-Pro-2:test22 pengbai$ git clone https://github.com/myroms/roms.git ./
Cloning into '.'...
remote: Enumerating objects: 48459, done.
remote: Counting objects: 100% (4513/4513), done.
remote: Compressing objects: 100% (776/776), done.
remote: Total 48459 (delta 4187), reused 3767 (delta 3737), pack-reused 43946 (from 2)
Receiving objects: 100% (48459/48459), 27.91 MiB | 1.65 MiB/s, done.
Resolving deltas: 100% (44772/44772), done.
pengdeMacBook-Pro-2:test22 pengbai$ ls
CMakeLists.txt  Data            License_ROMS.md ROMS            docs
Compilers       ESM             Master          User            makefile
pengdeMacBook-Pro-2:test22 pengbai$
```

图5.1.1　ROMS源代码下载过程屏幕输出及下载内容

此外，读者还可使用 git clone https://github.com/myroms/roms_test.git 命令获取 ROMS 官方测试案例，使用 git clone https://github.com/myroms/roms_matlab.git 命令获取 ROMS 官方 MATLAB 工具包。

5.1.2 ROMS 编译

所有的现代大型海洋数值模型都是立足于并行框架下研发的，这样可以最大限度地利用超级计算平台的海量资源，实现高速计算，ROMS 也不例外。因此，本实践中将编译生成能多线程运行的 ROMS 可执行文件，对于读者而言，若没有机会接触或使用超算服务器，也能够在自己的电脑上实现，具体步骤如下。

（1）库的安装

首先，读者在可用的电脑上安装 Linux 操作系统，当前有许多开源的 Linux 操作系统，如 CentOS 等。若读者的电脑为 Mac OS 系统，则可省略此步，因为 Linux 系统和 Mac OS 系统实际上都源自 Unix 系统。

ROMS 的编译需要 Fortran、NetCDF 以及并行库的支持，考虑操作可行性，这里只推荐相关开源软件或安装包。首先到 https://gcc.gnu.org/fortran/ 下载和自己操作系统匹配的 gfortran 安装包，解压后根据安装指南进行安装。这里要注意，接下来的 NetCDF 库以及并行库的安装都会调用到已有的 Fortran 库，因此 Fortran 库的安装必须在第一位执行。

安装完 gfortran 后，可以构建 NetCDF 库，到 https://www.unidata.ucar.edu/ 下载与自己操作系统匹配的安装包。这里要注意，NetCDF 从 V4.0 以后将 C 语言、Fortran 语言的安装库拆分了，而且构建前需要先行安装 zlib、curl、HDF5 等库。为降低实操难度，建议下载 V3.X 的 NetCDF 安装包并安装。安装时根据安装手册及安装过程中的提示即可，注意记下 NetCDF 库的安装路径，这在接下来的 ROMS 编译中会用到。

并行库可以到 https://www.open-mpi.org/ 下载 Open MPI 安装包，这里还是要注意下载与自己操作系统相匹配的安装包。根据安装手册及安装过程中的提示完成安装，并记下安装路径。

（2）ROMS 编译脚本的编辑

进入 ROMS 源代码所在的顶层目录，内有 Atmosphere、Compilers、Data、Lib、Master、ROMS、User 和 Waves 共 8 个子文件夹以及名为 makefile 的文件。ROMS 的编译可以使用 make 命令并配合修改 makefile 以及 Compilers 目录下的 *.mk 文件来实现，但此法有一个弊端，即每次要模拟新的案例时都需要到源程序目录下对 makefile 进行编辑，很容易造成混乱甚至出错。因此，推荐使用 build.bash（或 build.sh）来编译 ROMS。

首先，针对某个模拟问题新建一个工作目录，用来专门存放此次模拟的全部相关文件，工作目录不宜在 ROMS 源代码目录下创建，以避免后期频繁地文件编辑、读取或处理对某些源代码造成误操作，带来不必要的麻烦。比如，ROMS 源代码绝对路径为 /home/XXX/roms_src/，则可以将工作目录设置为 /home/XXX/work/，而不宜将工

作目录设置为 /home/XXX/roms_src/work/。以本实践为例，ROMS 源代码所在的顶层绝对路径为 /Users/pengbai/Documents/Model/ROMS/roms761，创建的模拟风驱上升流案例工作目录的绝对路径为 /Users/pengbai/Desktop/manuscript/upwelling。将 ROMS 源代码中的 build.bash 文件拷贝至风驱上升流案例工作目录下。

下面需选定风驱上升流案例模拟过程中要考虑的物理过程及使用的物理方案，在 ROMS 中，绝大多数物理过程及物理方案的选取都通过在 *.h 文件内定义一系列 CPP 选项（相当于开关）来实现。在 /Users/pengbai/Documents/Model/ROMS/roms761/ROMS/Include/cppdefs.h 文件中，详细罗列了每个 CPP 选项所对应的物理意义及实现的功能，如 UV_ADV，此项定义后模拟过程中将计算海水运动方程中的动量平流项；UV_COR，此项定义后将在模拟过程中考虑科氏力；SALINITY，此项定义后将在模拟过程中计算盐度。ROMS 官方已准备好了风驱上升流案例的 *.h 文件，即 /Users/pengbai/Documents/Model/ROMS/roms761/ROMS/Include/upwelling.h，将该文件拷贝至 /Users/pengbai/Desktop/manuscript/upwelling 目录下。

接下来打开工作目录下的 build.bash 文件，按照文件内的提示，将环境变量的值进行正确设置。

（a）环境变量 ROMS_APPLICATION 的设置，此项值对应 *.h 文件的大写名称，即这里应设置为“export ROMS_APPLICATION=UPWELLING”，务必注意“=”两端不要有空格，必须填 *.h 文件的全名的大写形式。

（b）环境变量 MY_ROOT_DIR 的设置，该项的设置较为自由，此处将之设置为 ROMS 源代码所在的绝对路径，即“export MY_ROOT_DIR=/Users/pengbai/Documents/Model/ROMS/roms761”。注意，由于 ${HOME}= /Users/pengbai，因此此项也可设置为“export MY_ROOT_DIR = ${HOME}/Documents/Model/ROMS/ roms761”。

（c）环境变量 MY_PROJECT_DIR 的设置，该项应设置为上升流模拟工作目录的绝对路径，即“export MY_PROJECT_DIR=/Users/pengbai/Desktop/manuscript/upwelling”。由于运行 build.bash 文件时本身就是在工作目录下运行，因此，也可设置此项为“export MY_PROJECT_DIR=${PWD}”。

（d）环境变量 MY_ROMS_SRC 的设置，该项应设置为 ROMS 源代码的绝对路径，即“export MY_ROMS_SRC=${MY_ROOT_DIR}”，注意 ${MY_ROOT_DIR} 上面已赋值定义。

（e）环境变量 COMPILERS 的设置，该项应指定编译配置文件 *.mk 所在的目录，即“export COMPILERS=${MY_ROMS_SRC}/Compilers”。

注意：设置完（a）至（e）步骤后，build.bash 文件中对应部分如图 5.1.2 所示。

```
export    ROMS_APPLICATION=UPWELLING

# Set a local environmental variable to define the path to the directories
# where all this project's files are kept.

export          MY_ROOT_DIR=${HOME}/Documents/Model/ROMS/roms761
export       MY_PROJECT_DIR=${PWD}

# The path to the user's local current ROMS source code.
#
# If using svn locally, this would be the user's Working Copy Path (WCPATH).
# Note that one advantage of maintaining your source code locally with svn
# is that when working simultaneously on multiple machines (e.g. a local
# workstation, a local cluster and a remote supercomputer) you can checkout
# the latest release and always get an up-to-date customized source on each
# machine. This script is designed to more easily allow for differing paths
# to the code and inputs on differing machines.

#export          MY_ROMS_SRC=${MY_ROOT_DIR}/branches/arango
 export          MY_ROMS_SRC=${MY_ROOT_DIR}

# Set path of the directory containing makefile configuration (*.mk) files.
# The user has the option to specify a customized version of these files
# in a different directory than the one distributed with the source code,
# ${MY_ROMS_SRC}/Compilers. If this is the case, the you need to keep
# these configurations files up-to-date.

 export            COMPILERS=${MY_ROMS_SRC}/Compilers
```

图5.1.2　build.bash中路径的设置示意图

（f）根据所用电脑的内存构架形式，选择 USE_MPI（分布式内存）和 USE_OpenMP（共享式内存）其一设置为“on”。

（g）使用 mpif90 来实现 ROMS 源代码（Fortran 文件）的并行编译：“export USE_MPIF90=on”。

（h）由于这里用的是 Open MPI 开发的并行库，因此，“export which_MPI=openmpi”。

（i）由于使用的是 gfortran 的 Fortran 编译器，因此，“export FORT=gfortran”。

（j）一般要设置“export USE_LARGE=on”用来激活 64 位的编译，所有超算都是 64 位处理器，读者可根据实际情况确定是否打开此开关。

（k）这里使用的是 3.6.1 版本的 NetCDF 库，所以关掉如下两个开关：“#export USE_NETCDF4=on”，“#export　USE_PARALLEL_IO=on”。

（l）由于没有对 ${MY_ROMS_SRC}/Compilers 目录下对应的操作系统及 Fortran 编译器的 *.mk 文件做修改，而是在 build.bash 文件里统一指定 NetCDF 库，并行库等信息，因此将 USE_MY_LIBS 选项打开，以便编译程序能够从 build.bash 里指定的路径里找到编译所需要的库：“export USE_MY_LIBS=on。”

注意：设置完（f）至（l）步骤后，build.bash 文件中对应部分如图 5.1.3 所示。

```
 export          USE_MPI=on            # distributed-memory parallelism
 export       USE_MPIF90=on            # compile with mpif90 script
#export        which_MPI=mpich         # compile with MPICH library
#export        which_MPI=mpich2        # compile with MPICH2 library
 export        which_MPI=openmpi       # compile with OpenMPI library

#export       USE_OpenMP=on            # shared-memory parallelism

#export             FORT=ifort
 export             FORT=gfortran
#export             FORT=pgi

#export        USE_DEBUG=on            # use Fortran debugging flags
 export        USE_LARGE=on            # activate 64-bit compilation
#export      USE_NETCDF4=on            # compile with NetCDF-4 library
#export  USE_PARALLEL_IO=on            # Parallel I/O with Netcdf-4/HDF5

 export      USE_MY_LIBS=on            # use my library paths below
```

图5.1.3　build.bash中有关Fortran编译器、并行库类型等的设置示意图

（m）并行库的路径的设置。根据第（g）步中 USE_MPIF90、第（h）步中 which_MPI 以及第（i）步中 FORT 的设置值，找到判定程序对应的位置，将并行库安装路径添加到默认搜索路径中，即让编译程序能够成功调用并行库来编译生成可执行文件。这里展示的并行库安装在 /usr/local/bin 目录下，编辑后如图 5.1.4 所示。若读者在超算平台上进行初次操作，可用“which mpirun”命令来查找并行库的安装路径。

```
if [ -n "${USE_MPIF90:+1}" ]; then
  case "$FORT" in
    ifort )
      if [ "${which_MPI}" = "mpich" ]; then
        export PATH=/opt/intelsoft/mpich/bin:$PATH
      elif [ "${which_MPI}" = "mpich2" ]; then
        export PATH=/opt/intelsoft/mpich2/bin:$PATH
      elif [ "${which_MPI}" = "openmpi" ]; then
        export PATH=/opt/intelsoft/openmpi/bin:$PATH
      fi
      ;;

    pgi )
      if [ "${which_MPI}" = "mpich" ]; then
        export PATH=/opt/pgisoft/mpich/bin:$PATH
      elif [ "${which_MPI}" = "mpich2" ]; then
        export PATH=/opt/pgisoft/mpich2/bin:$PATH
      elif [ "${which_MPI}" = "openmpi" ]; then
        export PATH=/opt/pgisoft/openmpi/bin:$PATH
      fi
      ;;

    gfortran )
      if [ "${which_MPI}" = "mpich2" ]; then
        export PATH=/opt/gfortransoft/mpich2/bin:$PATH
      elif [ "${which_MPI}" = "openmpi" ]; then
        export PATH=/usr/local/bin:$PATH
      elif [ "${which_MPI}" = "mpich" ]; then
        export PATH=/Users/pengbai/Documents/Soft/mpich-install/bin:$PATH
      fi
      ;;

  esac
fi
```


图5.1.4　本案例中并行库路径的设置示意图

（n）NetCDF 库路径的设置。根据第（h）步中 which_MPI、第（i）步中 FORT、第（k）步中 USE_NETCDF4 和 USE_PARALLEL_IO 以及第（l）步中 USE_MY_LIBS 的设置值，在判定程序的对应位置处添加 NetCDF 库的安装路径，这里要同时添加 NetCDF 库的头文件路径（*/include）以及库文件路径（*/lib）。根据本实践案例的情况，3.6.1 版本的 NetCDF 库头文件路径为 /usr/local/include，库文件路径为 /usr/local/lib，修改完后如图 5.1.5 所示。由于上升流案例简单，模拟过程不涉及与其他模块的耦合，这里没有指定 ESMF、MCT 以及 PARPACK 等库的安装路径信息，注意：当利用 ROMS 与其他模块进行耦合计算时，这些库的支持是必须的。

（o）完成上述编辑后，保存并退出编辑。开始编译、生成上升流案例的可执行文件。使用命令“./build.bash”即可执行编译，也可使用“./build.bash -j N”命令来多线程执行编译以加快编译速度，这里 N 指代用户想调用的线程数，如“./build.bash -j 4”指利用 4 个线程来同时完成编译过程。注意：有时候 build.bash 没有可执行权限，导致无法编译，这时候可以用“chmod +x build.bash”命令赋予其可执行权限。编译成功后，将在工作目录下生成名为 oceanM 的可执行文件，至此编译过程结束。

```
      if [ -n "${USE_NETCDF4:+1}" ]; then
        if [ -n "${USE_PARALLEL_IO:+1}" ] && [ -n "${USE_MPI:+1}" ]; then
          if [ "${which_MPI}" = "mpich2" ]; then
            export       NC_CONFIG=/opt/gfortransoft/mpich2/netcdf4/bin/nc-config
            export NETCDF_INCDIR=/opt/gfortransoft/mpich2/netcdf4/include
          elif [ "${which_MPI}" = "openmpi" ]; then
            export       NC_CONFIG=/opt/gfortransoft/openmpi/netcdf4/bin/nc-config
            export NETCDF_INCDIR=/opt/gfortransoft/openmpi/netcdf4/include
          fi
        else
          export       NC_CONFIG=/opt/gfortransoft/serial/netcdf4/bin/nc-config
          export   NETCDF_INCDIR=/opt/gfortransoft/serial/netcdf4/include
        fi
      else
        export     NETCDF_INCDIR=/usr/local/include
        export     NETCDF_LIBDIR=/usr/local/lib
      fi
      ;;

    esac
fi
```

图5.1.5　NetCDF库安装路径的编辑示意图

5.1.3　ROMS 设置与运行

（1）控制文件 *.in 的编辑

对于海洋动力学问题的模拟除使用头文件 *.h 来定义考虑的物理过程、选取数值计算方案、开关某些模型功能等之外，还需要利用控制文件 *.in 来提供模型运行时所必需的一系列输入信息及一些物理参数，如网格信息、调用计算资源信息、垂向分层方案、输出变量信息、输入文件信息等。

头文件 *.h 以及控制文件 *.in 的学习是一个系统化的过程。这里仍以 ROMS 自带的上升流官方案例为切入点，重在帮助读者熟悉并掌握完整的 ROMS 使用流程。当将 upwelling.h 拷贝至工作目录后，打开此文件，可发现有一系列名为“ANA_*”的 CPP 被定义了（图 5.1.6）。上升流案例作为 ROMS 的官方案例，为方便用户迅速地上手模型，官方已在源程序 ana_grid.h、ana_initial.h、ana_smflux.h 等文件中将上升流案例所需要的网格信息、初始条件、风应力强迫信息、表底热通量等信息全部定义好，当用户激活 UPWELLING 这一 CPP 后，上述信息将自动计算，因此用户不必额外提供或者输入信息（参见图 5.1.7 中 ana_smflux.h 对海表风应力的计算）。

这里需要指出的是，对于某些模拟，可以直接利用 ana_*.h 来快速地提供给模型相应的输入信息，而不必一定通过 *.nc 文件输入模型，这样可以很容易且高效地实现一些对照数值的模拟。*.h 中的语言编写是 C 和 Fortran 的混编，其中 C 绝大多数情况仅用来判定逻辑，*.h 的主体是 Fortran 语言。比如，想测试风应力强度对上升流强度的影响，可以直接将 ana_smflux.h 拷贝至工作目录下，然后添加相应的 Fortran 命令来实现，这样就不用再费时准备风场强迫文件 *.nc 了。注意：使用此法必须在编译 ROMS 可执行文件前（运行 build.bash 前）对 ana_*.h 进行对应修改方可奏效。

```
#define ANA_GRID
#define ANA_INITIAL
#define ANA_SMFLUX
#define ANA_STFLUX
#define ANA_SSFLUX
#define ANA_BTFLUX
#define ANA_BSFLUX
```

图5.1.6　upwelling.h 中有关网格、初始条件、风场强迫、热通量的定义

```
#elif defined UPWELLING
      IF (NSperiodic(ng)) THEN
        DO j=JstrT,JendT
          DO i=IstrP,IendT
            sustr(i,j)=0.0_r8

#elif defined UPWELLING
      IF (NSperiodic(ng)) THEN
        IF ((tdays(ng)-dstart).le.2.0_r8) THEN
          windamp=-0.1_r8*SIN(pi*(tdays(ng)-dstart)/4.0_r8)/rho0
        ELSE
          windamp=-0.1_r8/rho0
        END IF
        DO j=JstrP,JendT
          DO i=IstrT,IendT
            svstr(i,j)=windamp
```

图5.1.7　ana_smflux.h中有关UPWELLING案例风场强迫的定义

上升流案例的 *.in 文件保存于 /Users/pengbai/Documents/Model/ROMS/roms761/ROMS/External 目录中（所有的官方案例的 in 文件都保存于此），找到名为 ocean_upwelling.in 的文件并将之拷贝至工作目录 /Users/pengbai/Desktop/manuscript/upwelling 中，打开此文件，做如下编辑。

（a）将 VARNAME 的值修改为 ROMS 源代码中 varinfo.dat 文件的绝对路径。ROMS 的计算过程中对所有的变量有统一化的命名规则，如温度用 temp 表示，盐度用 salt 表示，而 varinfo.dat 相当于每一个（类）计算变量的身份登记（包含变量的物理意义、单位、不同类型计算点的名称等），ROMS 的所有输入输出都依据 varinfo.dat 中的变量定义来进行。比如，想提供给 ROMS 初始场的温度信息，但在初始场 NetCDF 文件中温度变量的名字为 temperature，此时 ROMS 将会报错，因为 temperature 这个变量在 varinfo.dat 中并未登记，ROMS 不识别。当然可以通过修改 varinfo.dat 中的信息来强迫 ROMS 识别 temperature 这个变量，但不建议使用此方法，后续很可能带来不必要的麻烦。回归主题，将 varinfo.dat 的绝对路径赋值给 VARNAME（图 5.1.8），初学者对 ROMS 源代码的结构并不熟悉，可以进入 ROMS 源代码主目录，使用“find. -name varinfo.dat”来找到此文件。

```
! Input variable information file name.  This file needs to be processed
! first so all information arrays can be initialized properly.

     VARNAME = /Users/pengbai/Documents/Model/ROMS/roms761/ROMS/External/varinfo.dat

```

图5.1.8　*.in文件中VARNAME的编辑示意图

（b）修改 NtileI 与 NtileJ 的值。这里 NtileI 与 NtileJ 依次为用户想使用多少个线程来在 I 方向、J 方向上对计算区域作划分，那么总的计算资源（线程数）为 NtileI*NtileJ。例如，电脑上共有 4 个线程，可在 I、J 方向上平均分配这 4 个线程（图 5.1.9）。注意，一般 NtileI 与 NtileJ 的比值，应接近 I 与 J 方向上网格数的比值，这样并行效率较高，读者可自行测试。

```
! Domain decomposition parameters for serial, distributed-memory or
! shared-memory configurations used to determine tile horizontal range
! indices (Istr,Iend) and (Jstr,Jend), [1:Ngrids].

      NtileI == 2                               ! I-direction partition
      NtileJ == 2                               ! J-direction partition
```

图5.1.9　NtileI与NtileJ的编辑示意图

（c）模型输出控制。事实上，修改完上述几处后，上升流案例便可以运行了，建议在工作目录下创建一个专门用来存储模型输出的文件夹，并令模型将输出保存至该路径下，这样可以保持工作目录的整洁，最关键的是可以减少对输出文件的频繁读取、处理过程中造成的误操作。如创建名为 output 的文件夹，并将输出保存至此(图 5.1.10)。

```
GSTNAME == ./output/ocean_gst.nc
RSTNAME == ./output/ocean_rst.nc
HISNAME == ./output/ocean_his.nc
TLMNAME == ./output/ocean_tlm.nc
TLFNAME == ./output/ocean_tlf.nc
ADJNAME == ./output/ocean_adj.nc
AVGNAME == ./output/ocean_avg.nc
DIANAME == ./output/ocean_dia.nc
STANAME == ./output/ocean_sta.nc
FLTNAME == ./output/ocean_flt.nc
```

图5.1.10　输出路径的编辑示意图

（2）案例运行

完成上述准备后，进入模型运行环节。在许多超算平台上，此步也称作提交任务，超算平台无一例外有着功能强大的任务控制系统来实现资源的调配及庞大用户群体的服务和管理，同时有着固定的计算任务提交方式，但这可能不适用于在单机上进行尝试该实验的读者。在此介绍一种更适用于单机或小型服务器的 ROMS 计算任务的提交方法。

首先创建一声明本机计算资源信息的文件，如电脑名为“pengdeMacBook-Pro”，共有 4 个线程，在此创建一名为 node 的内容为“pengdeMacBook-Pro slots=4”的文本文件。随后，创建名为 run.sh 的内容为“/usr/local/bin/mpirun-np4-hostfile./node./oceanM./ocean_upwelling.in>& log &”的文本文件，并赋予此文件可执行权限。命令 mpirun 是在安装 Open MPI 并行库时生成的，有关 mpirun 的使用网上有众多教程，此处只给出了其中一种较为常用的固定用法。使用的命令可以理解为使用 pengdeMacBook-Pro 电脑的 4 个线程（与 *.in 文件中指定的资源数必须对应）在并行框架下执行输入信息为 ocean_upwelling.in 的 oceanM 文件，并将执行信息保存至名为 log 的文件中。

运行 run.sh 文件，用“tail -f log”命令来查看模型的执行信息，如图 5.1.11 所示，当案例运行完成后，可以在 output 目录下发现如下文件：ocean_avg.nc、ocean_dia.nc、ocean_his.nc 和 ocean_rst.nc，这些文件依次存储平均场、诊断场、瞬时场和重启场。瞬时场和重启场信息是默认输出的，上升流案例同时输出了平均场和诊断场信息是因为 upwelling.h 中激活了 AVERAGES、DIAGNOSTICS_TS、DIAGNOSTICS_UV 这 3 个 CPP 选项。

```
pengdeMacBook-Pro:upwelling pengbai$ tail -f log
            (01,01,12)  1.196859E-01  2.025261E-03  1.793725E-02  4.335209E-01
      WRT_HIS    - wrote history  fields (Index=1,1) into time record = 0000010
      WRT_AVG    - wrote averaged fields into time record =             0000009
      WRT_DIAGS - wrote diagnostics fields into time record =           0000009
    649      2 06:05:00  5.487308E-03  6.585681E+02  6.585736E+02  3.884376E+11
            (01,01,12)  1.198436E-01  2.025570E-03  1.794030E-02  4.340500E-01
    650      2 06:10:00  5.506990E-03  6.585681E+02  6.585736E+02  3.884376E+11
            (01,01,12)  1.200009E-01  2.025883E-03  1.794335E-02  4.345778E-01
    651      2 06:15:00  5.526691E-03  6.585681E+02  6.585737E+02  3.884376E+11
            (01,01,12)  1.201579E-01  2.026207E-03  1.794643E-02  4.351044E-01
    652      2 06:20:00  5.546413E-03  6.585681E+02  6.585737E+02  3.884376E+11
            (01,01,12)  1.203145E-01  2.026567E-03  1.794957E-02  4.356297E-01
    653      2 06:25:00  5.566153E-03  6.585681E+02  6.585737E+02  3.884376E+11
            (01,01,12)  1.204707E-01  2.026942E-03  1.795297E-02  4.361538E-01
```

图5.1.11 上升流案例执行过程中log信息示意图

5.1.4 ROMS 结果可视化及分析

（1）物理背景简介

上升流案例的物理问题描述及结果分析在 Wiki ROMS 上有详细介绍（https://www.myroms.org/wiki/UPWELLING_CASE），这里仅就模型输出作简要介绍和分析。

图 5.1.12 展示了上升流案例的物理背景示意图：在一矩形海盆中，水深分布南北两侧浅而中央深，水深东西方向上无梯度。海盆东、西边界为周期性边界，而南北边界为固边界。有全场均一的东风作用于整个海盆，模拟过程中考虑科氏力作用（南半球）。在此风场强迫下，海盆内将产生由北向南的 Ekman 水体输运，对应的将在北岸形成上升流，而在南岸形成下降流。

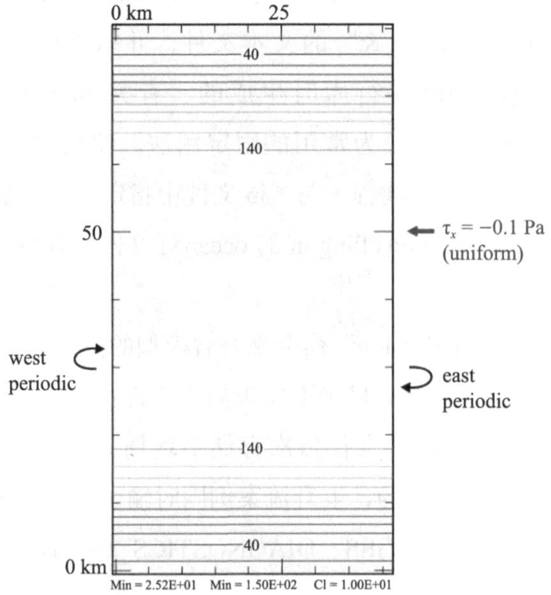

图5.1.12 ROMS官方上升流案例物理背景示意图

（2）模型输出可视化

以 MATLAB 处理上升流输出结果为例。打开 ocean_his.nc 文件，读取模型网格信息、输出时间信息和垂向分层信息，选取一个南北向断面，读取出该断面上的温度、水深、海面高度数据。根据垂向分层信息、断面上水深及海面高度信息计算出断面上每一个计算点所在的垂向位置，构造该断面上全部计算点所在的水平位置。打开一个 1 行 2 列的图像，分别截取初始时刻及最后时刻断面上的温度进行绘制，结果见图 5.1.13。

图 5.1.13 显示为选取的南北断面上初始时刻和第 5 个模拟日的温度分布，表明在海盆的北岸形成了上升流，而在南岸形成了下降流，与理论推测结果相符。通过该案例，能够切实体会到海洋数值模型可以将复杂的物理海洋学理论变得直观易懂。这里仅展示了南北断面上的垂向温度分布特征，读者可自行查看温度、盐度、流速（特别是垂向流速）在垂直及水平方向上的分布。

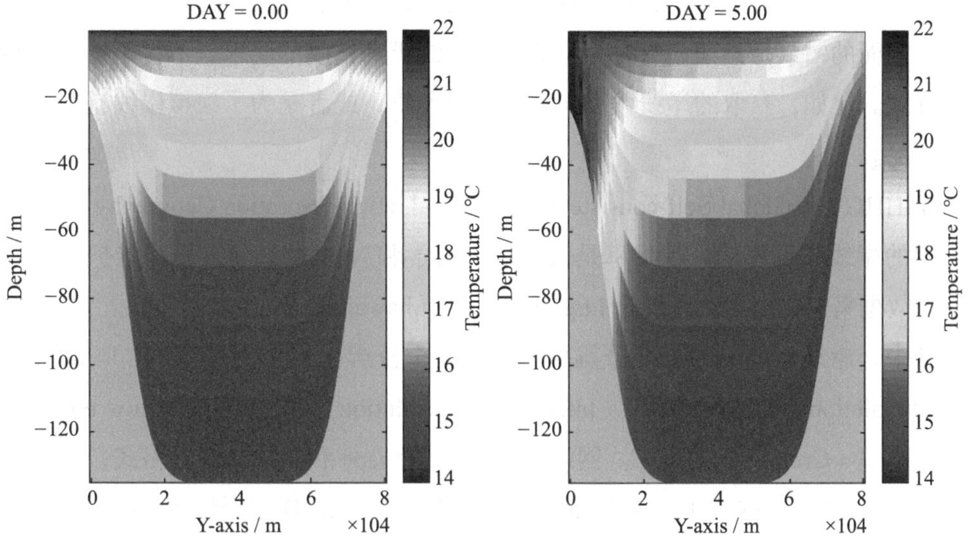

图5.1.13　上升流案例中南北断面上初始时刻温度分布（左）及第5个模拟日的温度分布（右）

5.1.5　ROMS 案例拓展

在 ROMS 上升流案例的模拟过程中，在 /ROMS/Include 目录下还有众多官方案例的 *.h 文件，在 /ROMS/External 目录下也能找到对应的 *.in 文件，这些简单而经典的案例每个都有侧重的方向，且绝大部分案例可以在单机上完成，运行完这些案例将对众多物理海洋学理论有更为深入的认知，这些努力也无疑会潜移默化地提升 ROMS 使用技能。

5.2 FVCOM 模型实践

5.2.1 FVCOM 岸线和水深文件制作

与其他一些海洋模型相比，FVCOM 海洋模型最重要的特点就是三角形网格，它既可以很好地描绘岸线的轮廓，又可以在近岸区域或者重点海域进行加密，提高水平分辨率，因此，岸线和水深信息尤为重要。当使用海洋模型 FVCOM 对某海域进行数值模拟时，首先就是构建三角形网格，FVCOM 手册中推荐使用 SMS 软件构建三角形网格，SMS 是由 AQUAVEO 公司制作的一款水动力模型软件，下载网址是 https://www.aquaveo.com/。

构建三角形网格的第一步是生成岸线。岸线数据的获取方式有两种，第一种是手动勾画，即将岸线图片导入 SMS，利用鼠标人为地勾勒出岸线；第二种方法是导入岸线数据，即从网站上下载岸线数据，然后改写成 SMS 可读的格式（如后缀名为 cst 的文件）并导入。多数情况下，第二种方法更实用，其方法高效快速，同时可以避免出现投影方面的错误。然而，有时为了达到对岸线更高精度的要求，不得不选择手动勾画的方式。比如，获取的岸线数据与实际情况不符，或者是为了模拟岸线有所改变之后的情况。

GSHHG（A Global Self-consistent, Hierarchial, High-resolution Geography Database）是常用的岸线数据库，该数据库是由夏威夷大学和 NOAA 共同开发和维护的全球地理信息数据集，数据下载网址是 http://www.soest.hawaii.edu/wessel/gshhg/。

其中，岸线数据分为五个分辨率，包括完全分辨率（Full resolution）、高分辨率（High resolution）、中等分辨率（Intermediate resolution）、低分辨率（Low resolution）和粗分辨率（Crude resolution）。网站提供了 nc、shape 和 binary 三种格式，如果使用 MATLAB 处理的数据，可下载 binary 格式数据，MATLAB 中提供了 gshhs 的命令来读取 binary 格式的数据。下载完成后共包含五个不同分辨率的岸线文件，gshhs_f.b、gshhs_h.b、gshhs_i.b、gshhs_l.b 和 gshhs_c.b，文件名中的不同字母代表不同分辨率，依次是完全分辨率、高分辨率、中等分辨率、低分辨率和粗分辨率。

数据准备好后，便可开始处理数据。第一步，将下载的 binary 格式文件中的经纬度信息提取出来并写入 mat 文件。在原始 binary 文件中，有许多与岸线无关的信息，如面积、数据类型、数据来源等，这些信息增大了在处理岸线时花费的时间，因此，最好在开始时就删掉它们，只把经纬度信息保存到 mat 文件。第二步，读取 mat 文件，根据设定的经纬度信息，筛选出在此区域内的岸线，并保存成后缀名为 cst 的格式，cst 文件格式如图 5.2.1 所示。具体地，第一行为表头信息，表示数据类型，这里写‘COAST’，第二行表示岸线个数，之后开始记录每一条岸线的信息。每条岸线记录的第一行有两个整数，分别表示此岸线的点数和是否闭合（闭合写 1，不闭合写 0）；之后每行记录各点的经度、纬度和海拔，一般地，海拔记为 0.0。

```
COAST
501
8152 0
    127.000000      33.000000  0.0
    126.999139      34.632083  0.0
    126.993306      34.632111  0.0
    126.990833      34.626222  0.0
    126.969139      34.626222  0.0
    126.957056      34.630806  0.0
    126.970861      34.621250  0.0
    126.994139      34.623750  0.0
    126.992861      34.616639  0.0
    126.996611      34.612917  0.0
    126.996194      34.604167  0.0
    126.998694      34.598306  0.0
    126.992083      34.594139  0.0
    126.992056      34.584167  0.0
    126.985861      34.577083  0.0
```

图5.2.1　cst格式文件实例

以渤黄海为例，设定经纬度范围为 117° —127°E、33° —41°N，使用 gshhs_h 岸线数据，便可得到图 5.2.2 岸线。图中，蓝色的线为陆地岸线，一般情况下，这条线最长；红色的线为其他的岛屿岸线，在分辨率较低或者岛屿较小时，某些岛屿可能会被简化为三角形，这时，可以考虑选择更高的分辨率或者在 SMS 中把这个岛屿删除。将该 cst 文件在 SMS 中打开，效果如图 5.2.3 所示。

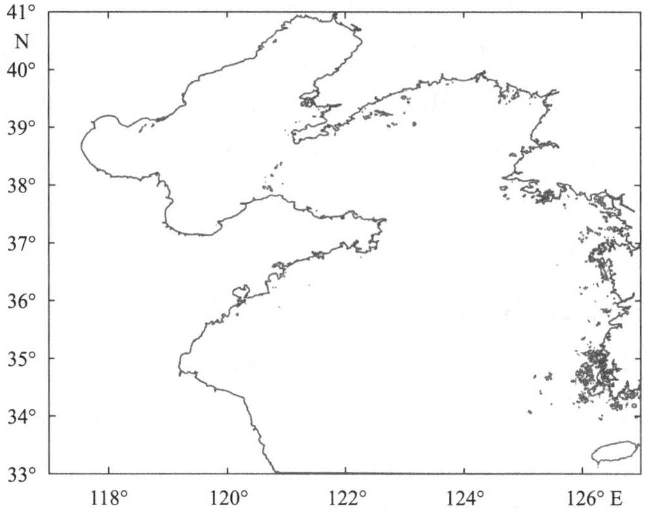

图5.2.2　使用GSHHS数据导出的岸线图，包括陆地岸线（蓝线）和岛屿岸线（红线）

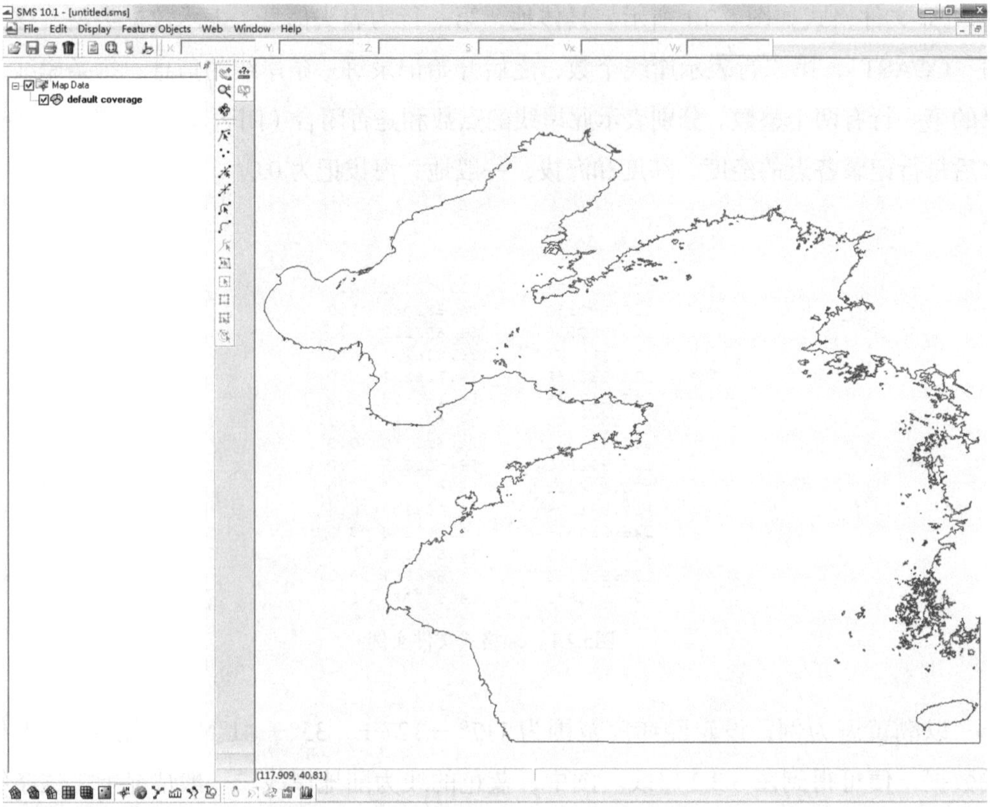

图5.2.3　cst文件在SMS中显示效果图

构建三角形网格的第二步是生成水深文件。ETOPO 是由美国国家地球物理数据中心（NGDC）公布的全球地形数据，包括陆地海拔和海洋水深，包含 3 个分辨率，即 5 分（ETOPO5）、2 分（ETOPO2）和 1 分（ETOPO1）。对于中纬度海域，分辨率可以达到 2 km 以内。该数据获取网址为 https://rda.ucar.edu/datasets/ds759.4/。

数据格式为 NetCDF，其中只有三个变量，即 *x*、*y* 和 *z*，分别代表经度纬度和地形（向上为正）。以渤黄海为例，设置边界为 117° —127°E、33° —41°N，提取该区域内的数据点，结果如图 5.2.4 所示。

对于水深数据格式，SMS 要求比较简单，分 3 列（图 5.2.5），分别为经度、纬度和水深（直角坐标时，写 *x*、*y* 和水深）。这里需要注意两点，第一，由于 FVCOM 中水深为正，所以在书写水深文件时，应把 ETOPO 的数据加负号，第二，可以删去一部分多余的陆地部分，但要保留一部分近岸陆地，以供 SMS 插值使用。在本例中，海拔为 10m 以下的区域都被保留以备后面插值使用。

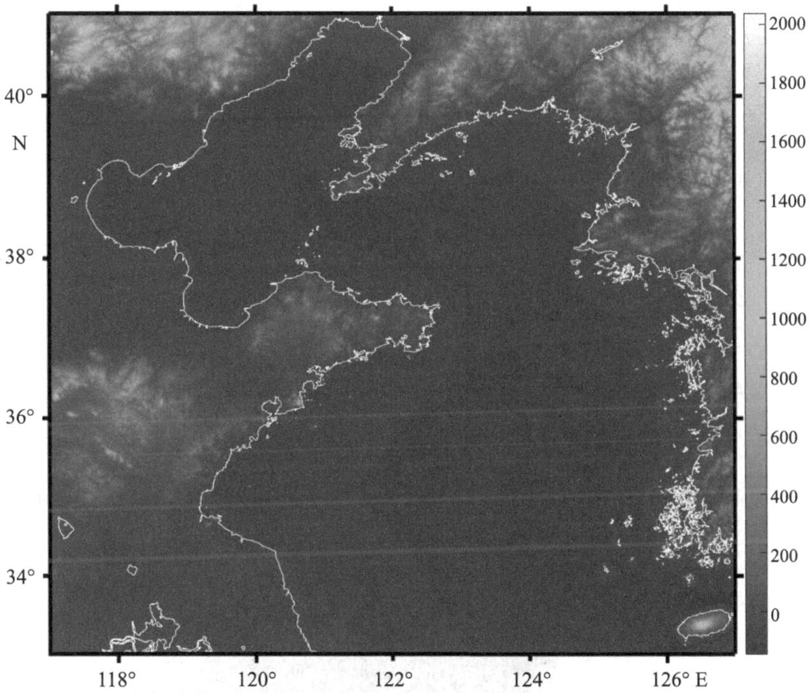

图5.2.4　中国沿海ETOPO地形图（垂直向上为正）

119.01666667	33.00000000	9.00
119.03333333	33.00000000	8.00
119.05000000	33.00000000	7.00
119.06666667	33.00000000	6.00
119.08333333	33.00000000	6.00
119.10000000	33.00000000	6.00
119.11666667	33.00000000	5.00
119.13333333	33.00000000	6.00
119.15000000	33.00000000	7.00
119.16666667	33.00000000	7.00
119.18333333	33.00000000	6.00
119.20000000	33.00000000	6.00
119.21666667	33.00000000	5.00

图5.2.5　SMS所需地形文件示例（垂直向下为正）

完成后，直接将文件拖入 SMS，在 Open File Format 中，选择“Use Import Wizard”，在弹出的窗口（图 5.2.6）中，可以选择文件中一些规则，如数据的分隔符等。设置完成后，SMS 会显示导入水深数据，红色点表示每一个数据点（图 5.2.7）。

通过 Display Options 设置，画出水深填色图，同时导入上节提取的岸线数据，最终结果如图 5.2.8 所示。

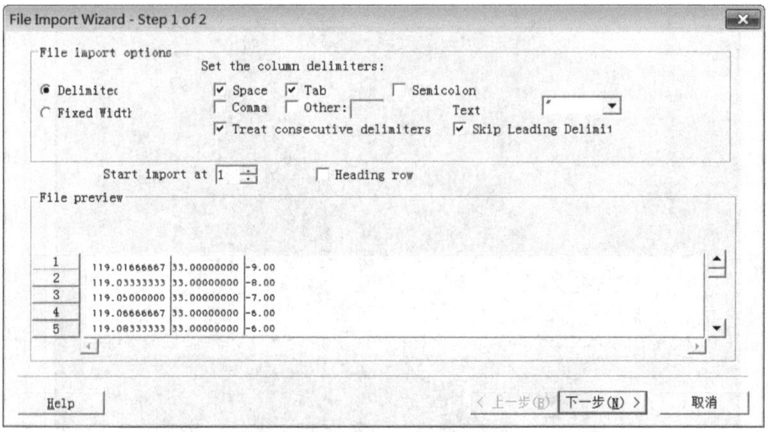

图5.2.6　SMS中“Use Import Wizard”界面设置

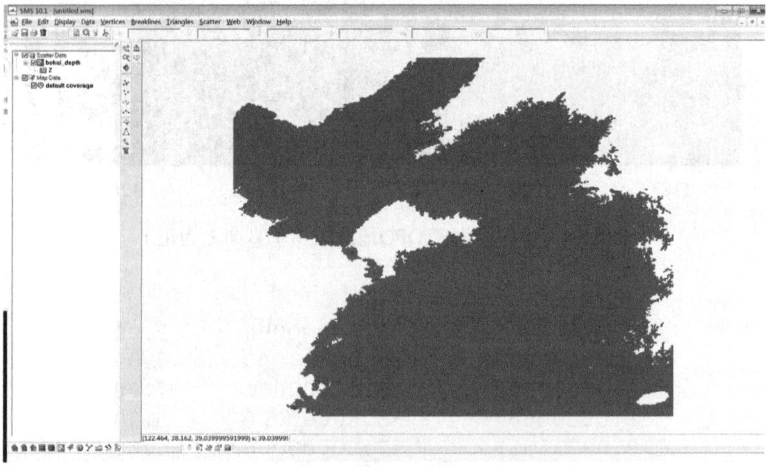

图5.2.7　SMS导入水深数据点效果图

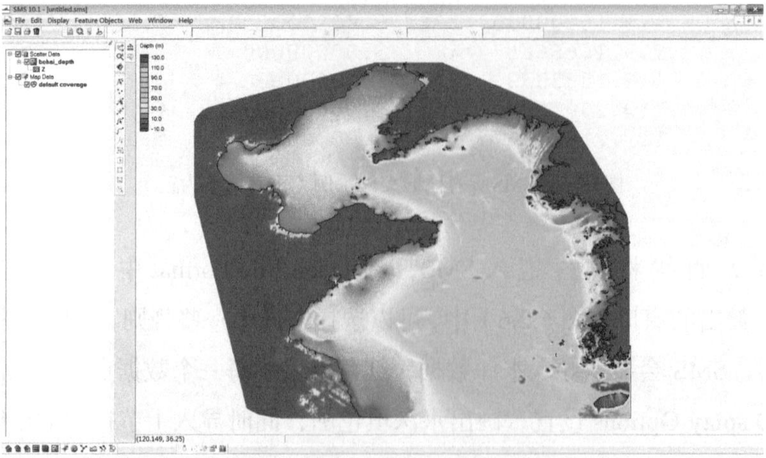

图5.2.8　SMS水深数据导入效果图

5.2.2 FVCOM 网格边界提取

通过 SMS 软件构建三角形网格，会得到一个后缀名为 2dm 的文件，里面会包含每个网格点的坐标以及 nv 矩阵。nv 矩阵是一个二维矩阵，里面包含每个三角元三个节点的网格点编号。如果不考虑开边界信息，有这三个数据，就可以绘制完整的三角形网格。

然而，针对某些问题，需要对这三个变量进行处理，提取网格的边界信息。比如，涉及从 FVCOM 区域向更大区域插值时，希望只让落在 FVCOM 区域内的网格点进行插值，而区域外的网格点保持原值。这时就需要使用网格的边界信息，区分 FVCOM 区域内和区域外的点，进行不同的计算。为找出 FVCOM 网格的边界，lon，lat（或 x，y）和 nv 三个变量就足够解决以上问题了。大体的思路是，将 nv 转换成 nele*3（nele 为三角元个数）条线段，其中，FVCOM 的边界线段，只出现了一次；而区域内部线段出现了两次。通过这个区分边界线段和内部线段的条件，还可以优化网格画图程序。一般地，在画 FVCOM 三角形网格图时，会写循环，把每个三角形的三条边都画一遍。然而，在这个过程中，内部线段都被画了两遍，由于内部线段的个数往往远大于边界线段，这种方法使得画图时间慢了大约 1 倍。所以，可以使用这个判断条件，让每条线段只画一遍。

下面以 FVCOM 构建的美国东北沿海预报系统 NECOFS（Northeast Coastal Ocean Forecast System）的网格为例，展示一下通过这种方法得到的结果。图 5.2.9 中，黑线表示 NECOFS 的网格边界。随机生成该经纬度范围内的 2000 个点，根据边界信息，可以判断出 NECOFS 区域内的点（红色）和区域外的点（蓝色）。

另外，可以看到，在模型区域内部，有几处岛屿，它们的轮廓线也应是边界。图 5.2.10 为放大纽约州长岛后的效果。可以看到，有两个随机点落在了长岛上，这两个点被大边界和长岛边界双重包围，它们的颜色依然是蓝色，即区域外。实现这一结果的方法是，将区域大边界的网格点按顺时针顺序排列，而内部的岛屿边界按逆时针顺序排列，再使用 MATLAB 中的 inpolygon 命令进行判断即可。

5.2.3 FVCOM 中 grd 文件的注意事项

在编写 grd 文件时，对于 nv 变量，每个三角形应按照逆时针的顺序书写，如果反向，会使斜压梯度力项偏大。

FVCOM 计算时，需要保持每个三角形的节点顺序为顺时针。然而，由于在早期时构建网格大多使用 SMS，而 SMS 输出的 2dm 文件中，nv 是逆时针方向的，所以在

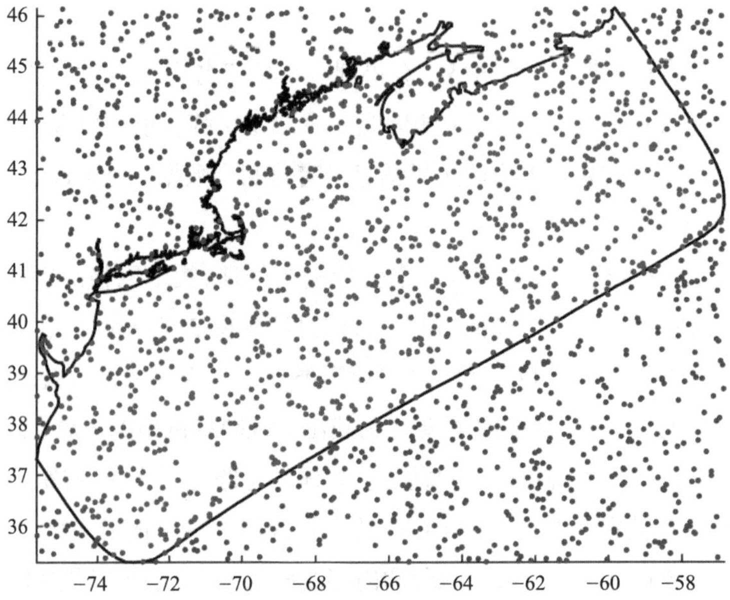

图5.2.9 FVCOM模拟内外区分效果，区域内点为红色，区域外点为蓝色

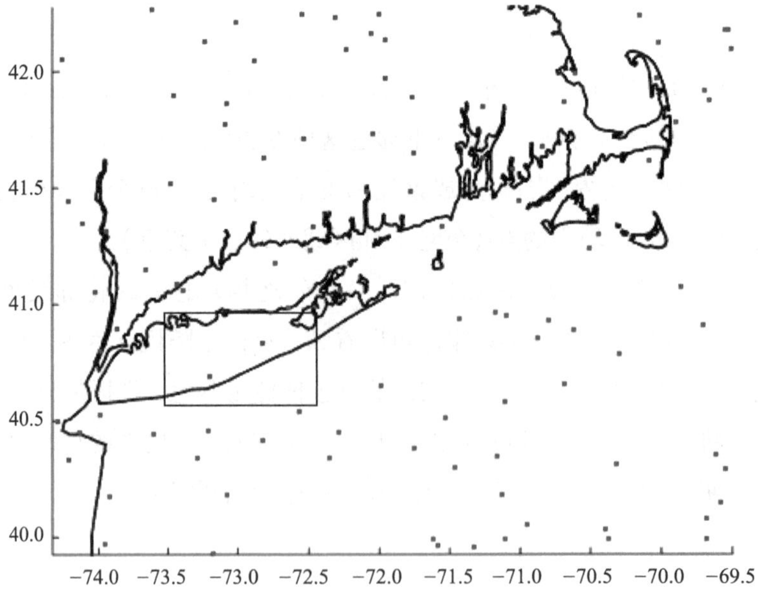

图5.2.10 FVCOM模拟区域内外区分方法在复杂海陆分布区域应用效果，区域内点为红色，区域外点为蓝色

代码中，完成读取 grd 文件后，有一段强行将每个三角形节点顺序倒置的设置。具体地，在 mod_input.F 的 SUBROUTINE READ_COLDSTART_GRID 中，nv 变量的顺序被倒置（图 5.2.11）：

```
! LIST IS REORDERD!
NVG(I,1)=N1
NVG(I,2)=N3
NVG(I,3)=N2
NVG(I,4)=N1
```

图5.2.11 READ_COLDSTART_GRID中三角形三个节点顺序由逆时针顺序转为顺时针顺序

下面使用一个理想算例比较三角形不同的方向所带来的影响，即一个圆形水域，水深自外向内，从 2 m 到 302 m 逐渐加深；无任何驱动条件，开始时盐度均一恒定，温度从表面到底部线性变化（15℃到 5℃）。当 grd 中 nv 为逆时针时（计算时 nv 为顺时针），第五天的最大流速不到 3 mm/s（图 5.2.12）。

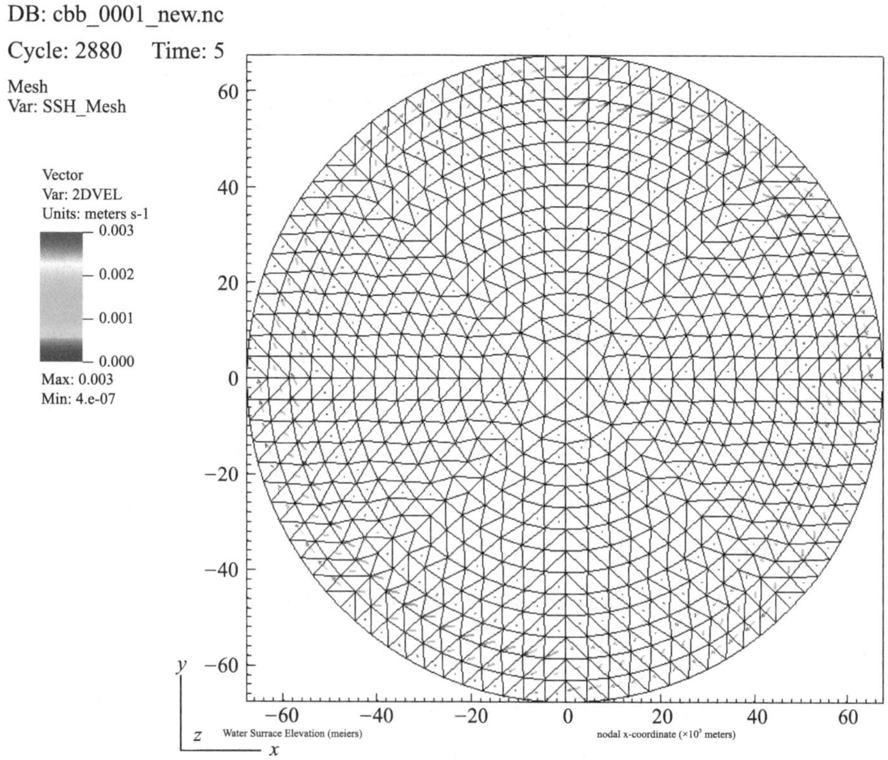

图5.2.12 FVCOM以顺时针方向网格计算理想算例5 d后流场分布图

当 grd 中 nv 为顺时针时（计算时 nv 为逆时针），第五天的最大流速可达到 76 cm/s（图 5.2.13）。

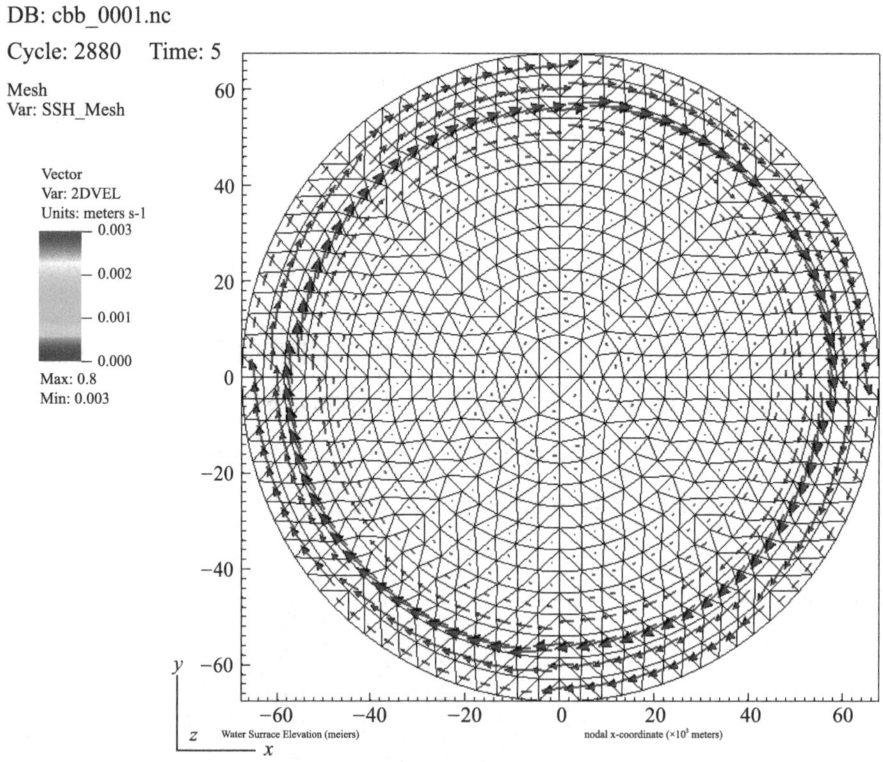

图5.2.13 FVCOM以逆时针方向网格计算理想算例5 d后流场分布图

5.2.4 FVCOM 中垂向坐标设置

海洋模型使用的垂向坐标种类众多，大体可分为 z、sigma、generalized、isopycnal 和 hybrid 五大类。目前，FVCOM 支持其中的 sigma、generalized 和 hybrid 三类。由于 FVCOM 中的选项关键词和方法分类的名称有单词重复，为避免产生歧义，以下讨论涉及的方法名称与 FVCOM 中的设置一致。

FVCOM 允许设置四种垂向坐标，即 UNIFORM、GEOMETRIC、TANH 和 GENERALIZED。以下是四种垂向坐标的具体特点。

UNIFORM 使用的是最简单的 Sigma 垂向坐标，即从海表至海底，平均分成若干层。与传统的 z 坐标相比，Sigma 坐标可以将海水较浅的区域分成多层，同时避免 z 坐标中海底地形的台阶状变化。该方法的计算公式为：

$$\sigma_k = \frac{k-1}{k_b-1}$$

上式中，k_b 为设定的总层数，对应 nml 文件中‘NUMBER OF SIGMA LEVELS’，σ_k 为 FVCOM 中第 k 层 sigma level 的值，在 0（海表）～ −1（海底）间变化。此方法所需的参数只有‘NUMBER OF SIGMA LEVELS’，图 5.2.14 为设为 41 层时各层厚度随深度的变化，对于相同的水深，从表层到底层各层厚度是相同的，同时，各层厚度随着地形深度的增加而增加。

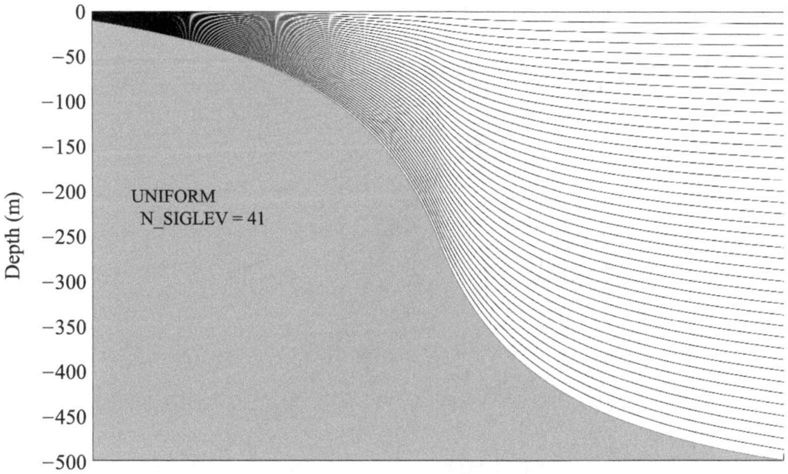

图5.2.14　FVCOM中UNIFORM垂向分层效果图

第一种方法中，垂向是均匀分层，这导致在较深海域，海表和海底的垂向分辨率太低，无法模拟出边界层的结构。比如，使用 UNIFORM 的方法分 41 层，在 1000 m 的海域每层为 25 m，这意味着在海表混合层，模型可能只有四五层结果（甚至更少）。为解决这一问题，FVCOM 提供了另外三种垂向分层方法。

GEOMETRIC 方法是对 UNIFORM 的改进，即在其公式基础上加上一个幂运算，当指数大于 1 时，垂向各层厚度会逐渐增大。FVCOM 手册中给的公式为（仅表达概念，Sigma 在 0 ～ 1 变化）：

$$\sigma_k = \left(\frac{k-1}{k_b-1}\right)^{P\_SIGMA}$$

其中，*P_SIGMA* 为上文提及的指数。在 FVCOM 代码中，为使靠近海底部分同样加密，在上半部分海洋使用上式计算，在下半部分海洋使用上式关于中间层的镜像，即

$$\sigma_k = \begin{cases} -\dfrac{1}{2}\left(\dfrac{k-1}{k_b-1}\right)^{P\_SIGMA} & ,\ 1 \leqslant k \leqslant k_{mid} \\ \dfrac{1}{2}\left(\dfrac{k_b-1}{k_{mid}-1}\right)^{P\_SIGMA} -1 & ,\ k_{mid}+1 < k \leqslant k_b \end{cases}$$

式中，$k_{mid} = (k_b + 1)/2$，在这种方法中，FVCOM 要求 k_b 必须为奇数，这样中间层 k_{mid} 才能存在。例如，一共设 41 层，中间层为 21。图 5.2.15 和图 5.2.16 为设为 41 层、指数为 2 和 4 时各层厚度随深度的变化。图中，垂向分辨率在表层和底层均提高，指数越大，表层、底层与中间层的差别越大。

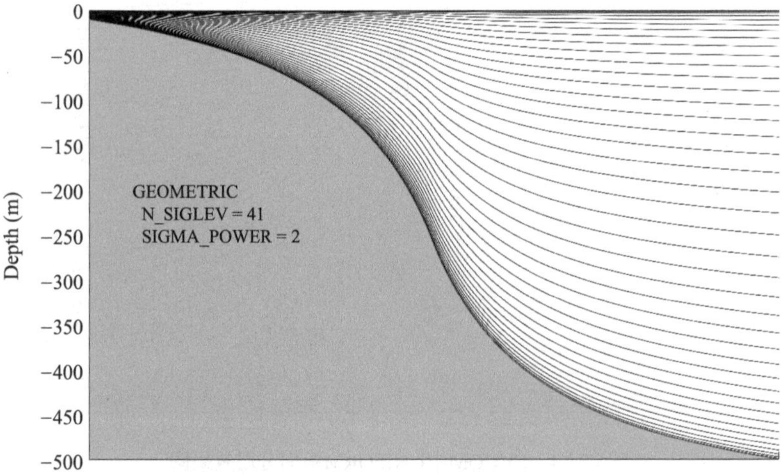

图5.2.15　FVCOM中GEOMETRIC垂向分层效果图（SIGMA_POWER=2）

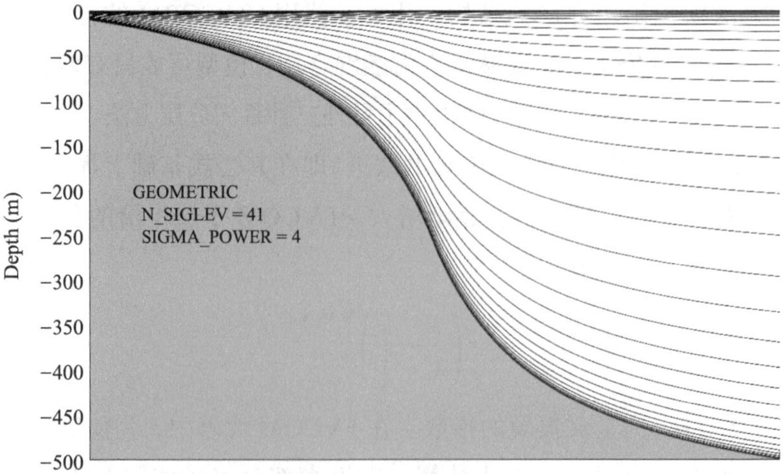

图5.2.16　FVCOM中GEOMETRIC垂向分层效果图（SIGMA_POWER=4）

TANH 是另一种加密表层、底层的垂向分层方法，公式为：

$$\sigma_k = \frac{\tanh\left[\dfrac{(DU+DL)(k_b-k)}{k_b-1}-DL\right]}{\tanh(DU)+\tanh(DL)}-1$$

式中，*DU* 和 *DL* 为系数，当 *DU* 较大时，分层会趋于表层加密；当 *DL* 较大时，分层会趋于底层加密。设置 *DU*=3，*DL*=3 时，分层效果图如图 5.2.17 所示。

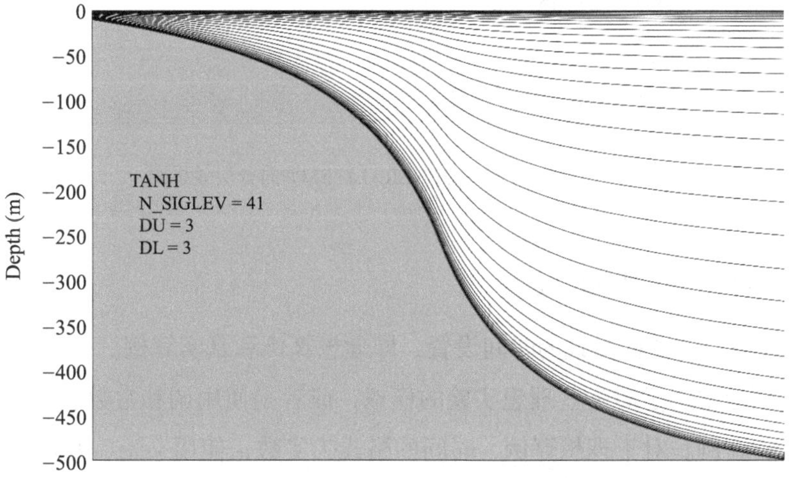

图5.2.17　FVCOM中TANH垂向分层效果图

GENERALIZED 方法也是一种 UNIFORM 方法的改进。使用此方法时，需要设置一个水深界限（MIN CONSTANT DEPTH），当水深小于该水深界限时，使用 UNIFORM方法进行平均分层；当水深大于该界限时，表层和底层使用人为设定的方法，即设定 DU、DL、KU、KL、ZKU、ZKL，余下的中间层使用 UNIFORM 方法平均分配余下的层数。图 5.2.18 为一个 GENERALIZED 例子的效果。

图 5.2.18 中竖虚线显示了 200m（MIN_CONSTANT_DEPTH）的位置。在浅于 200m 的海域（虚线左侧），平均分成 41 层；在深于 200m 的区域（虚线右侧），表层 25m（DU）分为 5 层（KU），每层厚度由 ZKU 决定，底层 25m（DL）分为 5 层（KL），每层厚度由 ZKL 决定，中间剩余区域平均分为 31 层。

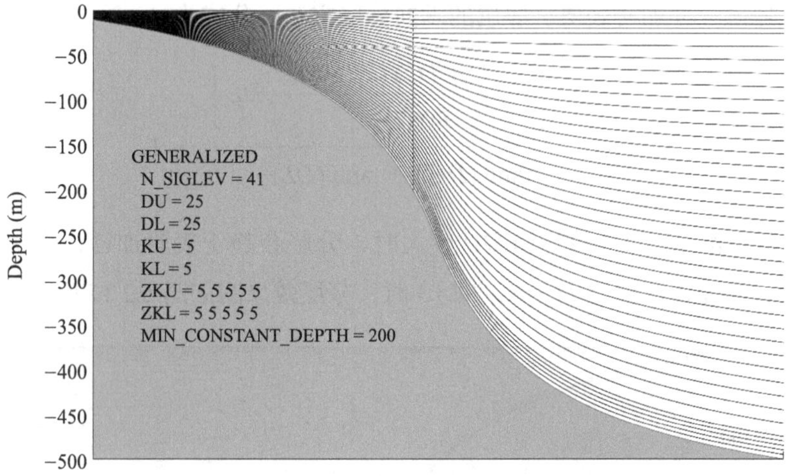

图5.2.18 FVCOM中GENERALIZED垂向分层效果图

5.2.5 FVCOM 中时间的设置

FVCOM 中允许两种格式的时间设置，即理想算例和真实算例。

理想算例通常用于对一些理想实验的模拟，或者是使用调和常数驱动开边界水位和流速的潮汐算例。对于理想算例，时间的格式为实数，使用 year、days、seconds 等设定模型的开始和终止时间。例如，图 5.2.19 表示该理想算例从 0 时刻（days=0）模拟至第 31 天（days=31）。此时，输入和输出的 NetCDF 文件中时间的单位为天。

```
&NML_CASE
 CASE_TITLE      = 'IDEAL ESTUARY CASE'
 TIMEZONE        = 'none'
 DATE_FORMAT     = 'YMD'
 START_DATE      = 'days=0.'
 END_DATE        = 'days=31.'
```

图5.2.19 FVCOM理想算例时间设置举例

真实算例对应的是真实的时间，即年月日时分秒（yyyy-mm-dd HH:MM:SS），用于对真实算例的模拟。如图 5.2.20 所示，从 2010 年 8 月 30 日 0 时模拟至 2010 年 9 月 2 日 0 时。此时，输入和输出的 NetCDF 文件中时间为 Modified Julian Day（MJD）格式。

```
&NML_CASE
 CASE_TITLE     = 'REAL ESTUARY CASE'
 TIMEZONE       = 'UTC',
 DATE_FORMAT    = 'YMD'
 START_DATE     = '2010-08-30 00:00:00'
 END_DATE       = '2010-09-02 00:00:00'
```

图5.2.20　FVCOM真实算例时间设置举例

使用较新的 FVCOM 版本时，需要在 NML_CASE 下加入 DATE_REFERENCE = ‘default’ 语句。FVCOM 的 NetCDF 文件中与时间有关的变量共四个，分别是 time（实型，天数）、Times（字符型，日期，仅在真实算例时输出）、Itime（整型，天数的整数部分，单位为天）和 Itime2（整型，天数的小数部分，单位为毫秒）。

一般情况下，time 变量只保留到两位小数，这使得变量 time 只能精确到 0.01 天，即 15 分钟左右。如需得到准确的时间，需要使用 Itime、Itime2 计算得到：

$$t = \text{Itime} + \frac{\text{Itime2}}{1000 \times 3600 \times 24}$$

最后介绍将时间从年月日格式转换为 MJD 格式的方法。MJD 为自 1858 年 11 月 17 日 0 时的天数。MATLAB 中，可使用“datenum(year,month,day,hour,min,sec)-datenum(1858,11,17)”命令得到。

5.2.6　FVCOM 中关于河流的设置

河流对河口地区环流有重要的影响，河流径流、淡水的注入使得河口成为一个独特的系统。FVCOM 中，可以通过设置 nml 文件和给定 NetCDF 格式的 river 文件，在模型中加入河流。

在 nml 文件中，关于河流的设置共两部分，如图 5.2.21 所示。

```
&NML_RIVER_TYPE
RIVER_NUMBER   =        -1,
RIVER_KIND      = Options:periodic or variable ,
RIVER_TS_SETTING        = 'calculated' or 'specified',
RIVER_INFO_FILE = 'default' or 'filename' ,
RIVER_INFLOW_LOCATION   = 'node' or 'edge'
/
&NML_RIVER
 RIVER_NAME  = River Name in netcdf data file; use mulitple namelists for multiple rivers!,
 RIVER_FILE = example_split_riv.nc ,
 RIVER_GRID_LOCATION  =  -1,
 RIVER_VERTICAL_DISTRIBUTION   = 100*-99.00000
```

图5.2.21　FVCOM河流设置举例

第一部分 NML_RIVER_TYPE 是对 river 的整体设置。

RIVER_NUMBER 为河流的数量，如果不打算加入河流，此项写 0。

RIVER_KIND 为河流的输入类型，有两个选项，如果为 variable，则 FVCOM 会根据文件中变量的时间，对每步的计算时刻进行插值；如果为 periodic，FVCOM 会把文件中给定的时间段看作一个周期，在模型中循环输入这个时间段的河流信息，这种方法只适用于理想算例（时间从 0 开始，TIMEZONE= ‘none’），每个计算时刻是通过求余函数转化至文件内时刻的，具体请看 mod_force.F 中的 “RIVTIME = MOD (RIVTIME, RIVER_FORCING(I)%RIVER_PERIOD)”。

RIVER_TS_SETTING 为河流温盐的计算方法，有两个选项，如果为 specified，则 FVCOM 会直接把文件中河流的温度、盐度作为河流处的温度盐度（bcond_ts.F）；如果为 calculated，则 FVCOM 会将河流作为 flux，重新计算该点的温度、盐度（adv_t.F，adv_s.F）。

RIVER_INFO_FILE 为河流独立 nml 文件设置，FVCOM 允许将 NML_RIVER 部分写入独立的 nml 文件中，这种情况在河流数量较多时使用，这时，可把此项设为河流 nml 的名字（默认放在 INPUT 文件夹下）。如果不使用河流独立 nml，则将此项设为 default。

RIVER_INFLOW_LOCATION 为河流位置设置，与后边的 RIVER_GRID_LOCATION 对应，有两个选项，如果为 node，则河流在三角形节点上加入；如果为 edge，则河流在三角形的边界线上加入。

第二部分 NML_RIVER 是对每一条河流的具体设置，因此，此部分出现的次数与河流的数量相同。在 RIVER_INFO_FILE 设置河流独立 nml 文件时，此部分应写入河流独立 nml 文件。

RIVER_NAME 为河流的名字，对应输入文件中的 river_names 变量。

RIVER_FILE 为河流输入文件的名字。

RIVER_GRID_LOCATION 为河流的位置，如果 RIVER_INFLOW_LOCATION 为 node，则此项写河流所在三角形节点序号；如果为 edge，则此项写三角元序号。

RIVER_VERTICAL_DISTRIBUTION 为河流垂向比例，此项涉及 make.inc 中的 FLAG RIVER_FLOAT。如果 FLAG RIVER_FLOAT 没有被打开，那么此项读入一个实数向量，向量长度为模型垂向层数 siglay（siglev-1），每项分别代表各层所占比例；如果 FLAG RIVER_FLOAT 被打开，那么此项读入一个字符串，可以通过使用 “*” 来简化此项的书写。举个例子，设置 Sigma 层有五层，河流在上四层各占 25%，最后一层为零，使用第一种写法为："RIVER_VERTICAL_DISTRIBUTION = 0.25 0.25 0.25 0.25 0.0"，使用第二种写法为："RIVER_VERTICAL_DISTRIBUTION = 4*0.25, 1*0.0"。试想，如果垂直分层有 45 层，那么第二种方法将方便许多。

河流的 NetCDF 输入文件比较简单，内容如图 5.2.22 所示。

```
netcdf river91 {
dimensions:
        time = UNLIMITED ; // (51 currently)
        namelen = 80 ;
        rivers = 1 ;
variables:
        char river_names(rivers, namelen) ;
        float river_flux(time, rivers) ;
                river_flux:units = "m^3s^-1" ;
                river_flux:long_name = "river runoff volume flux" ;
        float river_salt(time, rivers) ;
                river_salt:units = "PSU" ;
                river_salt:long_name = "river runoff salinity" ;
        float river_temp(time, rivers) ;
                river_temp:units = "Celsius" ;
                river_temp:long_name = "river runoff temperature" ;
        int Itime(time) ;
                Itime:units = "days since 1858-11-17 00:00:00" ;
                Itime:format = "modified julian day (MJD)" ;
                Itime:time_zone = "UTC" ;
        int Itime2(time) ;
                Itime2:units = "msec since 00:00:00" ;
                Itime2:time_zone = "UTC" ;
}
```

图5.2.22　FVCOM河流输入文件举例

river_names 为河流名字，river_flux、river_temp、river_salt 分布为河流的径流、温度、盐度，Itime 和 Itime2 为时间项，与其他 FVCOM 的 NetCDF 文件中的一致。

以 FVCOM 中 River_Plume 算例为例，在一个方形海域中，加入河流，其表层盐度模拟如图 5.2.23 所示。

河流数据可通过全球径流数据中心网站获取，该网站按大洲汇总了各个国家的河流数据来源，其网址是 https://grdc.bafg.de/GRDC/EN/01_GRDC/13_dtbse/database_node.html。需要注意的是，对于特定国家或地区，该网站并不一定能获取所需时间段的数据。

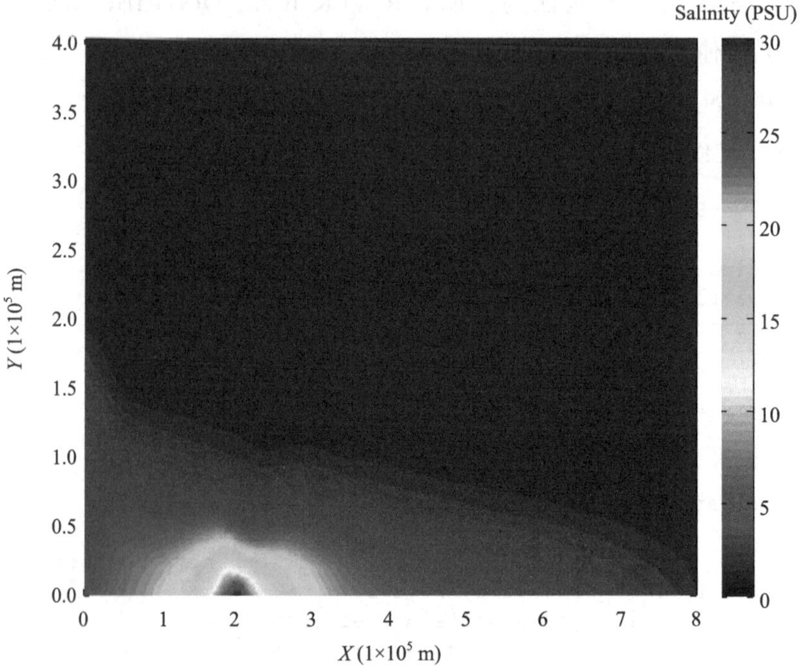

图5.2.23　River Plume算例表层盐度模拟结果

5.2.7　FVCOM 风场驱动的风向调整

在使用 FVCOM 模型时，经常会加入风场强迫，来研究风对海洋上混合层的影响。通常可以从 NCEP、ECMWF 等机构下载再分析风场数据，有时也会在研究区域建立一个 WRF 气象模型，使用 WRF 的风场结果作为 FVCOM 的驱动条件。对于第一种方法，由于下载的数据多为方形网格、地理坐标系（经纬度）下的数据，可以直接使用。然而，WRF 的模拟风场结果有时并不能直接用来驱动 FVCOM，这里涉及一个风场在不同坐标系下的投影问题。

WPS（WRF Pre-processing System）中支持几种不同的投影方式来构建 WRF 网格，包括 Lambert、Polar stereographic、Mercator、Latitude-longitude 等投影方式。在 WRF 的结果文件里，输出的风速变量，如 U、V、U10 和 V10，都是在所用投影方式坐标系下的 x 向和 y 向风速。所以，WRF 的风速结果并不一定是人们平日里所描述的风。具体地，当投影方式选用 Lambert 或者是 Polar stereographic 时，WRF 的风场结果在使用前需要进行风向调整，使其变为地理坐标系下所常用的风。

以 WPS tutorial 中常用的一套网格为例（WPSV3.3.1 中的 namelist.wps），该网

格使用 Lambert 投影方式，其他主要参数包括“ref_lat = 34.83”、“ref_lon = -81.03”、“truelat1 = 30.0”、“truelat2 = 60.0”和“stand_lon = -98.0”。最终网格如图 5.2.24 所示。图中，黑色虚线表示经纬度线，其指向通常所说的东西南北四个方向，黑色实线表示以上设置所构建的网格区域，区域中的几个坐标系表示在当前投影下，其原点的 x 轴和 y 轴正向。可以发现，该投影下的 x 轴并没有指向正东方，而且各网格点的 x 轴正向并不相同，y 轴同样情况。因此，在使用这种投影下的风场结果前，需要先进行风向调整。

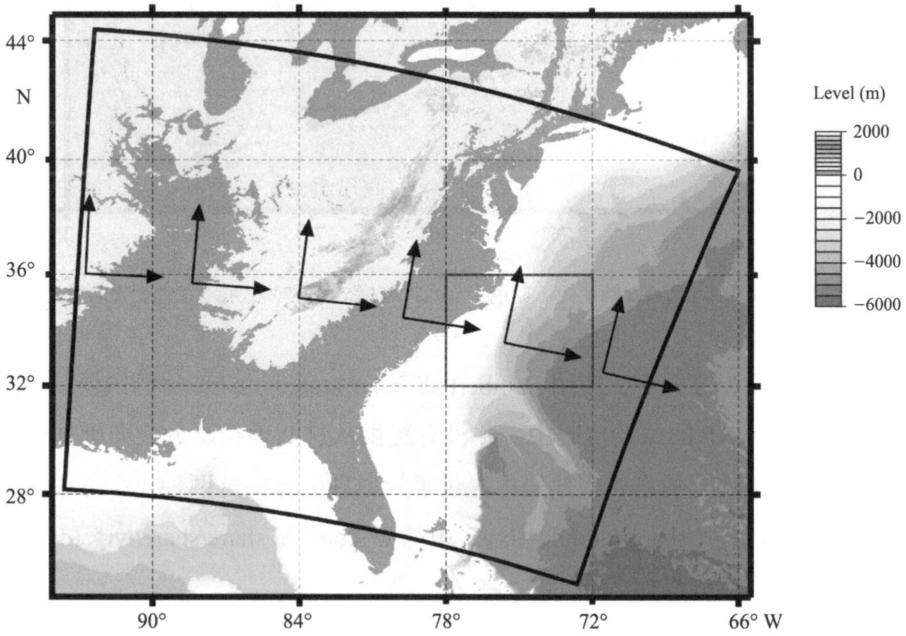

图5.2.24　Lambert投影下x、y轴正向方向

以图 5.2.24 红方框中的小区域为例，对风向进行调整。图 5.2.25 中，黑色虚线表示经纬网，黑色实线表示模型网格，可以看到，两套网格线已经存在很大的角度偏差。假设模型得到的风场结果均为 u = 10 m/s，v = 0，如果直接使用，会误以为风场结果是 10 m/s 的西风，则模型的结果为图中红色箭头，而实际上，模型风场结果应为蓝色箭头。在图中 15 个位置的两种结果，风速相同，均为 10 m/s，但风向却存在 10° ～ 12° 的偏差，且越往东南方偏差越大（与设置有关）。

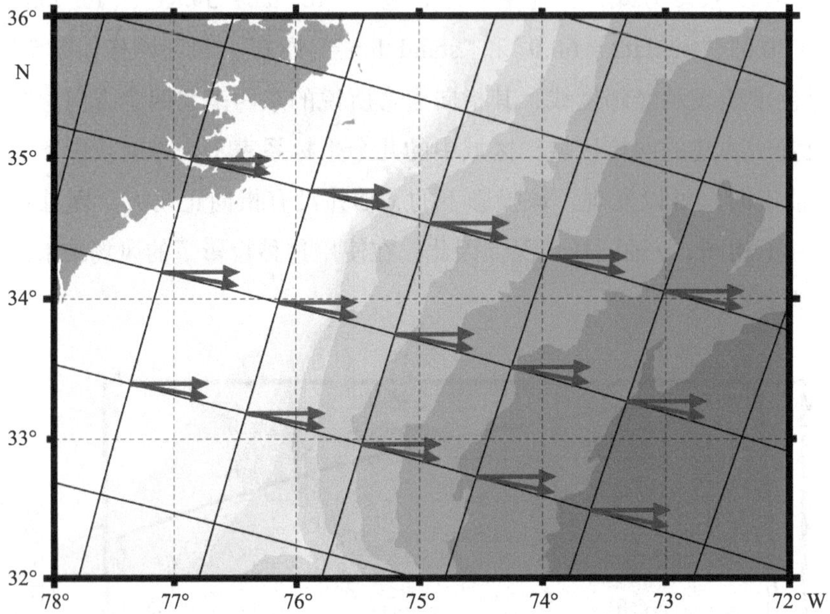

图5.2.25　Lambert投影x轴正向（蓝色）与地理坐标x轴正向/正东（红色）方向对比

在上面四种投影方式中，使用 Lambert 或 Polar stereographic 后的风场结果需要进行风场调整。在 WRF 的原始代码中，并没有提供从这两种投影方式向地理坐标进行风向调整的方法。幸运的是，在代码中提供了从地理坐标向这两种投影方式的坐标系进行风向调整的代码（share/module_llxy.F 中的 lc_cone 和 share/share/wrf_fddaobs_in.F 中的 rotate_vector），方程如下：

$$\begin{cases} u_{xy} = v_{ll}\sin\alpha + u_{ll}\cos\alpha \\ v_{xy} = v_{ll}\cos\alpha - u_{ll}\sin\alpha \end{cases}$$

式中下标 ll 表示地理坐标系下风场，下标 xy 表示两种投影坐标系下的风场即 WRF 的结果风场，α 为调整角度。对以上公式进行推导，便可得到从两种投影下的风场向地理坐标系下风场调整的公式：

$$\begin{cases} u_{ll} = u_{xy}\cos\alpha - v_{xy}\sin\alpha \\ v_{ll} = u_{xy}\sin\alpha + v_{xy}\cos\alpha \end{cases}$$

这种对 WRF 风场结果的风向调整在许多 WRF 后处理软件中都可见到。比如，NCL（NCAR Command Language）中的 wrf_uvmet，ARWpost 中的 module_calc_uvmet，其方法均同上文所述。

5.2.8 FVCOM 输出自定义变量

目前，FVCOM 都是以 NetCDF 的格式对模拟结果进行存储，包括瞬时结果、平均结果、重启动（restart）和嵌套（nesting）文件，常见的海洋变量如温度、盐度、流速等都会以不同变量形式存入结果文件中。比如，可以直接使用 VisIt 软件（https://wci.llnl.gov/simulation/computer-codes/visit/）快速出图，查看某变量在某时刻的情况，或者可以使用 MATLAB、Python 等进行编程，对结果数据进行分析。

FVCOM 已在 nml 中设置多个与输出相关的开关来满足用户的不同需求，如 NC_ICE 控制是否输出海冰模块的相关变量，NC_TURBULENCE 控制湍流相关项的输出。然而，由于研究目的的不同和分析方法的多样，模型无法输出所有需要的变量，或者需要的变量并没有直接在 FVCOM 中计算。这时，就要通过修改 FVCOM 代码，自定义所需要的变量，计算并输出该变量到结果文件。

以漫滩淹水模型为例，为了研究被淹没陆地区域的面积，增加变量 "flooding_cell"，即某时刻网格是否被淹没，淹没时变量为 1，未淹没或非陆地网格时变量为 0，该变量为 1 维变量，维长为三角元个数（nele）。由于 flooding_cell 并没有在 FVCOM 中计算，通过已有变量 H1 和 ISWETC 来计算得到 flooding_cell。具体分三步，即声明、计算和输出。

第一步，将新定义的变量在代码中进行声明，以确定新变量的类型和维数、维长。在 mod_wd.F 中声明 flooding_cell 变量为一维整型动态数组，并分配空间，赋初始值。具体见图 5.2.26。

```
INTEGER, ALLOCATABLE :: flooding_cell(:)
...
ALLOCATE(flooding_cell(0:NT))
flooding_cell=0
```

图5.2.26 mod_wd.F中对新增变量声明

第二步为添加新变量的主要部分。根据定义，flooding_cell 为 1 需要两个条件，第一个条件是该三角形原本为陆地，即水深为负（H1 < 0.0），第二个条件是该时刻被淹没（ISWETC == 0）。由于计算中需要用到 ISWETC，所以应把 flooding_cell 的计算放在 ISWETC 的计算之后，即 mod_wd.F 中 subroutine WET_JUDGE 里（图 5.2.27）。

```
WHERE (H1 < 0.0)
  flooding_cell = ISWETC
END WHERE

CALL AEXCHANGE(EC,MYID,NPROCS,flooding_cell)
```

图5.2.27 mod_wd.F中新增变量计算

第三步，把新添加的变量加入结果文件的输出列表中。FVCOM 模型的输出相关代码大部分在 mod_ncdio.F 中。比如，常见的变量温度（temp）、盐度（salinity）输出的相关变量都在这个文件中。对于新加入的变量 flooding_cell，由于是淹水模块的变量，应把它加在 WET_DRY_FILE_OBJECT 中，具体分两部分。在开始部分给该变量分配空间，如图 5.2.28 所示，接着添加该变量的具体信息（维度信息和对应输出变量）和 attribute，如图 5.2.29 所示。

```
allocate(flooding_cell(NGL),stat=status)
IF (STATUS /=0 ) CALL FATAL_ERROR("COULD NOT ALLOCATE MEMORY &
  ON IO PROC FOR OUTPUT DATA: flooding_cell")
flooding_cell = 0
```

图5.2.28 mod_ncdio.F中对新增变量进行空间分配

```
VAR  => NC_MAKE_AVAR(name='flooding_cell',&
     & values=flooding_cell, DIM1= DIM_nele, DIM2= DIM_time)

ATT  => NC_MAKE_ATT(name='long_name',values='flooding_cell')
VAR  => ADD(VAR,ATT)

ATT  => NC_MAKE_ATT(name='grid',values='fvcom_grid')
VAR  => ADD(VAR,ATT)

ATT  => NC_MAKE_ATT(name='type',values='data')
VAR  => ADD(VAR,ATT)

NCF  => ADD(NCF,VAR)
```

图5.2.29 mod_ncdio.F中对新增变量添加属性

目前，FVCOM 中已经在 mod_ncdio.F 中包含许多不同类型变量的输出设置，在加入新变量时，不妨找到一个与添加变量维数和维长相同的已有变量，并借鉴其代码书写格式，修改不同的地方，从而完成对新变量的输出。至此，完成了输出自定义变量 flooding_cell 的修改。重新编译之后，FVCOM 的运行结果中就会包含新变量 flooding_cell 了。